10대
놀라운 뇌
불안한 뇌
아픈 뇌

소아청소년정신과 명의, 서울대병원 김붕년 교수의
당황하는 부모를 위한 '10대의 뇌 처방전'

10대
놀라운 뇌
불안한 뇌
아픈 뇌

김붕년 지음

KOREA.COM

들어가는 글

일생을 통해 가장 다이내믹하고 가장 취약하기도 한 '10대의 뇌'

'10대의 뇌 발달과 정신 건강'에 대한 글을 준비하면서 자연스럽게 저의 청소년기와 병원에서 근무하면서 만난 청소년 환자들이 떠올랐습니다.

1992년에 의과대학을 졸업하고, 정신과 전공의가 된 뒤 처음 만난 청소년 환자는 조울병을 가진 10대 후반의 고등학생이었습니다. 저는 성인 조울병 환자를 여러 번 진료한 경험이 있었던 터라 자신감이 넘치던 상태였습니다. 하지만 이 10대 친구는 일주일에 두세 번씩 조증(들뜸)과 우울증(가라앉음)을 반복하는 중이어서, 월·화·수요일에는 세상의 왕인 것처럼 행동하다가, 목·금·토·일요일에는 세상에서 버림받은 사람처럼 행동했습니다. 그 변화의 폭과 속도가 정말 대단했습니다.

이는 청소년기의 정신 건강에 대해 더욱 관심을 가지고 연구하게 된 계기가 되었습니다. 감정조절장애인 조울병의 양상이 모두 이 청소년 환자같지는 않으나, 청소년기에 정신 건강 문제가 더 다이내믹하게 드러나긴 합니다. 청소년기 발달 과정에 다이내믹한 가변성이 내재되어 있기에 이런 차이를 만듭니다.

건강하고 공부도 잘하는 청소년 자녀를 둔 부모가 있었습니다. 아이는 초등학생 때부터 고등학교 입학 때까지 부모의 뜻을 어기거나 '모범생'의 길 바깥으로는 한 발짝도 나가지 않았다고 했습니다. 어릴 때부터 줄곧 이다음에 로스쿨을 나와 아빠처럼 변호사가 되는 것이 꿈이라고 말하던 아이였습니다. 그런데 고등학교 1학년이 되자 갑자기 힙합을 하겠다고 나섭니다. 세상이 너무 부조리해서 화가 나고, 그 화를 푸는 데에는 힙합이 최고라고 합니다.

부모는 가족 중에 음악에 재능이 있는 사람이 없어 불안했고, 이상한 친구를 사귀는 바람에 그렇게 되었다고 걱정하였습니다. 재능을 가지고 그 길을 가는 것이 아니라 일시적인 분노 표출의 방법으로 그 길을 선택했다면, 중요한 시기를 허투루 보내는 것이 아닌가 우려했습니다. 급작스럽긴 하지만 아이가 학업 과정을 유지한다면 그 길을 가도록 일단 지켜봐 주기로 타협했다고 합니다.

또 다른 가정에는 어릴 때부터 걱정스러웠던 셋째 아들이 있습니다. 초등학생 때 학교에 가기를 두려워해서 학교를 한 달 이상 다니지 못했습니다. 초등학교 4학년 때는 따돌림을 당해 전학을 하기도 했습니다. 부모는 아이가 친구들을 무서워하고 미워하는 마음이 많아서 걱정이라고 자주 말씀했습니다.

그런데 아이가 중학생이 되어 우연히 아빠의 서재에서 기형도 시인의 글을 읽게 됩니다. 그의 시에 깊이 감명을 받고 빠져든 아이는 시를 끄적이게 되고, 국어 담당이었던 담임 선생님이 아이의 재능을 알아보고 응원해 주었습니다. 성인이 된 아이는 현대인의 불안하고 소외된 고독감을 섬세한 언어로 잘 표현한다고 평가받는 시인이 되었습니다.

저의 경우입니다. 저는 초등학교 때에 조금 둔한 아이였습니다. 이해력이 그다지 좋지 않았고, 수학의 나눗셈을 한동안 제대로 이해하지 못했습니다. 어머님이 이과 쪽 전공이셔서 저를 직접 가르치려고 하다가 이내 마음을 접고 과외 공부를 시키셨습니다. 저를 가르치면서 본인이 자꾸 화를 내게 되어서 안 되겠다고 생각하셨다고 합니다. 학교에서 저는 착실하고 재미있는 아이로 선생님들이 좋아하셨지만 똑똑하다고 인정받은 적은 없었습니다. 그런 제가 중학교 반배치고사(이게 중학교 첫 번째 시험입니다)에서 뜻하지 않게 1등(전교^^)을 합니다. 아는 문제가 많이 나온 덕분이죠. 운이 좋았습니다.

그런데 그 이후 공부 자신감이 생기면서 문리가 트였고, 공부하면 머릿속에 각인이 되고, 스토리가 만들어지고, 수학과 과학 과목이 재미있어지고 이해가 잘 되었습니다. 저의 변화에는 어머니가 화병을 예방하려고 시키신 초등학교 6학년 때의 과외 공부와 중학교 첫 시험에서의 1등 경험, 그리고 나도 잘할 수 있다는 제 자신을 바라보는 시선이 변곡점이 되었습니다.

건강한 청소년이든 정신질환이 있는 청소년이든 이 시기는 모두 이렇게 다이내믹합니다. 청소년기는 변화와 곡절이 많을 때입니다. 어떤 계기, 기회가 있으면 확 바뀔 수 있는 시기이죠. 과거에는 이 다이내믹한 청소년의 모습을 '심리적 변화', '자아정체성의 확립' 등의 용어들로 설명했습니다. 그러나 한 꺼풀을 더 벗기고 속살을 보니까, 그 안쪽에 '뇌의 변화'가 있다는 것을 알게 되었습니다. 역사가 그렇게 길지는 않습니다만, 뇌 변화에 대한 의미 있는 연구결과들이 차곡차곡 쌓여 가고 있습니다.

청소년기 뇌의 변화는 정신 건강의 위기와 문제를 일으키기도 합니다. 뇌의 변화가 모두 좋은 쪽으로 일어나는 것은 아니기 때문입니다. 신경발달 이상에 기초한 정신질환을 만들어 내기도 합니다. 일생을 통틀어 정신질환에 가장 취약한 시기가 청소년기입니다. 근래 정신건강의학과 연구 중에 청소년기에서 발병기전을 찾는 연구가 활발해지고 있습니다.

> "나는 이 드넓은 호밀밭에서 아이들이 뛰노는 모습을 늘 상상했어. 수천 명의 어린아이들이 있는데 주위에 어른이라고는 나밖에 없는 거야. 그리고 난 아득한 절벽 끝에 서 있어. 내가 할 일은, 아이들이 내달리다 절벽으로 떨어질 것 같으면 얼른 다가가 붙잡아 주는 거지. 아이들은 자기가 어디로 가는지 안 보고 달리니까 내가 어디선가 나타나서 아이들을 붙잡아 주어야 해. 하루종일 그 일만 하는 거야. 호밀밭의 파수꾼 같은 거지."
>
> —제롬 데이비드 샐린저 지음, 《호밀밭의 파수꾼》 중에서

우리 부모들이 자녀들을 양육하면서 해 주어야 할 중요한 역할 중 하나가 바로 이 '파수꾼' 역할이 아닐까 싶습니다.

청소년기를 아프게 지나고 있는 많은 친구를 만나면서, 그들의 아픔을 부모들이 좀 더 일찍 알아차리고 다독여 주길 바라는 마음으로 쓴 이 책이 모쪼록 폭풍과 같은 뇌 변화의 시기를 안전하고 건강하게 지나는 데 도움이 되길 바랍니다.

연건동 연구실에서
김붕년

CONTENTS

04. 내 아이만 유독 이상한 이유가 뭔가요?

05. 미루어도, 피해도 안 되는 '위기의 시기'

06. 영·유아기보다 더 애착 관리가 필요한 시기

PART 3

내 아이가 낯설어졌다, 이상한 뇌와 상처받은 뇌

01. 이상한 건가? 아픈 건가? 알기 힘든 10대의 뇌

02. 이해 못 할 아이의 행동, '왜'에 집착하지 마세요

03. 10대의 공격성과 내 아이의 특이성이 만났을 때

04. 게임, SNS 중독이 가져오는 인지 왜곡의 문제

05. 기분장애, 불안장애 등 10대의 정서 문제

03. 건강한 관계를 위해 부모를 돌아보아야

04. 아이의 '상처받은 뇌'에 개입해야 하는 순간

05. 내 아이 건강한 뇌를 위해 할 것, 하지 말아야 할 것

PART 1

0~3세 1차, 10대에 2차 평생 두 차례 격변을 통한 뇌 발달

01

1차 격변기에 잘 발달된 뇌가 '사춘기 뇌'를 지탱한다

영·유아기에 이루어야 하는 세 가지 발달 과업

"벌써부터 사춘기가 걱정입니다. 주변에 사춘기 자녀를 둔 부모들이 저에게 단단히 각오하라고 하더라고요. 덜 유난스럽게, 덜 걱정스럽게 그 시기를 지날 방법이 있을까요?"

많은 부모가 사춘기 자녀 문제로 저를 찾아옵니다. 걱정과 불안의 내용은 다양한 것 같지만, 결국 우리의 바람은 '사춘기를 잘 지나 성숙한 어른으로 잘 자랐으면'일 것입니다.

소아기부터 청소년기까지 성장하고 발전해 나가는 아이들의 마음에 공감하고 이해하는 것이 직업인 저는 사춘기 자녀를 두고 걱정하는 부모에게 두 가지를 당부합니다. 하나는, 사춘기에는 어느 정도 '달라 보이는 것', '이상해 보이는 것'이 정상일 수 있다는 것입니다. 그래서 부모가 '이상한 10대의 뇌' 발달에 대해 미리 공부해 두면, 그 시기의 자녀를 자연스럽게 이해하고 잘 지나는 데 도움이 될 수 있습니다.

두 번째는, 사춘기 발달이 잘 이루어지려면(무사히 사춘기와 청소년기를 잘 통과하려면) 영·유아기와 소아기부터 아이의 뇌를 잘 만들어야 한다는 것입니다. 아주 연약하고 미숙한 모습으로 태어난 인간은 단계별 '발달 과업'을 가지고 있습니다. 잘 자고, 잘 먹고, 잘 싸고, 잘 걷고, 잘 뛰고, 잘 놀고, 잘 말하고, 잘 어울리는 등 다양한 과업을 유·소아기에 이루어냅니다. 그런데 이 모든 신체·언어·정서·사회성 발달은 결국 뇌가 발달하고 있다는 의미입니다. 유·소아기 단계의 뇌 발달이 적절히 이루어져야 청소년기의 과업, 성인기의 과업을 차례대로 잘 수행할 수 있습니다.

신체 발달도 물론이지만, 정서와 심리 발달도 부모가 잘 알아두어야 아이를 잘 케어하고 안내할 수 있습니다. 눈에 보이는 신체 발달은 측정할 수 있지만, 눈에 보이지 않는 정서와 심리 발달은 성장 정도를 측정하기 어렵고, 무엇보다 이에 대한 중요성을 잘 모르다 보니 간과하는 측면도 있습니다. 많은 부모가 학습 발달에 필요하다고 여겨지는 언어 발달과 지능 발달에는 매우 큰 관심을 보이지만, 정서 발달에 대해서는 상대적으로 관심이 부족한 것도 매우 안타깝습니다.

Part 1에서 유·소아기의 뇌를 다룰 것입니다. 이 시기의 발달 과업을 알고, 이와 관련한 뇌 발달의 기초를 이해하여 이 시기를 잘 지날 수 있도록 안내하고자 합니다. 만약 자녀가 이미 사춘기에 들어섰다면, 혹시 내 아이의 유·소아기에 놓친 부분은 없는지, 조금 부족했던 부분은 없는지 확인한 후 부모로서 자녀의 정서·심리에 도움을 주는 방법에 대해서도 다룰 것입니다.

아이의 정서·심리 발달을 연령대별로 간략하게 짚어 보면, 0~3세 동안 아이는 부모와의 애착을 형성하면서 부모와 세상에 대한 신뢰감을 쌓습니다. 1세부터 아이가 혼자 기어 다니고 걸을 수 있게 되면서 행동반경이 넓어지고 자율성이 서서히 생깁니다. 만 2세부터는 뭐든 자기가 하고 싶은 것을 해 보겠다는 욕구가 생기며 도전을 통해 주도성이 형성됩니다. 만 3세부터는 말로 자기 욕구와 감정을 표현할 수 있게 되면서 자기조절력이 안정화되어 갑니다.

영·유아기 및 소아기의 정서와 심리 발달을 통해 이루어야 하는 과업을 종합하면 크게 세 가지로 정리할 수 있습니다. 애착, 사회성, 자기조절입니다. 이 과업을 잘 이루어야 청소년기를 건강하게 지날 수 있는 만큼, Part 1에서는 세 가지 과업을 하나씩 살피면서 뇌의 발달 요소와 뇌 발달에 영향을 미치는 환경 요소를 두루 알아보겠습니다.

아이의 뇌는 타고나는 것일까요, 환경적으로 만들어지는 것일까요? 둘 다입니다. 유전적으로 좋은 기능을 타고나도, 그것을 발현할 환경이 갖추어지지 않으면 아이는 그 기능을 내보이지 않습니다. 반대로 어떤 기능이 조금 부족하게 태어나도, 그 기능을 발현할 환경을 자주, 충분히 준다면 아이는 부족한 기능을 보완하면서 발현시킵니다. 부모는 자녀의 환경을 만들어 가는 가장 중요한 동반자이므로, 뇌 발달과 환경 요인을 공부해야 합니다.

육아서를 몇 권 읽어 본 부모라면 아이에게 '기질temperament'과 '애착attachment'이 중요하다는 것을 잘 알 것입니다. 기질 형성에는 유전적으로 타고나는 부분이 중요한 역할을 합니다. 애착은 부모와의 관계, 즉 양육 환경과 기질의 상호작용을 통해 만들어집니다. 기질이 예민하거나 공격적이어도, 자라는 환경이 편안하고 부모가 아이를 잘 다루면 아이의 공격성이나 예민한 기질이 타고난 것보다 덜 표현될 수 있습니다. 기질이 내향적이고 낯을 가려도, 양육 방식과 환경을 적절히 제공한다면 살면서 불편함을 느끼지 않을 만큼 자기 표현을 잘하고 낯선 사람과도 잘 지내는 기술을 터득하게 됩니다.

애착은 부모가 제공하는 두 가지 양육 특성에 많이 좌우됩니다. '일관성'과 '안정감'입니다. 부모가 일관되게 정서적 안정감을 가지고 아이에게 애정과 지지를 표현할 때 아이와 '안정 애착secure attachment'을 맺게 됩니다. 만약 부모가 감정 기복에 따라 일관되지 않은 태도로 아이를 대하면, 아이는 부모와 '불안정 회피 애착insecure avoidant attachment'을 맺게 됩니다. 또는 부모가 불안정한 정서로 아이를 대하면, 아이는 부모에게서 '불안정 저항 애착insecure resistant attachment'을 맺게 됩니다.

기질과 애착은 훗날 아이의 성격을 형성하는 주요한 요인입니다.

성격이란 개개인의 고유한 성질이나 품성이라고 할 수 있죠. 성격은 특정 환경 자극에 반응하는 특성, 어떤 문제를 풀어나가는 자세, 타인을 대하고 관계를 맺는 사회성과도 연관됩니다. 내 아이의 뇌 발달을 알면, 그 아이의 기질에 맞는 양육 환경을 제공하여 안정 애착을 만들어 줄 수 있습니다. 이미 주어진 유전적 조건은 바꿀 수 없지만, 조건을 보완할 적절한 환경을 제공할 수는 있습니다.

두뇌 신경망의 3분의 1 정도만 완성된 채 태어나는 인간

송아지가 태어나는 것을 본 적이 있나요? 신기하게도 송아지는 태어난 지 몇 분 지나지 않아 걸음마를 합니다. 어미 소가 아기 소를 정성스레 핥아 주면 어미 소의 보살핌을 받은 송아지가 뒤뚱뒤뚱 일어나 걸음마를 시작하죠. 엄마 젖도 알아서 찾아가 뭅니다. 자신의 생존을 위한 기능을 가지고 태어난 것이지요.

그런데 만물의 영장이라는 인간은 양육자의 도움 없이는 아무것도 할 수 없는 연약한 존재로 태어납니다. 두뇌 신경망의 기본 기능조차 충분히 완성되지 못한 채 태어나, 성장하면서 완성해 나갑니다. 젖을 물려주어야 하고 걸음마를 떼기까지 오랜 시간이 걸리며 부모와의 교감과 대화를 통해 사회성을 발전시키고 언어를 배우게 됩니다. 아주 미약한 존재가 완성형 인간이 되기까지 얼마나 많은 환경 요인이 중요하게 작용하는지 가늠할 수 있는 부분입니다.

0~3세까지 아이의 발달 단계를 지켜보노라면 정말 놀라지 않을 수 없습니다. 전 생애를 통틀어 보아도 이 시기의 발달 속도가 가장 빠릅니다. 걸음마를 막 시작한 아이가 잘 걷고 잘 뛰게 됩니다. 옹알이하던 아이가 문법 구조를 갖춘 문장을 말하게 됩니다. 신체와 언어 기능의 모든 성장은 바로 뇌가 발달하고 있다는 증거입니다. 이 시기의 아이는 주어지는 환경 자극을 스펀지처럼 흡수합니다. 아이의 뇌가 주어지는 환경에 맞게 변화하고 있죠. 이것이 우리 뇌의 가장 중요한 특징인 '신경가소성'입니다.

신경가소성이란, 환경의 자극과 요구에 따라 뇌의 구조와 기능을 스스로 변화시키는 것을 말합니다. 우리 뇌는 시냅스를 통해 신경 간의 회로로 연결되어 있는데, 어떤 환경이 주어지느냐에 따라 가지고 있는 시냅스 기능이 강화되기도 하고 취약해지기도 합니다. 신경가소성은 평생에 걸쳐 일어납니다. 1970년대만 해도 뇌의 가소성이 특정 시기에만 일어난다고 생각했지만, 성인기에도 신경 재생이 가능하다는 것을 밝혀내는 연구들이 나오면서 인간의 뇌는 평생에 걸쳐 변화한다는 것을 입증했습니다. 물론 신경 변형과 변화의 정도는 생애주기에 따라 분명한 차이가 있습니다. 0~3세에 가장 놀라운 신경가소성을 보이죠.

예를 들어 유아기에 뇌의 언어중추에 손상을 입으면, 완전하지는 않지만 손상된 언어중추의 기능을 상처받지 않은 다른 부분의 뇌 영역에서 대신 처리하는 재조직화가 일어납니다. 뇌의 특정 부분이 주어진 기능만 하는 것이 아니라, 불가피한 경우 스스로 연결을 바꾸어서 기능을 회복할 수 있도록 돕는 놀라운 힘이 있는 것입니다.

하지만 성인기에 뇌의 언어중추에 손상을 입으면, 언어 기능이 회복될 확률이 매우 적습니다. 이는 아동이 성인보다 신경가소성이 훨씬 좋다는 것을 보여 줍니다. 이러한 신경가소성에 관여하는 물질이 바로 '신경성장인자'입니다. 이 성장인자가 활발하게 작동하지 못하면, 신경망의 새로운 연결은 일어나지 않습니다. 신경가소성의 가장 큰 변화가 나타나는 영·유아기와 아동기는 신경가소성의 결정적 시기라고 할 수 있습니다.

그래서 이 시기 아이의 뇌에 대해 알아두어야 합니다. 영·유아기의 뇌는 소소한 일상의 경험이 매일 축적되면서 만들어집니다. 저는 이러한 변화를 '일상의 기적'이라고 말합니다. 36개월까지의 영·유아기는 아이가 부모에게 모든 면에서 절대적으로 의존하는 때인 만큼, 신체 발달은 물론 정서 발달 면에서도 시기에 맞는 적절하고 좋은 자극을 주어야 합니다. "세 살 버릇 여든까지 간다"라는 말이 다 맞는 것은 아니지만, 인간의 발달에서는 꽤 중요한 의미를 띠고 있는 지혜로운 말입니다.

영·유아기 동안 양육자와 아이 간의 일상을 통해 축적된 자극과 경험으로 만들어진 뇌의 기초가 청소년기의 뇌 발달에 많은 영향을 줍니다. Part 2에서 다루겠지만, 청소년기 뇌는 영·유아기 뇌나 성인기 뇌와 매우 다른 양상을 보입니다. 우리가 걱정하고 두려워하는 '이상해지는' 10대의 뇌는 영·유아기의 경험에서 많은 영향을 받는다고 볼 수 있습니다. 물론 그대로 결정되는 것은 아닙니다. 청소년기에도 변화의 기회는 얼마든지 있습니다.

이미 영·유아기를 지나 청소년기의 자녀를 둔 부모라고 해도 영·유아기의 두뇌 발달과 적절한 환경에 대해 기억해야 합니다. 신경가소성은 평생에 걸쳐 일어나기 때문에, 적기가 지났다고 해도 보상을 통해 부족했던 정서 자극과 좋은 환경을 충분히 제공한다면, 다행히 보상적인 변화가 일어날 수 있습니다.

성인에게도 신경가소성은 유용하게 적용될 수 있습니다. 많은 사람이 어린 시절 기뻤던 기억과 아픈 기억을 모두 가지고 있습니다. 이때 어린 시절의 상처를 어른이 되어서 잘 소화시킬 수 있게 하는 것이 바로 신경가소성입니다. 물론 어린 시절 심각한 학대를 경험했거나 반복된 외상(트라우마)은 성인이 되어서도 진한 후유증을 남깁니다. 하지만 어느 정도의 상처는 스스로 치유할 힘을 가지고 있고, 오히려 더 성숙한 모습으로 변화하도록 만들기도 합니다. 뇌의 신경가소성이 가진 힘입니다.

정신의학자 지그문트 프로이트Sigmund Freud가 정신분석기법을 개발한 이후 많은 후학이 상담 치료의 새로운 기법을 마련했는데, 상담 치료를 통해 상처와 기억과 연관된 정서·인지 반응의 회로를 다시 만드는 과정이 바로 신경가소성을 이용하는 것입니다. 노벨상을 받은 정신의학자 에릭 캔들Eric Kandel은 오랜 노력 끝에 어린 시절의 상처로 인해 무의식적으로, 자동으로 반응하게 되는 신경망을 치유할 수 있는 가능성을 밝히기도 했습니다.

신경세포의 가지치기를 통해 만들어지는 뇌

뇌 기능의 30%만 완성된 채 태어난 아이들은 뇌를 어떻게 발달시킬까요? 뇌는 신경세포 간의 '연결'로 기능합니다. 그 연결을 시냅스라고 합니다. 시각·청각·후각·촉각·미각 등의 오감과 공간 감각·정서 자극이 주어졌을 때, 그 자극을 받은 뇌세포는 신경전달물질을 통해 다른 신경세포로 정보를 전달합니다. 자극을 많이 받으면 신경세포 간에 정보를 많이 주고받으면서 시냅스 연결망이 강화됩니다. 바로 이 신경세포와 시냅스를 통한 연결망이 거대한 네트워크를 만들면서, 기능이 뛰어난 뇌로 점점 발달되는 것입니다.

인간은 어떤 환경에서 살아갈지 모르기 때문에 신생아는 성인보다 1.5배 많은 신경세포와 시냅스를 가지고 태어납니다. 즉, 무한한 가능성을 가지고 태어나는 것입니다. 아이는 세상에 나와 보고, 듣고, 먹고, 만지는 모든 자극(정보)을 통해 시냅스(연결)를 만들어 내고, 그 기능을 완성해 나갑니다. 예를 들어 아기는 태어날 때 사물을 완벽하게 볼 수 없습니다. 시각 기능을 다루는 부분의 뇌가 완벽하게 발달하지 않았기 때문입니다. 하지만 안구 운동을 처리하는 기능은 발달되어 있어서, 아기가 눈을 이리저리 굴리며 시각 자극을 찾아 나서면서 시각을 완성해 갑니다.

그런데 놀랍게도 0~3세 아이들의 급격한 뇌 발달이 '시냅스 가지치기'를 통해 이루어집니다. 아이는 성인보다 1.5배 많은 신경세포의 연결인 시냅스 중에서 자기에게 주어진 환경에 필요하지 않은 시냅스를 쳐내면서 성장합니다. 시냅스는 많을수록 좋은 것 아니냐고요? 성장기 아이들의 뇌 발달에서는 다릅니다. 뇌는 매우 효율적인 기관입니다. 뇌는 태어나서 받는 자극에 따라 어떤 기능을 살리고, 어떤 기능은 빼지 조절합니다. 어떤 환경에서든 잘 자랄 수 있도록 무한한 가능성을 가지고 태어나서, 자극이 주어지는 부분에 에너지를 쏟도록 정리해 나가는 것입니다. 그래야 주요 부분에 집중하고 더 잘할 수 있도록 강화될 수 있습니다.

그러면 태어날 때 뇌의 30%가 아니라 100%로 완벽한 기능을 갖추고 태어나는 것이 더 효율적이지 않느냐고 반문할 수 있습니다. 만약 그렇다고 한다면, 인간은 미래 적응의 '가능성'보다 현재 수준에 고정될 것입니다. 만들어진 기계처럼 말이죠. 하지만 우리 몸은 놀랍게도 계속해서 발전하는 미래 적응 '가능성'에 무게를 두고 태어납니다.

우리 뇌의 각 부위는 서로 다른 기능을 맡고 있습니다. 물론 각 부위는 서로 유기적으로 연결되어 있습니다. 그런데 연령대에 따라 가지치기하는 뇌의 각 부위가 다릅니다. 머리뼈 바로 안쪽, 뇌의 중심으로부터 가장 바깥쪽에 있는 대뇌는 언어·감정·사고를 담당하는 전두엽, 언어·촉각·운동·주의력 조절을 담당하는 두정엽, 청각·언어를 담당하는 측두엽, 시각 정보를 주로 담당하는 후두엽으로 구성됩니다. 만 3세까지는 전두엽을 제외한 대뇌의 나머지 세 부분인 두정엽, 측두엽, 후두엽에서 가지치기가 이루어집니다.

이 세 부분은 주로 생존에 필요한 인간의 기본 조절 능력을 담당

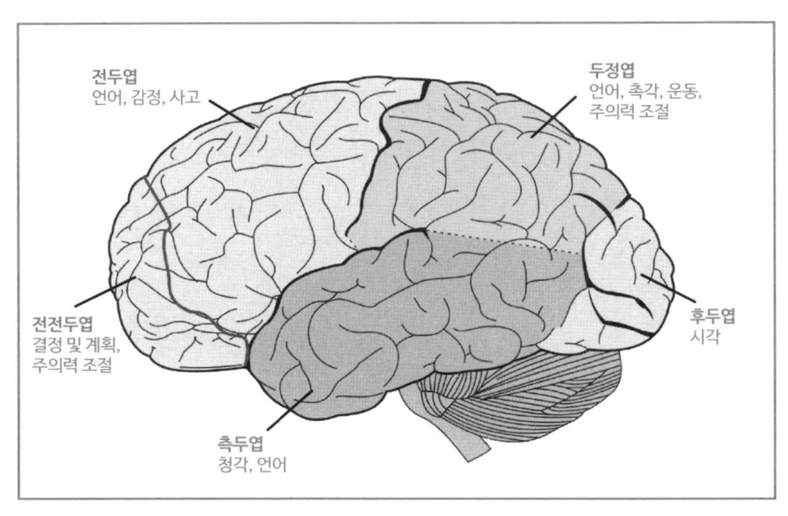

[그림1-1] 대뇌의 구조
(출처: https://commons.wikimedia.org/wiki/File:Brain_diagram_without_text.svg)

합니다. 0~3세의 아이들은 전두엽을 통한 지능·인지 기능보다, 주로 생체리듬 기능, 운동·감각 기능, 언어 기능을 통해 기본 조절 능력을 완성하는 데 주력합니다.

이때 완성되는 첫 번째 기능이 수면과 각성 사이클로 형성되는 생체리듬입니다. 이 시기 동안 언제 자고 언제 일어나야 하는지 몸의 일정한 주기를 만들게 되는데, 그것을 뇌에서 인식하는 과정입니다. 이 시기에 수면 리듬을 잘 맞춰야 생체리듬, 즉 아이가 생활하는 동안 몸과 뇌의 컨디션이 잘 조절될 수 있습니다.

두 번째 기능은 운동과 감각 기능입니다. 앉고, 일어서고, 걷고, 뛰고, 혼자 옷을 갈아입고, 대소변을 가리기까지의 기능을 완성해 갑니다.

세 번째는 언어 기능입니다. 아이의 말문이 트이면 의사 표현뿐 아니라 감정을 조절할 수 있게 됩니다. 흔히 아이가 말로 감정을 표현할 수 있게 되면 그 전보다 떼를 덜 쓰고 짜증을 부리는 횟수가 줄어드는 것을 보았을 것입니다. 화를 내거나 떼를 쓰지 않고 말로 감정을 전달할 수 있다는 것을 배우고, 그것이 소통에도 더 효과적이라는 것을 알게 됩니다. 이것이 바로 언어의 한 기능입니다.

대뇌의 1차 가지치기로 완성되는 기능을 보면, 아이가 양육자와 떨어져서 어린이집에서 생활할 수 있을 만큼의 기본 능력이 갖추어지는 정도라고 가늠할 수 있습니다. 이러한 1차 가지치기는 개인차가 있기는 하지만 대략 36~48개월 사이에 완성됩니다.

유·소아기에 만들어지는 습관의 중요성

"칼-카-나-마-알-아-철-니-주-납-수-구-수-은-백-금."

중학교 화학 시간에 외운 이것을 여전히 기억하는 분이 많을 것입니다. 그런데 이게 어떤 순서인지도 기억하나요? '칼'이 칼륨K, '카'가 칼슘Ca인 것은 알겠는데, 이 순서가 무엇을 의미하는지를 기억하는 사람은 많지 않습니다. 하도 외워서 입에는 남아 있는데 의미는 잊는 것이죠. 정답은 금속의 반응성(이온화 경향) 순서입니다.

신경세포 간 시냅스가 연결되어도, 자극이 반복되지 않으면 '효율적인 뇌'는 사용하지 않는 시냅스를 잘라냅니다. 반대로 계속 사용하는 시냅스는 필요한 부분이라고 생각하여 선택적으로 더 강화하고 더 튼튼하게 만듭니다. 이것이 바로 가지치기의 원리로, 환경 자극에 의한 선택과 집중입니다. 우리가 등산할 때 처음 간 길은 풀도 우거지고 길도 편평하지 않아 불편하지만, 그 길로 자주 다닐수록 길이 넓어지고 깨끗해지는 것처럼, 우리 생각과 행동도 자주 경험하는 쪽으로 큰 길이 뚫립니다.

앞서 수면에 대해 잠깐 언급했지만, 아동기까지의 수면 습관, 식습관을 바르게 들이는 것이 중요한 이유도 여기 있습니다. 아이는 아동기까지 신체 기능이 매우 크게 발달합니다. 이때 바른 습관을 들이기 위해 일정한 시간에 먹이고, 재우고, 씻기고, 배변 활동을 하게 하는 것이 운동 기능, 감각 기능, 생체리듬 등의 기능 발달에 가속도를 붙일 수 있습니다. 그리고 아이의 뇌에도 일상의 일정한 패턴을 각인시켜서, 어른이 되어서도 큰 힘을 들이지 않고도 건강한 생활 습관, 생활 리듬을 가지게 할 수 있습니다. 우리 몸의 다양한 신체 활동도 결국 뇌의 조절로 이루어지기 때문입니다.

아이의 생각 습관도 매우 중요합니다. 이 생각 습관이 바로 질풍노도의 시기인 청소년기를 잘 지나게 하는 열쇠가 될 수 있습니다. 생각 습관은 부모에게 받은 양육 태도, 애착으로 드러날 수 있습니다. 부모와의 일상 대화, 부모와 나누는 감정 경험, 부모로부터 받은 돌봄 경험 등을 통하여 아이는 생각하는 방법, 감정을 조절하는 방법, 일상의 태도를 배우게 됩니다. 신경가소성에 의해 부모와의 경험을 스펀지처럼 흡수한 아이들은, 부모의 행동을 모방하고 함께한 경험을 반복해서 따라 하면서 시냅스를 강화해 나가고, 신경망(네트워크)은 공고해집니다. 부모라는 환경 요소와의 일상적이고 반복적인 상호작용에서 받은 자극으로 가지치기에서 살아남은 시냅스들은 뇌의 기본 기능을 만들어 평생의 생각 습관, 마음 습관, 태도를 형성하는 데 중요한 기반이 됩니다.

"아이가 어릴 때는 다양한 자극을 많이 주어야 똑똑해진다고 해서 주말마다 여러 곳에 다니고 있어요."

아이의 뇌가 다양한 자극에 의해 발달된다고 하면, 부모는 자녀에게 다양한 장소, 장난감, 경험을 제공하려 합니다. 하지만 '가지치기'를 제대로 아는 부모라면 좋은 자극을 어떻게 주어야 하는지 가늠했을 것입니다. 낯설고 다양한 자극보다는 일상에서 아이의 기질과 성향에 맞는 즉, 아이가 좋아하는 자극을 먼저, 그리고 지속적으로 주는 것이 좋습니다. 여기에서 중요한 것은 '아이에게 맞는 자극'입니다. 부모가 좋아하고 원하는 방향으로의 자극이 아니라 아이가 좋아하고 원하는 방향으로의 자극입니다.

어떤 목적을 실현하는 데 적합한 성질을 '합목적성'이라고 합니다. 아이들도 일정한 목적에 들어맞게 행동합니다. 아이가 자라면서 뇌의 각 부분이 발달하는데, 뇌에서는 발달에 필요한 자극을 얻기 위해 특정한 놀이를 선택합니다. 그래서 아이는 신기하게도 발달 단계마다 자신의 발달에 필요한 놀이를 선택합니다. 부모는 뇌 발달의 시기에 맞게 아이가 원하는 환경과 도구를 제공해 주면 됩니다.

단, 2~4세 사이의 아이가 원한다고 해서 많이 제공하면 안 되는 예외가 있습니다. 바로 '스크린 게임', '스크린 놀이'입니다. 부모와 눈을 맞추고, 표정과 감정, 스킨십을 나누는 놀이가 아닌 컴퓨터나 스마트폰을 통한 스크린 놀이 활동은, 화면의 자극성 때문에 아이가 좋아하겠지만 이것이 유·소아기부터 반복되면 중독성을 유발해 집착을 만들고, 아이에게 맞는 다양한 실제 놀이 경험을 빼앗게 되어 발달에 문제를 일으킬 수 있습니다. 미디어와 영상, 게임 등의 자극은 특별히 주의해야 합니다.

아이가 자기의 발달 속도에 따라 요구하는 놀이들을 제공하는 것이 좋습니다. 그러려면 아이를 잘 관찰해야 합니다. 아이가 유독 재미있어하는 활동이 있다면, 그것만 반복하며 놀게 두어도 됩니다. 그 놀이를 충분히 하도록 지켜봐 주세요. 발달상으로나 정서상으로도 그렇습니다. 이때 부모의 역할은 아이 뇌의 각 영역이 발달하는 그 시기에 맞게 개입하고 좋은 환경을 제공하는 것이 최선입니다. 아이가 해당 과업을 충분히 잘 이룬다면, 다음 발달 과업에 도움이 되는 놀잇감을 슬쩍 놓아 주는 정도의 개입이면 괜찮습니다.

02

아이와 부모의 애착이 만드는 뇌 건강

스킨십으로 만들어지는 행복 호르몬 옥시토신

시각, 미각, 촉각, 후각, 청각 중에서 영·유아 아이들에게 행복한 뇌를 만드는 자극은 무엇일까요? 맛있는 음식을 먹었을 때? 아름다운 것을 보았을 때? 이 자극들도 도움이 되겠지만 이보다 더 큰 행복 자극을 주는 것은 촉각을 통한 부모와 아이 간의 스킨십입니다.

우리는 흔히 뇌를 내장기관으로 이해하지만, 뇌는 발생학적으로 피부와 같은 조직에서 출발하여 만들어진 기관입니다. 그래서 우리 아이의 뇌는 스킨십을 통한 촉감에 가장 민감합니다. 아기의 두뇌 발달에 가장 좋은 자극이 바로 부모와의 스킨십인 것입니다. 부모의 따뜻하고 다정한 스킨십을 통해 아이는 안정감, 행복감을 느끼고, 부모와의 애착을 쌓는 첫걸음을 뗍니다.

애착이란 '엄마아빠는 나를 사랑해'라는 믿음을 넘어서 '세상은 믿을 만한 곳이구나' '다른 사람도 엄마아빠처럼 믿을 만할 거야'라는 신뢰를 심어 주는 것입니다. 부모로부터 안정감 있는 사랑을 일관되고 충분히 받아 부모와의 애착이 단단하게 맺어질수록 타인과 관계를 잘 맺을 용기를 얻게 되고, 세상에 나아가 독립된 존재로 잘 성장할 자양분이 되면서 사회성도 발달합니다. 따라서 애착은 뇌 발달과 인성 발달에 아주 중요한 요소입니다.

어린 나이에 부모가 부재하거나 학대를 당한 아이들을 대상으로 한 연구에서 공통으로 나타나는 현상이 바로 애착 장애입니다. 이러한 아이들은 아무에게나 쉽게 안기고 따라가거나, 반대로 극도로 회피하고 두려워하는 모습을 보입니다. 너무 쉽게 의존하거나, 너무 두려워 도망치는 양극단의 모습입니다. 연구에 따르면 애착 장애가 있는 아이들은 공통적으로 '옥시토신'이라는 호르몬 수치가 낮았습니다. 이는 옥시토신 호르몬이 애착을 결정하는 중요한 역할을 한다는 의미입니다. 어렸을 때 애착 장애를 갖게 된 아이는, 이후 일반 가정으로 입양되어 돌봄과 사랑을 받더라도 마음을 쉽게 열지 못합니다. 물론 꾸준한 도움과 케어, 장기간 안정적인 치료를 받으면 서서히 회복됩니다.

옥시토신은 유독 포유류에게서 그 효과를 드러냅니다. 그래서 젖을 먹여 키우는 포유류가 갖게 되는 모성이 바로 이 옥시토신 호르몬과 관계된다는 가설이 만들어집니다. 아이가 태어나 처음으로 받는 사랑이 부모로부터의 사랑이기에 옥시토신은 행복 호르몬 중에서도 가장 중요한 호르몬으로 손꼽힙니다.

옥시토신은 두 가지 주요 상황에서 주로 분비됩니다. 스킨십을 많이 하는 대상을 떠올리면 쉽습니다. 첫 번째는 연인 또는 부부가 스킨십을 할 때, 특히 부부관계를 통해 오르가슴을 느끼는 동안 뇌 안에서 방출량이 많이 늘어납니다. 두 번째는 부모가 아이를 낳아 기를 때, 특히 엄마가 아이를 출산하는 과정에 가장 활성화되고, 아이에게 젖을 먹이는 동안에도 방출량이 많아집니다. 이것이 모성애의 기초를 이루는 생물학적 요소가 될 수 있겠죠. 부성애는 어떨까요? 엄마가 자녀를 출산할 즈음에 아빠의 옥시토신 호르몬도 활성화됩니다. 이 호르몬이 아빠의 책임감을 자극하고 양육 분담을 적극적으로 하게 합니다.

스킨십의 중요성과 관련하여 우리가 잘 알고 있는 실험이 있습니다. 태어난 지 얼마 되지 않은 원숭이를 엄마 원숭이와 강제로 떼어 놓고, 두 종류의 인형을 대리모로 만들어서 새끼 원숭이에게 제시합니다. 한쪽 대리모는 철사로 만들어 놓고, 우유를 공급하는 장치를 설치했습니다. 다른 대리모는 부드러운 천으로 만들어 놓고, 우유 공급 장치는 설치하지 않았습니다. 새끼 원숭이는 어떤 대리모 인형을 선택했을까요? 새끼 원숭이는 부드러운 천으로 만들어진 대리모를 선택합니다. 특히 새끼 원숭이에게 인위적으로 스트레스를 주자 부드러운 천으로 만들어진 대리모에게 매달리는 시간이 늘어났

[그림1-2] 해리 할로 박사의 원숭이 애착 실험
출처: Harlow, H. F.(1958), The nature of love, *American Psychologist*, 13(12), 673-685.(https://commons.wikimedia.org/wiki/File:Natural_of_Love_Wire_and_cloth_mother_surrogates.jpg)

습니다. 배가 고파 우유를 찾는 잠깐을 제외하고는 철사로 만든 대리모를 대부분 외면했습니다. 이 실험을 통해 엄마와 아기의 유대관계에서 '음식'보다 '접촉'이 더 중요하다는 것을 알게 되었습니다. 이 실험을 설계한 해리 할로Harry Harlow 박사는 다양한 추가 연구를 통해 '접촉을 통한 안정'이 아동의 발달에 특히 중요하다는 이론을 발전시켜 나갔습니다.

해리 할로 박사 연구팀이 여기서 더 나아간 실험을 진행했습니다. 훗날 비윤리적인 연구의 전형으로 비난받은 실험이기도 합니다. 원숭이가 태어난 직후부터 6개월 동안 모성애를 박탈시키고, 고립시켰습니다. 그리고 6개월 후 제대로 된 환경을 제공했습니다. 이 원숭이들은 제대로 된 환경을 제공받은 후에도 매우 오랫동안 불안과 위축 상태에서 회복되지 못했습니다. 잔인한 실험이긴 하지만, 이 일련의 실험을 통해 신체적 접촉과 모성 접촉이 정서 조절과 사회성 발달에 얼마나 중요한가를 확인시켰습니다.

인간을 대상으로 한 실험도 있습니다. 봉건군주 시절인 13세기에 실시한 아주 원시적이고 폭력적인 실험이었습니다. 독일의 프레드릭 2세는 여러 명의 고아를 집으로 데려와 먹이기만 하고, 어떤 스킨십이나 말도 건네지 못하게 하였습니다. 어떤 접촉과 소통도 경험하지 못한 아이들은 결국 한마디도 할 줄 몰랐고, 소년기에 대부분 사망했습니다. 끔찍하고 비윤리적인 실험이죠. 이 실험이 이루어질 당시 역사학자였던 살림베네Salimbene di Adam는 이 실험에 대해 다음과 같은 글을 남겼습니다.

"아이들은 따뜻한 손길 없이는 살아갈 수 없다."

영·유아기에 사랑의 손길, 애정이 담긴 스킨십이 부족하면 뇌에서 감정을 담당하는 편도체가 포함된 변연계의 연결망이 위축될 수 있습니다. 변연계에 이상이 생기면 기분 좋은 정서를 느끼는 능력을 망가뜨리고, 긍정적 판단을 하는 데 필요한 에너지를 공급받지 못하는 상태가 됩니다. 이는 결국 사랑, 신뢰, 자신감처럼 관계를 맺는 데 필요한 낙관적 태도들을 취하지 못하게 합니다. 그런데 옥시토신 호르몬은 변연계가 스트레스를 받았을 때 이를 다독이는 역할을 합니다. 부정적 감정을 다독이고 긍정적 감정을 더 크게 느끼게 해 주는 것입니다.

최근에는 뇌의 발달 문제로 애착에 어려움을 보이는 아이들, 특히 자폐스펙트럼장애가 있는 아이들을 치료하는 방법으로 옥시토신을 적용하는 연구가 이루어지고 있기도 합니다. 외부에서 호르몬을 주입하는 것에 관한 연구와 뇌 안의 호르몬 생성과 촉진에 관한 연구가 병행되고 있는데, 그만큼 옥시토신의 역할이 인간에게 매우 중요하고 애착과 정서 안정에 도움이 된다는 의미입니다.

애착이 잘 형성되지 않은 아이들에게 세상은 따뜻하고 편안하고 믿을 만한 곳이 아니라 외롭고 황량하며 적대적으로 보입니다. 그래서 짜증이 많고 위축된 상태로 자랄 수 있습니다. 이는 청소년기 이후 우울증의 발생 비율을 높이기도 하는데, 실제로 우울증 발병이 잦은 아이들을 검사한 결과 뇌의 변연계가 위축되어 있었습니다.

아이가 친구들과 잘 어울리고, 독립된 개체로 잘 세워지길 바라나요? 엄마아빠를 온전히 믿고 잘 따라주길 바라나요? 아이가 청소년기의 위기를 잘 이겨 내길 바라나요? 그렇다면 아이를 자주 안아 주세요. 부드럽고 따뜻한 손길은 아이가 어릴 때만이 아니라 청소년이 되어서도 필요한 영양분입니다. 변연계의 강화는 향후 우울증 예방과 치료에 도움이 된다는 연구 결과도 있습니다.

저는 부모님은 물론이거니와 선생님에게서 받았던 이런 다정한 손길이 기억에 남습니다. 힘든 일이 있을 때나 위축될 때면 초등학교나 중학교 때 저에게 칭찬을 건네며 따뜻한 미소와 함께 제 머리를 쓰다듬어 주시던 선생님의 손길을 떠올리며 힘을 내고는 합니다.

아이가 자랄수록 스킨십을 거부한다는 부모가 많은데, 손잡고 함께 산책하거나 등을 토닥이거나 머리를 쓰다듬어 주거나 가만히 안아 주는 것 모두 안정감을 주는 스킨십입니다. 하다못해 하이파이브라도 자주 하세요. 다정한 눈빛과 표정, 다정한 말도 잊지 마세요. 아이가 힘들어할 때, 스트레스를 받고 있을 때, 불안해할 때 아이의 변연계는 위축되어 있습니다. 이때 부드럽게 안아 주거나 등을 토닥이는 가벼운 스킨십과 함께 "수고했어" "최선을 다했으니까 괜찮아" "잘하고 있어"라는 말을 건네 보세요. 스킨십이 동반된 정서적인 위로는 변연계의 긴장을 풀고 아이들에게 더 강한 의욕, 동기를 불어넣어 어려움을 딛고 일어나게 해 줍니다.

간혹 자녀가 이미 사춘기에 접어들었는데, 어릴 때 애착이 부족했던 것 같다고 걱정하는 분들이 있습니다. 이제라도 늦지 않았습니다. 부모가 부족한 점을 깨달은 시점부터라도 아이의 연령대에 맞는 적절한 스킨십을 시도해서 채워 주면 애착 형성에 도움이 됩니다.

공감과 사회성의 열쇠,
거울 뉴런 시스템

부모는 아이의 표정을 보면 어떤 마음인지 잘 알아챕니다. 그런데 아이도 부모의 표정과 눈빛을 통해 부모의 마음을 읽어 냅니다. 이는 표정을 읽고 감정을 알아채는 것이 학습이 아니라 타고난 능력임을 알려주는 예입니다. 2020년 심리학회지 《가족심리학저널 *Journal of*

Family Psychology》에 실린 워싱턴주립대학교 사라 워터스Sara Waters 박사팀의 연구에 따르면, 부모가 스트레스를 받으면, 내색하지 않아도 자녀는 부모의 스트레스를 감지할 수 있다고 합니다. 아이는 부모의 미묘한 감정 변화를 감지하고 심리적으로 그 불안을 느낀다는 것입니다.

상대의 감정을 읽는 것은 우리 뇌에서 상대방을 관찰하고 모방하는 신경망인 거울 뉴런의 기능입니다. 인간의 거울 뉴런 시스템은 그 어떤 동물보다 가장 정교하게 발달되어 있습니다. 이는 상대의 감정을 읽고 행동을 모방하는 데 탁월한 능력이 있다는 뜻입니다.

거울 뉴런 시스템은 아이의 발달 과정에 어떤 역할을 할까요? 크게 세 가지입니다.

첫째는 언어 능력이 발달하는 데 큰 역할을 합니다. 앞서 언급한 인간을 대상으로 한 프레드릭의 실험에서도 알 수 있듯이, 아이에게 어떠한 말도 건네지 않으면 아이는 말을 할 수 없습니다. 아이는 문법이나 어법을 공부해서 아는 것이 아니라, 양육자의 말소리와 표정, 말투를 통째로 따라 하면서 언어를 획득합니다. 언어 발달에 결정적 역할을 하는 것이 바로 거울 뉴런입니다.

두 번째로 운동 기술을 배우는 데 큰 역할을 합니다. 숟가락질, 젓가락질과 같은 기본 생존 운동부터 공차기, 던지기 등의 기본 스포츠 동작까지 아이들은 어른의 시범을 따라 하면서 그 기술을 습득합니다.

세 번째로 어울림을 배우는 데 큰 역할을 합니다. 다른 사람의 의도·동기·감정을 직관적으로 이해하며 공감 능력을 키우고, 함께 아파하고 기뻐하는 과정을 통해 다른 사람과 어울릴 줄 아는 사회성을 획득하게 됩니다.

'마음이론theory of mind'에 대해 들어본 적이 있나요? 인간은 내재적으로 이 '마음이론'을 갖고 있어서 자신과 타인의 마음, 행동의 의미 등을 이해할 수 있으며, 나아가 적절한 관계를 맺고 서로 도움을 줄 수 있는 능력으로 발달한다는 이론입니다. 이러한 마음이론이 바로 거울 뉴런과 연관됩니다. 사회적 소통에 어려움을 가진 자폐증이 있는 사람의 뇌 영상을 보면 거울 뉴런 시스템이 활성화되는 정도가 낮습니다. 거울 뉴런 시스템이 사회성, 세상과 어울리는 능력에 차이를 만드는 것입니다. 일반적으로 여성의 거울 뉴런이 남성보다 더 활성화되어 있습니다.

이처럼 인간이 타인과 감정을 나누고 공감하고, 또한 자신의 감정을 표현하고 인정받고 싶은 욕구는 모두 타고나는 것입니다. 뇌 속에 거울 뉴런이 활발할수록, 사회성이 발달한 아이일수록 그렇습니다. 물론 아이에 따라서 조금 늦거나 조금 빠르게 나타날 수 있고, 욕구를 얼마나 적극적으로 또는 소극적으로 드러내는지는 개인차가 있지만, 근본적인 욕구는 같습니다. 이러한 '함께하고 싶은 욕구'는 바로 부모와 소통하고 싶은 바람에서 시작됩니다.

거울 뉴런 시스템을 활성화해서 사회성을 키우고 싶다면, 아이를 어떻게 대해야 할까요? 아이의 타고난 기능, 마음을 자연스럽게 잘 받아주면 됩니다. 육아는 어떻게 보면 어렵지만, 다른 한편으로 보면 생각보다 어렵지 않습니다. 아이가 하는 대로, 발달 단계마다 아이가 보이는 표현과 욕구대로 부모가 잘 따라가 주면 됩니다. 통제와 훈육은 수용 다음의 과정입니다. 수용이 잘 이루어져야 통제도 효과가 있습니다.

평소 부모의 감정 상태를 잘 돌아보는 것도 필요합니다. 거울 뉴런을 통해 아이는 부모의 감정을 전달받습니다. 그래서 부모의 정서가 먼저 안정되어야 합니다. 앞서 이야기한 것처럼, 우울하고 슬퍼도 억지로 숨기는 것만이 답은 아닙니다. 부모 자신의 감정을 잘 다독여 해소하려고 해 보세요.

만약 해소하기 어렵고 숨기기 힘든 감정이 든다면, 아이에게 솔직하게 "아까 이런 일이 있었잖아, 그 일로 엄마가 이런 생각이 들어서 지금 좀 슬퍼"라고 털어놓아 보세요. 아이가 부모 마음을 완전히 이해할 수는 없지만, 부모가 감정을 솔직하게 이야기하는 모습에서 아이도 자신의 마음을 말로 털어놓을 수 있다는 것을 배우는 계기가 될 수 있습니다.

아이는 선입견이 없습니다. 누구와도 친구가 될 수 있고, 다양성을 포용할 마음을 가지고 있습니다. '저 친구는 이상해' '개랑 놀지 마'라는 식의 구별과 차별의 시선을 아이에게 심어 주지 않길 바랍니다. 아이를 외롭게 만들고 싶은 부모는 없을 것입니다. 부모의 잘못된 시선이 아이의 선입견으로 자리 잡으면, 아이의 타고난 어울림의 능력은 서서히 메말라 갑니다. 공감하는 관계보다 학교 성적과 물질만 추구하는 불행한 어른으로 자랄 수 있습니다. 자신은 비록

원하는 결과를 얻지 못했어도 최선을 다해 좋은 성적을 거둔 친구를 진심으로 축하해 주는 아이로 자라야, 자신의 부진을 스스로 다독이고 일어날 힘을 가질 수 있습니다.

이성과 감정의 균형과 절제를 이루는 대상회

우리는 흔히 "이성과 감성을 잘 조절해야 한다"라고 말합니다. 이렇게 우리 뇌에서 감정을 담당하는 뇌와 생각을 담당하는 뇌를 연결해 주는 조현coordination 기능은 뇌의 기능 중에서도 매우 중추적인 역할로 손꼽힙니다. 이러한 조현 기능을 담당하는 부위가 싱귤레이트, 우리말로 '대상회cingulate gyrus'입니다. 싱귤레이트는 라틴어로 직역하면 '벨트'나 '띠'라는 뜻입니다. 뇌의 중요한 두 가지 역할을 연결한다는 의미죠. 바로 이 조현 기능에 결함이 생기는 것을 조현병이라고 합니다.

대상회는 전두엽을 도와 충동성, 판단력, 목적지향성 등의 고위 인지 기능도 담당합니다. 인간에게 있어 인지나 조현 기능은 매우 중요하기 때문에, 대상회에 문제가 생기면 조현병뿐 아니라 감정 조절에 어려움을 겪는 우울증, 집중 조절에 어려움을 겪는 주의력결핍과잉행동증ADHD, 안정 정서 조절에 어려움을 겪는 불안증 등이 유발될 수 있습니다. 우리 뇌의 조현 기능이 얼마나 중요한지, 그리고 얼마나 쉽게 취약해질 수 있는지 알 수 있습니다.

감정이든 이성이든 양극단으로 빠지는 것은 위험합니다. 하지만 창의적이고 예술적인 활동은 감정적인 면을 잘 활용할 때 나오며, 이성적 생각 또한 감정의 지지를 통해 더욱 활발하게 이루어집니다. 또한 조현 기능이 제대로 발현되어야 지나친 감정의 동요나, 거친 표현을 억누르고 합리적인 판단과 적절한 행동을 하는 안정된 사회성을 보일 수 있습니다.

행복에 대한 다양한 정의가 있겠지만, 그중 '평상심' 또는 '일상에서 느끼는 안정감'을 꼽을 수 있습니다. 바로 조현 기능이 잘 발현된 균형 잡힌 마음 상태, 여유를 가진 상태입니다. 살다 보면 극단적이고 아슬아슬한 감정 상태에 놓이기도 하지만 우리는 금방 중심을 잡습니다. 이렇게 중심을 잘 잡을 수 있도록 발달시키는 것이 대상회의 조현 기능입니다.

이렇게 중요한 기능을 하는 대상회도 안정된 애착을 통해 중심을 잡고, 그 안정된 정서가 오래 지속되어야 조현 기능도 잘 발현될 수 있습니다.

03

놀이하는 뇌가 학습하는 뇌를 만든다

뇌의 회로를 만드는 상상력과 음악의 힘

우울, 불안의 문제로 정신건강의학과를 찾는 많은 사람에게 실시하는 가장 기본적인 치료는 '정신치료'입니다. 상담과 대화를 통해 생각의 길을 바로잡도록 훈련하는 것입니다.

과연 상담과 대화로 치료가 될까요? 머릿속에서 일어나는 생각, 상상만으로 우리 뇌를 바꿀 수 있을까요? 뇌과학의 연구 초기만 해도 이는 비과학적인 방법으로 치부되었습니다. 자기 위로와 같은 효과일 뿐 실제로 뇌에 변화가 일어나지는 않는다고 보았습니다. 그런데 1990년대에 하버드대학교 의과대학의 알바로 파스쿠알 레오네 Alvaro Pascual-Leone 교수는 상상으로도 뇌가 변화될 수 있다는 가설을 검증하고자 나섰습니다.

피아노를 전혀 배운 적이 없는 두 집단을 놓고 한 집단에는 '정신 훈련'을, 다른 집단에는 '신체 훈련'을 시킵니다. 똑같은 악보를 주고 하루 두 시간씩 5일 동안 진행한 실험에서, '정신 훈련' 집단은 피아노를 연주한다는 상상을 하면서 피아노 연주를 들었고, '신체 훈련' 집단은 실제로 피아노를 치면서 연습했습니다. 5일이 지난 후 놀랍게도 두 집단 모두 멜로디를 연주할 수 있었습니다. 뇌에 변화가 일어났고 변화된 형태도 거의 같았습니다. 이는 상상, 생각만으로도 뇌에 변화를 일으킬 수 있음을 증명한 연구입니다.

아이들의 신경가소성은 어른보다 훨씬 뛰어납니다. 어른보다 더 빠르게 언어를 습득하고 운동 기능을 배우고 예술적인 감각을 키울 수 있습니다. 정서와 감정을 조절하는 능력, 공감 능력 등도 빠르게 습득합니다. 그러한 학습 능력은 바로 관찰과 상상에서 시작합니다. 그래서 유·소아기 자녀를 둔 부모의 역할은 내 아이의 타고난 능력이 잘 발현되도록 아이의 다양한 상상력과 관찰, 사물에 대한 호기심을 지지하고 지켜봐 주는 것입니다.

아이에게 음악을 들려주는 것도 아이의 상상력을 통해 뇌를 자극하게 할 수 있습니다. 1990년대 말, 돈 캠벨이 《모차르트 이펙트》라는 책을 통해 모차르트의 음악이 지능 발달에 효과가 있다고 주장했는데, 이 내용이 크게 이슈가 되면서 많은 부모가 모차르트 앨범을 사기도 했습니다. 사실 모차르트의 음악과 지능 발달의 상관관계에 대해서는 논란이 많습니다. 하지만 음악이 아이들의 건강과 인지 기능에 좋은 영향을 준다는 연구는 많이 축적되어 있습니다. 많은 연구에서 음악을 단순히 듣는 것보다 적극적으로 배우는 것이 더 많은 도움이 된다고 결론 짓고 있습니다.

음악은 우리 뇌에서 공간 감각을 담당하는 두정엽과 운동 조절 중추인 전두엽을 자극하고 활성화시킵니다. 노래를 따라 부르고 외우면 언어와 관련된 뇌의 부위인 측두엽이 자극됩니다. 악기 연주는 시공간 능력과 운동 조절 능력을 훈련하게 되어 양쪽 뇌를 모두 사용하는 효과가 있습니다. 아이에게 정서적 안정을 제공하고 상상력을 자극합니다.

도파민, 몰입하는 뇌

아이의 다양한 뇌의 역할 중에서도 부모가 가장 관심 있어 하는 것은 역시 '공부 잘하는 뇌'일 것입니다. 결론부터 말씀드리면, '공부 잘하는 뇌'는 '잘 노는 뇌'에서 나옵니다. 어려서 장난감 하나에 집중해서 잘 놀던 아이가, 공부도 몰입해서 잘할 수 있습니다. 아이가 열심히 무언가에 집중해서 놀 때 도파민이라는 호르몬이 나오는데, 이 호르몬이 공부할 때 몰입을 돕는 역할을 합니다. 어려서부터 몰입을 통한 즐거움을 깨달은 아이는 공부에서 얻게 되는 성취감, 도파민을 통한 즐거움을 잘 알고 있습니다.

도파민은 쾌감 호르몬입니다. 이 호르몬이 집중력과도 연관됩니다. 도파민은 뭔가에 몰입할 때 왕성하게 분비됩니다. 특히 전두엽에서 중요하다고 판단되는 일에 몰입할 때 크게 활성화됩니다. 도파민이 활성화되면, 몰입을 방해하는 요소는 걸러내고 목표와 관련한 자극에만 집중할 수 있게 됩니다. 몰입은 어떤 일에 대한 좋은 성취로 연결되고, 목표를 이루었을 때의 성취감과 즐거움은 다시 목표를 세우고 도전하게 만드는 에너지가 됩니다.

아이가 블록 놀이를 집중해서 하다가 원하던 모양을 만들어 냈을 때 얻는 성취감, 짜릿한 쾌감이 바로 도파민의 효과입니다. 무언가에 집중하여 성취를 얻어내는 일련의 과정이 반복되면 아이는 자연스럽게 집중하는 시간이 길어지고, 이는 이후 학습 습관으로 이어질 수 있습니다. 학령기 아이에게 학습 동기를 부여하는 데 가장 중요한 역할을 하는 것도 도파민 신경망입니다. 공부를 열심히 해서 좋은 성적을 거두겠다는 마음, 부모님과 선생님에게 칭찬이라는 보상을 받고 싶어 하는 것이 모두 도파민 신경망이 활성화된 모습입니다.

도파민은 전두엽의 앞부분인 전전두엽에 작용하는데, 집중력에 문제를 보이는 주의력결핍과잉행동장애ADHD가 있는 아이는 전전두엽의 발달이 1~2년 정도 지연된 경우가 많습니다. 저는 ADHD 아동과 청소년에 관해 오랫동안 연구하면서 전전두엽에서 도파민 신경망의 발달을 저해하는 몇 가지 요인을 발견했습니다. 스트레스와 유해 환경입니다.

임신기 동안 심각한 부부 갈등이나 불안정한 환경 등으로 산모가 극심한 스트레스를 받으면 아이의 ADHD 발병 위험성이 2배 정도 올라갑니다. 임신기에 산모가 흡연을 했거나 영·유아기에 간접흡연 등으로 아이가 환경호르몬에 노출되면, 아이의 뇌 발달에 부정적인 영향을 미친다는 사실도 규명하였습니다. 아이는 6~7세부터 주의력을 발달시키고 몰입할 수 있는 능력을 키우며 자기 행동과 감정을 조절하는 능력도 발달시키는데, 임신기와 영·유아기에 유해 환경에 지속적으로 노출된 경우 뇌 발달이 저해될 수 있습니다.

세로토닌, 정서적 안정감을 가진 뇌

유아기의 뇌는 다양한 자극에 의해 매우 활발하게 발달합니다. 특히 0~3세에는 양육자와의 관계를 통한 애착 형성과 의미 있는 상호작용으로 정서와 언어 능력이 계발됩니다. 하지만 뇌의 각 영역마다 발달 속도가 다르기에, 아이에게 주어지는 자극도 발달 속도에 맞게 주어야 합니다. 그 자극에는 아이들과의 놀이, 신체 활동, 교육과 학습도 포함됩니다. 아직 발달 시기가 아닌데 억지로 주어지는 자극이 때로는 발달에 방해가 되는 소음이 될 수 있습니다.

앞서 도파민 신경망이 공부를 위한 동기부여에 관여한다고 언급했습니다. 도파민은 몰입을 통한 성취를 가져올 수 있지만, 지나치면 과도한 경쟁의식과 비교의식으로 스트레스를 받게 하고 앞으로만 달려나가는 욕구를 자극해 더 큰 칭찬, 더 큰 보상을 계속 바라게 만듭니다. 이러한 모습은 성취의 희열을 통해 목표를 이루는 데에는 분명 유용하지만, 인생의 장기적인 행복과는 거리가 있어 보입니다.

우리 뇌는 도파민의 독주를 보고만 있지 않습니다. 도파민을 보완할 호르몬, 세로토닌이 등장합니다. 세로토닌은 비교와 경쟁이 아니라 '있는 그대로의 만족감'을 느끼게 해 주는 신경전달물질입니다. 도파민이 뇌의 특정 영역에서만 분비된다면, 세로토닌은 훨씬 넓은 뇌 영역에 걸쳐 분포합니다. 도파민이 특정 영역을 자극해서 집중하게 한다면, 세로토닌은 뇌의 전반적인 조절과 안정 기능을 담당하는 것이죠. 도파민이 너무 많이 분비되어 스트레스와 경쟁심이 올라가면, 세로토닌이 분비되어 마음을 진정시키고 욕구 좌절로 인한 공격성을 치유해 줍니다. 성취와 좌절 사이의 극단적인 기분의 업-다운을 조절하여 우울증과 불안증, 자살 충동 등을 예방하기도 합니다.

똑같은 환경이라도 우울하고 불만 가득하게 바라보는 아이도 있고, 낙관적이고 여유 있게 받아들이는 아이도 있습니다. 세로토닌은 회복력이 좋은 아이로 자라는 데 도움을 주어 상처받더라도 금방 잘 털어낼 수 있게 합니다.

아동기까지 뇌의 세로토닌 시스템을 잘 발달시켜야 하는 이유는 안정된 사춘기를 보내는 데 세로토닌 신경망이 중요한 역할을 하기 때문입니다. 사춘기 아이들은 세상을 불합리하다고 생각하고 이런 저런 불만이 많으며 비판적입니다. Part 2부터 사춘기의 뇌에 대해 살피겠지만, 이는 자연스러운 발달 모습입니다. 여기에 학업 스트레스가 더해지면 아이들은 매우 예민해집니다. 만약 어려서부터 도파민과 세로토닌의 적절한 조화와 발달 속에서 자랐다면, 정서와 행동

면에서 다소 극과 극을 오가더라도 스스로 중심을 잘 찾아갑니다.

세로토닌은 다른 신경전달물질과 달리 섭취하는 음식에서 영향을 많이 받습니다. 도파민에 화학물질과 스트레스 같은 외부 환경이 영향을 미쳤다면, 세로토닌에는 음식이 주요합니다. 세로토닌은 뇌에서 만드는 양이 필요한 양보다 항상 적기 때문에 외부에서 공급되는 음식을 통해 그 양을 늘려야 하는데, 트립토판이 함유된 음식을 먹으면 우리 몸속에서 생화학 반응을 거쳐 세로토닌으로 변화됩니다.

어떤 음식물에 트립토판이 많이 포함되어 있을까요? 대표적으로 견과류와 곡식류에 많은데, 호두, 들깨, 검은 참깨, 현미, 감자 등입니다. 청국장이나 치즈와 같은 발효식품과 우유나 요구르트와 같은 유제품, 바나나 등에 풍부하므로 이를 함께 섭취하면 좋습니다.

뇌의 세로토닌 시스템을 활성화하는 데는 편안한 상태를 만들려는 노력과 훈련이 도움이 됩니다. 먼저 일상에서 부모가 여유 있고 차분하게 생활하는 모습을 보이면 자녀의 두뇌에서 세로토닌이 활성화되는 데 도움이 됩니다. 감사하는 마음을 갖는 것, 자연에서 많은 시간을 보내는 것 역시 세로토닌 신경망을 활성화시키는 방법입니다. 심호흡-복식호흡-스트레칭과 같은 이완 활동들로 긴장을 풀어주는 것도 세로토닌 활성화에 도움이 됩니다.

가끔 아이와 함께 숨을 깊고 천천히 들이마셨다 내쉬면서 마음을 가라앉혀 보세요. 잠들기 전에 해도 좋습니다. 아침에 일어나 햇볕이 드는 창문 앞에서 가벼운 스트레칭을 하며 하루를 시작하는 것도 권합니다.

04

10대 격변기를 겪어야 하는 아이의 뇌 준비시키기

스트레스를 관리하는 대처 능력 길러주기

'스트레스 받는다'는 말은 어떤 의미일까요? 스트레스를 받으면 우리 뇌는 호르몬을 분비하면서 교감신경계를 조절합니다. 교감신경계는 우리 몸 구석구석에 퍼져 있는 자율신경계를 말하는데, 혈관, 내장, 심장 등에 작용합니다. 스트레스를 받으면 뇌에서 이를 위험한 상황으로 인지하고 경고음을 울리며 아드레날린 시스템을 작동시킵니다. 아드레날린 호르몬이 분비되면 각성하게 되고, 집중하게 되고, 활동력이 올라갑니다. 스트레스로부터 우리 몸을 지키기 위해 긴장시키는 것입니다.

사실 자율신경계는 우리의 의지대로 조절하기 어렵습니다. '땀 나지 마'라고 마음먹는다고 땀이 안 날 수 없듯 말이죠. 자율신경계는 시소처럼 두 종류의 신경 시스템으로 이루어집니다. 교감신경계와 부교감신경계가 시소처럼 한쪽이 상승하면 다른 쪽은 하강하면서 균형적인 평형 상태를 유지합니다.

평소에 우리 몸은 부교감신경계가 우세해서, 피가 잘 흐르도록 혈관을 느슨하게 하고, 혈압을 낮추고, 심장 박동수를 일정하게 유지하며, 위나 장으로 가는 피의 양을 늘려 소화를 촉진시킵니다. 혈관이 느슨해져서 피부도 따뜻하게 유지됩니다. 면역 기능도 활성화되어 외부 균으로부터 감염되지 않도록 지킵니다. 우리 마음이 편할 때의 모습입니다.

위기 상황이 오면(정확하게는 위기가 왔다고 느끼면) 우리 뇌의 편도체에서 공포와 불안 같은 감정을 일으키면서 아드레날린을 분비하고, 아드레날린 호르몬이 교감신경계를 통해 우리를 닦달하기 시작합니다. 심장 박동수를 증가시켜 더 많은 피를 뇌와 몸에 공급합니다. 혈관이 수축되면서 혈압은 올라가고, 혈류량이 줄면서 피부는 차가워집니다. 호흡이 빠르고 얕아집니다. 소화기관으로 가던 피의 상당량이 근육으로 흘러서 소화도 잘 안 됩니다. 감정도 격해집니다. 싸워서 이겨야 한다는 생각 때문에 너그러운 마음보다 투쟁심, 분노, 경쟁심이 올라갑니다. 흥분했을 때나 시험을 앞두고 있을 때 우리 몸의 상태입니다.

스트레스와 연관된 아드레날린 시스템은 진짜 위급한 상황에서 작동할 수도 있지만, 경쟁심이나 예민함 등 성격 특성과 관련되기도 하므로, 일상에서 겪는 스트레스 상황에 반응하는 정도가 사람마다 다르게 나오는 이유가 됩니다. 가끔 부모들은 압박을 통해 자극을 주면 공부에 대한 동기부여가 될 것이라 생각합니다. '엄친딸'과 비교하거나 일정 성적을 받으라고 강요하는 등 학업에 대한 압박감으로 아이의 공부 의욕을 높일 수 있다고 생각하는 것이죠. 그러면 아이에게는 아드레날린 시스템이 작동합니다.

적절한 스트레스는 의욕을 높이고 활동을 자극하여 성취동기를 높이는 효과가 있지만, 과도한 스트레스가 장기간 몰아치면 아드레날린 러쉬가 나타납니다. 이때부터는 자기 스스로를 닦달하면서 날마다 위기인 양 느끼게 만들어, 마음의 여유 없이 투쟁이냐 도피냐 양극단 중 하나를 선택하게 만듭니다.

시험 기간이나 시합을 앞두고 이런 작동이 이루어진다면, 아이들은 긍정 자극도 받고 스트레스도 잘 견디며 지낼 수 있을 것입니다. 하지만 이런 스트레스 러쉬 기간이 1년, 2년 이어진다면 어떨까요? 부교감신경계는 무너지고 항상 교감신경계에 불이 들어온 상태의 응급 상황으로 지내게 됩니다. 늘 예민하고 짜증이 난 상태가 되는 것입니다.

문제는 이런 상태가 청소년기에 더 쉽게 나타날 수 있다는 데에 있습니다. 청소년기는 원래 예민하고 힘든 시기입니다. 성호르몬 분비와 뇌의 발달 특성 때문에 그렇습니다(Part 2 참고). 그런데 여기에 과도한 압박을 더하면 예민함을 더 자극하는 것입니다. 그러면 아이의 몸이 아플 수 있습니다. 소화기관이 약해져 자주 속이 아프고 과민성 대장증후군이나 장염으로 시달릴 수 있습니다. 감기에 잘 걸리기도 합니다. 손발이 차고, 갑상샘 질환이 발생할 위험도 커집니다.

이런 상태가 지속되면 마음 건강은 어떨까요? 작은 일에도 불안 정도가 높아집니다. 잦은 위기감에 편도체가 불필요하게 과활성화되고 교감신경이 과도하게 항진되어서 가짜 불안과 가짜 공포를 만들어 냅니다. 불안은 깊은 잠을 방해해서 낮 동안 피로감에 시달리게 하고, 짜증이 많아지며, 집중력을 저해시킵니다. 아드레날린 시스템이 계속 유지되면, 균형을 이루는 부교감신경 시스템이 무력화되고 코르티솔과 같은 스트레스 호르몬이 함께 늘면서 우리 뇌의 가장 취약한 부위인 변연계를 공격합니다. 그 결과, 기억력이 감퇴하고 기분 변화를 조절하는 능력이 점점 떨어져 분노와 위축 상태가 교대로 나타납니다.

스트레스가 장기화되는 경우 우리 몸의 상태가 이렇습니다. 사춘기는 원래 신체적으로나 정서적으로 불안한 발달 시기이기 때문에, 성인보다 스트레스에 더욱 취약합니다. 가정에서 스트레스를 주지 않아도 학업적으로나 신체적으로 주어지는 스트레스가 이미 많습니다. 가정은 스트레스를 해소할 공간이 되어야 하고, 적어도 스트레스를 추가하지 않는 곳이어야 합니다. 하지만 요즘 청소년 자녀를 둔 가정을 살펴보면 아이들이 가정에서 가장 많은 스트레스를 받고 있지는 않은지 돌아보게 됩니다.

행복에 꼭 필요한 도덕성,
아동기에 잘 발달시키기

건강하고 행복한 내 아이를 위한 뇌 발달을 이야기하는데 '도덕성'이라니, 뭔가 이상한 것 같나요? 도덕성과 행복의 상관관계에 관한 연구는 다양하게 이루어지고 있습니다. 흔히 도덕과 행복은 공존하기 어렵다고 생각하기도 합니다. 도덕적 규율, 규제의 이미지는 자유, 행복과 상반된 이미지로 우리에게 남아 있습니다. 그런데 행복의 필수조건 중 하나가 바로 도덕적 판단 능력과 도덕성입니다.

도덕성에 대한 연구는 크게 둘로 나뉩니다. 인간은 왜 파괴적이고 나쁜 행동을 하는가에 대한 연구와, 반대로 인간은 왜 선하고 좋은 행동을 하는가에 대한 연구입니다. 뉴스 보도를 보면 온갖 사회악의 모습이 많이 나오지만, 반면 많은 사람이 아무도 보지 않아도 남을 돕고 선행을 베풀며 살기도 합니다. 도덕적 욕구는 어떻게 발현되는 것일까요? 유아기부터 성인기까지의 발달 과정을 연구하는 발달심리학, 소아정신의학에서 이에 대해 연구한 예가 하나 있습니다.

생후 6개월 된 아기들에게 짧은 인형극을 보여 주었는데, 이 인형극에는 3명의 캐릭터가 등장합니다. 첫 번째는 다른 사람을 돕는 착한 인형, 두 번째는 착하거나 나쁘지도 않은 중립적인 인형, 세 번째는 다른 사람을 넘어뜨리고 괴롭히는 나쁜 인형입니다. 인형극의 내용상 나쁜 인형은 무섭기보다는 코믹하게 그려서 웃음을 유발하고 재미를 주도록 했습니다. 인형극이 끝난 후 아기들이 어떤 캐릭터의 인형을 선호하는지를 관찰했습니다. 다만 유아의 집중력은 매우 짧으므로, 인형을 두 개씩 보여 주고 선호 반응을 살폈습니다.

결과는 어땠을까요? 아기들은 나쁜 캐릭터보다는 중립적 캐릭터에게 더 다가갔습니다. 중립적 캐릭터와 착한 캐릭터가 같이 있을 때는 착한 캐릭터에게 다가갔습니다. 이 연구를 기획할 때의 가설은 아이들이 나쁘지만 재미있는 캐릭터를 선택한다는 것이었지만, 아이들은 착한 캐릭터를 더 선호하고 호감을 표했습니다. 비슷한 내용의 연구들이 이후에도 이루어졌는데 거의 같은 결과를 보였습니다. 이 연구들은 사회적 학습이 안 된 유아도 자기와 직접 관련이 없는 3자 간 상호작용에 민감하며, 선한 상호작용을 하는 인물을 선호한다는 사실을 알려줍니다. 부모의 양육 개입이 적은 3개월 된 영아들조차 그러했습니다. '착한 행동 선호'는 추후 도덕적 판단과 행동의 기초가 된다고 볼 수 있고, 이 부분은 타고난 습성일 수 있다는 추론이 가능합니다.

이러한 '선한 행동 선호'와 관련된 뇌 구조와 기능은 무엇일까요? 뇌의 애착 회로라는 주장이 많습니다. 안정 애착이 뇌의 회로에 자리잡으면, 부모로부터 받은 안정되고 선한 애정을 기반으로 선한 행동에 대해서 더 편안함을 느껴, 훗날 배우자를 사랑하고 자녀를 잘 양육하는 선한 사랑의 토대가 된다는 것입니다. 인간이 느끼는 최고의 행복인 '조건 없는' 사랑에 대한 회로가 바로 이 애착 회로라는 것입니다. 이를 통해 우리의 자발적 도덕성은 타고나는 부분이 있고, 뇌의 회로에도 도덕성을 습득하고 학습할 기반이 애착 과정에서 마련되며, 이 회로를 통해 다음 세대를 키울 힘을 수만 년간 이어왔음을 알 수 있습니다.

그렇다면 품행 장애가 심한 아이들이나, 반사회적 인격장애가 있는 사람들처럼 도덕적 판단에 결함이 있는 경우는 어떻게 보아야 할까요? 이들에 대한 연구의 중요한 결론은, 전전두엽이 손상된 것과 관련이 있다는 것입니다. 전두엽의 앞부분인 전전두엽에 상처를 입거나 발달상 문제가 있는 경우 도덕적 판단을 내리기가 어렵다고 보는 것이죠. 전전두엽의 손상으로 도덕적 판단에 결함이 생기면, 세상을 바라보는 시선이 건강한 뇌를 가진 대다수 사람과 다르고 타인에 대한 감정을 이해하고 느끼는 공감 능력이 결여됩니다.

도덕 발달에는 문화와 교육의 영향이 분명 작용합니다. 우리의 뇌가 도덕적인 선택과 행동을 하도록 만들어졌지만, 그 욕구를 제대로 발휘할 수 없는 가정 및 사회 분위기가 지속된다면, 생존과 적응을 위해서 도덕적 욕구를 억누르고 다른 회로를 만들게 됩니다.

아이의 뇌에 도덕성을 실현하고 싶은 욕구가 있다는 것과, 선한 행동과 사랑을 대물림할 뇌의 회로가 있다는 두 가지 사실을 통해 우리는 자녀의 회로를 어떤 환경으로 강화해 나가야 하는지 기억해야 합니다. 규칙과 약속을 지키면서 자기를 절제하고 조절하는 것은 타고난 욕구이면서 동시에 경험과 학습의 결과입니다.

10대의 뇌를 대하는 데 필요한 부모의 자세 전환

"학생이 숙제하는 게 당연한 건데 그걸 굳이 칭찬해 주어야 하나요? 칭찬을 자주 해 주면 자만할까 봐 일부러 안 하는 것도 있어요."

우리 사회는 아직도 칭찬에 인색한 분위기입니다. 지금의 중년 부모들이 자라던 시대는 칭찬과 애정 표현에 참 인색했습니다. 공부를 특별히 잘하는 게 아니면 칭찬받을 일이 별로 없었죠. 정신의학과 발달심리학이 일반 대중에게 널리 소개되면서 칭찬과 선한 모델링이 중요하다는 것을 알고 실천하려는 노력이 많아졌지만, 일상에서 내 아이에게 적용하기가 쉽지 않습니다. 스킨십과 애정 표현을 많이 하라는 조언도 자주 듣지만, 실제 하려니 참 쑥스럽다고 이야기하기도 합니다.

반면, 해외에 나가서 생활해 보면 미국이나 호주와 같은 나라에서는 좀 심하다 싶을 정도로 아이들에게 칭찬을 많이 합니다. 부모는 물론 학교 선생님, 교회 목사님, 이웃 등등 다양한 어른들이 "Wonderful, Beautiful, Lovely, Excellent, Great" 등 매우 다양한 표현으로 아이들을 칭찬해 줍니다. 온종일 칭찬에 둘러싸여 사는 것 같습니다.

"칭찬은 고래도 춤추게 한다"라고 하지만 "잘못된 칭찬은 아이를 망친다"라고도 말합니다. 실제로 칭찬은 중독을 만들 수도 있습니다. 칭찬받으려고 어떤 일을 하게 되면, 그 일에 대한 과정과 성과의 즐거움보다 칭찬을 목표로 하게 됩니다. 칭찬에만 의존하면 자기 생각보다 다른 사람의 생각을 따라가려는 부작용을 낳을 수도 있습니다.

칭찬도 일종의 개입intervention입니다. 잘못된 개입은 아이의 다양한 시도를 방해할 수도 있습니다. 그래서 부모는 칭찬의 내용에 좀 더 주의해야 합니다. 결론적으로 아이가 한 행동의 결과보다는, 뭔가를 시도하고 성취하려는 노력을 칭찬하는 것이 좋습니다. 어떤 일을 해나가는 과정에서 아이가 성실하고, 규칙을 잘 지키는 것을 칭찬해 주세요. 과정은 길고 결과는 짧습니다. 결과를 칭찬하면 아이는 과정이야 어떻든 목표만 이루면 된다고 생각할 수도 있습니다.

아이가 두려움을 이기고 시도해 보는 것, 실패해도 다시 도전하는 것, 숙제의 주어진 기한(약속)을 지키려 애쓰는 것, 수학 성적이 좋지 않아 속상하지만 오답노트를 만들며 다시 잘해 보겠다고 노력하는 것 등 그 과정을 칭찬해 주어야 합니다.

달리기에서 꼴찌를 했을 때 심각하게 받아들이는 부모는 별로 없지만, 시험지를 받아왔을 때 꼴찌를 하면 많은 부모가 한숨부터 내보입니다. 학령기는 사회에 나아갔을 때 겪게 될 좌절과 회복의 순환을 배우는 학습 과정입니다. 다 틀린 시험지를 두고 칭찬하라는 것이 아니라, 그 시험을 치르기까지 최선을 다했다면 그 과정을 격려하라는 것입니다. 만약 최선을 다하지 않고 시험을 치렀다면 아이 스스로 시험 이후에 어떤 노력을 더해 부족함을 채울 것인지 고민하게 하고, 그 고민을 실행해 낼 때 칭찬해야 합니다. 그런 과정을 통해야, 다양한 실패를 경험하더라도 감정을 털고 일어나 다음 실행 과제를 준비하는 어른으로 자랄 수 있습니다.

칭찬이 정말 필요한데 참 부족하게 받는 아이들이 있습니다. 발달의 어려움을 가지고 태어난 아이들입니다. 예를 들면 주의력결핍과잉행동장애ADHD, 지능발달 문제 등으로 힘들어하는 아이들이 그렇습니다. 이 아이들은 어려서부터 많은 지적과 비난, 때로는 조롱을 받으며 자랍니다. 아이의 특성을 이해하지 못하면 아이를 '문제아'로 여기고 혼내서 바로잡아야 한다고 생각합니다. 간혹 문제를 바로잡겠다고 잘못된 훈육인 매를 들기도 합니다.

ADHD 같은 경우는 뇌에서 주의력을 조절하는 중추, 특히 전전두엽과 대상회의 연결 회로에 문제가 생기는 질병입니다. 이럴 때 아이의 문제 행동을 지적하기보다, 잘하는 일에 초점을 맞추어 칭찬하는 쪽으로 유도하는 것이 좋습니다.

잘하는 것이 없으면 아이가 잘할 만한 것을 과제나 심부름으로 주어 칭찬할 수 있는 환경을 만드는 것이 필요합니다. 이 아이들에게는 '많은 칭찬'이 치료 효과를 배가시킵니다. 칭찬받기 시작하고 혼나는 일이 줄면 아이들의 태도가 달라지기 시작합니다. '나도 괜찮은 사람이구나'를 처음으로 느끼면서 스스로 변화하려는 동기와 자존감이 커지기 시작하는 것입니다.

자녀가 문제 행동을 자주 보여 고민이라면, 비난보다 작은 일에도 칭찬해 주고 잘할 수 있는 방법을 아주 구체적으로 알려주세요. 잘하는 것이 점점 많아지면 더 많은 칭찬을 받게 되고, 칭찬이 동기화가 되어 좋은 행동을 선택하는 일이 많아집니다. 이런 선순환 구조가 만들어지면, 아이의 일상에 좀 더 많은 행복감이 자리 잡게 됩니다.

어떤 칭찬이 좋은 칭찬일까요? 그 기준은 '동기'입니다. 내적 동기를 불러일으키는 칭찬은 좋은 칭찬이고, 동기를 약화시키거나 왜곡시키는 칭찬은 재고해야 합니다.

좋지 않은 칭찬과 관련된 한 아이의 예를 들어보겠습니다. 이 아이는 학습 능력이 뛰어났습니다. 초등학교 때까지 수학을 비롯해 전 과목에서 우수한 성적을 보였습니다. 특히 수학과 과학에 뛰어나서 일정 기간이 지나자 공부를 전혀 하지 않아도 해당 과목에서 좋은 성적을 받았고, 숙제도 금방 끝냈습니다.

부모는 좋은 성적을 받는 아이를 매우 칭찬했고, 숙제를 미루었다가 몰아서 해도 금방 끝내기에 하교 후 게임부터 하더라도 크게 문제라고 생각하지 않았습니다. 초등학교 때의 공부는 철저한 기초 학습의 과정입니다. 반복하면서 익히고 공부 습관을 잡아가는 기간이죠. 아이는 조금만 노력해도 좋은 성적을 받았고 이로써 칭찬을 받아 왔기에 공부는 그저 빨리 해치우고 자기가 하고 싶은 게임을 하면 된다는 인식이 자리잡았습니다. 학습에 대한 지속적 동기부여에는 실패했습니다.

문제는 중학생이 되자 드러났습니다. 해야 할 학습 과제가 늘고 난이도가 높아지자, 아이는 공부에 들이는 시간이 길어지는 것에 매우 힘들어했습니다. 그때그때 시험을 잘 보는 데만 치중하느라 기초 개념을 이해하고 익히는 데 부족했기에 자신 있어 하던 수학과 과학 성적마저 떨어졌고, 국어와 영어처럼 지속적인 숙달이 필요한 과목은 일정 수준 이상을 넘지 못했습니다. 성적이 떨어지자 칭찬보다 질책과 염려가 커졌고 아이는 학습 의욕을 잃어 갔습니다. 초등학생까지의 학습 과정에서 노력에 대한 동기부여가 아니라 성적이라는 결과에 대한 칭찬을 주로 받으면서 아이는 공부의 방향을 잘못 잡았습니다. 과정과 동기가 아닌 결과에 치우친 칭찬이 불러온 안 좋은 결과의 예입니다.

훈육의 문제도 분명히 생각하고 넘어가야 합니다. 훈육을 이야기할 때 많은 사람이 신체적 체벌에 대해서 생각합니다. 다행히 신체적 체벌에 대해서는 사회적 논의를 통해 금지하는 방향으로 정해졌습니다. 그러나 미묘한 문제가 남아 있습니다. 언어폭력입니다. 어른이라는 지위로 아이를 억누르고자 하는데, 체벌이 불가하니 언어폭력을 쉽게 사용하는 사람들이 있습니다. 언어폭력을 받은 아이는 굴욕감, 자기 이미지 손상, 분노의 감정을 느끼게 됩니다. 그리고 아주 오랜 상처로 남기도 합니다.

이때 어른들이 쉽게 하는 말이 "우리 때도 맞고 욕먹으면서 컸는데, 아무 문제 없었어!"입니다. 그런 환경에서 자라면서 받은 상처를 아이들에게 되돌려주고 있는데도 정말 아무 문제가 없다고 말할 수 있을까요? 우리 어른들이 가진 폭력에 대한 허용적 태도, 자존감의 저하, 자존감을 과보상하려는 위선적이고 잘난 척하는 모습이 어디서 왔을까요?

제 생각에 훈육의 가장 큰 문제는 '감정적 대응'에 있습니다. 훈육은 바른 방향을 '가르쳐 주는 것'입니다. 그러나 많은 사람이 훈육 과정에서 부정적 감정을 함께 쏟아냅니다. 자기 화를 제어하지 못해 아이에게 화를 내고 소리를 지릅니다. 이러한 감정적 훈육이 아이에게 상처가 되고, 결국 아이가 잘되라고 한 훈육이 아이와의 관계를 망치는 순간이 됩니다. 당연히 거기에 바른 방향을 알려주는 교육적 효과는 없습니다.

폭력에 관한 뇌과학 연구들이 참 많습니다. 대부분의 연구가 같은 결과를 일관되게 보여 줍니다. 어릴 때 받은 마음의 상처가 '감정의 뇌'에 상처를 준다는 것입니다. 상처받은 뇌는 인지, 정서, 사회성 발달에 영향을 미칩니다. 폭력은 뇌에서 동기와 정서를 담당하는 변연계의 발달을 막고, 변연계 중에서도 특히 편도체를 예민하게 만들어 작은 스트레스에도 불안, 공포, 공격성이 나타나게 합니다. 폭력이 지속되면 지능 저하와 자기분열을 일으키기도 할 만큼 결코 가벼운 문제가 아닙니다.

다행히 우리 아이들은 회복탄력성이 좋습니다. 몸에 난 상처가 어른보다 빨리 낫듯이, 마음에 난 상처도 어른보다 빨리 회복됩니다. 만약 아이의 마음에 상처를 준 기억이 떠오른다면 지금이라도 바로잡으려는 노력이 필요합니다. 청소년기가 회복의 적기가 될 수도 있습니다.

유·소아기 부모와의 관계가
건강한 사춘기 뇌 발달의 방향을 결정한다

부모와 자녀의 관계도 습관처럼 서로에게 길듭니다. 아이에게 쉽게 화를 내는 부모는 그런 태도를 하루아침에 고치기 어렵습니다. 아이의 말을 잘 들어주지 않던 부모라면 아이의 마음에 관심을 두기는 더 어려워집니다. 부모와 자녀의 대화 패턴, 행동 패턴이 습관처럼 굳어지는 것입니다.

만약 어릴 적부터 부모의 통제나 강요를 많이 받은 자녀가 10대 청소년이 되면 부모들이 그토록 걱정하는 사춘기 행동이 '문제'로 보이기 시작하면서 부딪힐 여지가 더 많아집니다. 10대는 자연스러운 발달 특성상 한계를 시험하고 반항하는 듯한 태도를 보이게 되는데, 강요적이고 통제적이었던 부모가 그간 해 온 대로 아이의 작은 반항도 용납하지 않는다면 관계는 더 멀어지고, 아이는 더 밖으로 겉돌 수 있습니다.

만약 10대 이전에 부모와 자녀가 소통을 잘하고, 아이가 부모에게 자신의 요구를 표현하고 수용받아 본 경험이 많다면, 아이는 부모와의 관계 습관을 그대로 이어가 청소년기의 어려움도 부모에게 잘 털어놓을 수 있게 됩니다. 부모 입장에서는 아이가 사춘기로 겪는 짜증이나 불만이 나오더라도 아이를 믿어 온 경험이 있기에, '아이가 힘든 과정을 지나고 있구나, 아이가 이 시기를 잘 지나가게 해야겠다'라는 믿음을 가지고 의연하게 지켜봐 줄 수 있게 됩니다. 같이 화를 내고 짜증을 내어서 굳이 불화를 더 키우지 않게 되는 것입니다.

키우기 쉬운 아이들이 있습니다. 기질적으로 순하고 부모 말을 잘 따르는 아이들입니다. 키우기 어려운 아이들이 있습니다. 기질적으로 예민하고 부모 말을 쉽게 따르지 않는 아이들입니다. 그런데 순한 아이가 좋은 아이고, 예민한 아이가 나쁜 아이는 아닙니다. 아이의 성격이나 기질은 타고나는 것입니다. 문제는 아이를 대하는 부모의 태도일 뿐입니다. 부모는 아이를 키우기 쉬운 아이로 만들기 위해 노력하는 것이 아니라, 내 아이가 자신의 기질을 잘 다루면서 내재된 능력을 잘 발휘할 수 있도록 도와야 합니다.

아이는 자라면서 낯선 환경에 적응해야 하고 낯선 사람을 만나야 합니다. 성장 과정이죠. 그 과정을 무난하게 지나는 아이가 있지만 힘들어하는 아이도 있습니다. 낯선 환경을 어려워하는 아이에게 부모 방식대로 무조건 익숙해지라고 들이대면 안 됩니다. 힘들어서 우는 아이에게 징징대지 말라고 다그쳐서는 별 도움을 못 주고 효과도 없습니다

많이 들어서 알고 있는 '그렇구나' 소통을 떠올려야 합니다. "지금 여기가 낯설어서 힘들구나. 알았어. 조금 기다려 줄게." 속도만 조절해 주어도 아이는 다시 시도합니다. "이거 해 보는 게 무섭구나. 그럼 아빠가 먼저 해 볼까?" 이렇게 부모가 먼저 안전하다는 것을 보여 주는 것도 도움이 됩니다.

간혹 통제적인 부모가 되지 말라는 말을 잘못 해석해, 아이가 원

하는 대로 다 들어주는 부모가 있습니다. 부모는 아이에게 규칙과 방향성을 알려 주어야 합니다. 규칙과 약속을 정하고 지키게 하는 것은 아이를 안전하게 지키고 훈련시키는 기능이 있습니다.

안전을 위한 약속은 모두 잘 알 것입니다. 도로는 있는데 신호등이 없는 사회라면 어떨까요? 도로를 건너야 하는 보행자도, 운전하는 운전자도 모두가 위험합니다. 최소한의 규칙과 약속은 아이를 안전하게, 위험하지 않게 하기 위해 만들고 지켜야 합니다. 여기서 우리는 아이에게 내가 소중한 만큼 다른 사람도 소중하기에, 상대방도 다치지 않고 안전하도록 서로 조심해야 한다는 것을 알려 주어야 합니다. 확장하면 예의의 개념에 대해서도 가르쳐 줄 수 있습니다. 그런 기본적인 지침 안에서 규칙을 만들어 가면 됩니다.

규칙과 약속을 지키는 것은 하나의 훈련입니다. 우리는 생활하면서 자연스럽게 규칙과 약속을 지키며 살아갑니다. 건널목의 신호등, 등교 시간과 같은 일상생활의 규칙도 그렇지만, 학습에서도 마찬가지입니다. 글자를 쓸 때 좌에서 우로, 위에서 아래로 획순이 이어진다는 규칙이 있습니다. 수학에서 더하기는 '+', 빼기는 '-'라는 기호를 쓴다는 규칙이 있습니다. 사람들 간에 약속을 만들었고 그 약속을 지키는 것이 편하다는 것, 나 혼자만의 규칙을 만들고 그것을 지키라고 강요할 수 없다는 사회적 제한을 자연스럽게 받아들이게 됩니다.

아울러 어떤 일을 할 때 아이에게 여러 선택지를 제시하여 선택하도록 제안해 보세요. 부모는 아이를 선택권이 있는 하나의 독립된 존재로 인정하는 훈련을 하게 되고, 아이는 부모와 타협하고 협상하는 과정을 통해 생각을 키우고 자기존중감을 키울 수 있습니다. 10대 사춘기가 되면 이 과정을 반드시 훈련해야 합니다.

부모가 좋아하는 '자기주도성', '스스로'라는 키워드는 결국 부모가 믿어 주는 만큼 나옵니다. 사춘기를 앞둔 자녀에 대한 걱정에 앞서 부모의 양육 태도를 점검하는 시간을 가져 보세요. 아이는 부모의 눈빛에서 자신을 향한 신뢰와 애정을 읽어 냅니다.

부모 의존과 독립의 중간, 10대의 뇌

10대에 심각한 정서·행동 문제로 진료실을 방문한 환아들이나 학교 적응을 힘들어하는 아이들을 만났을 때 공통되게 느끼는 안타까운 부분이 있습니다. 바로 '자포자기'하는 모습입니다. '나는 이미 늦었다', '부모의 기대가 버겁다'라는 좌절감이 아주 큽니다. 어른들이 볼 때는 인생의 꽃봉오리를 만들 시기인데, 아이들은 이미 자신에 대한 기대감, 미래에 대한 기대감을 포기한 듯한 모습을 보입니다. 그런 아이들과 대화할 때마다 부모의 기대감이 너무 크면 아이가 버거워할 수 있고, 심지어 자신을 부정적으로 바라보게 만들 수도 있는 양날의 검이라는 생각이 듭니다.

최선의 식단, 최선의 학습 공간, 최선의 학업 커리큘럼 등을 만들어 주기 위해 우리 부모들은 많은 경제적·시간적 비용을 지불하며 참 분주합니다. 아이를 잘 키우고 싶어 하는 부모의 마음을 접하면 그 열정이 존경스럽기도 합니다. 그런데 저는 병원에서든 강연에서든 만나는 많은 부모에게 가장 중요한 것을 놓치고 있지는 않은지 꼭 점검하기를 당부합니다. 바로 10대 자녀의 '정서'와 '동기'입니다.

부모가 주는 정서 안정과 동기의 힘이 아이에게 가장 큰 영향을 미칩니다. 많은 부모가 이 두 가지 외의 것들을 챙기느라 가장 중요한 것을 놓치고 있습니다. 오히려 나머지를 잘 챙겨 주려다 아이를 다그치고 혼내고 위축되게 만듭니다. 그러면 아이들은 불안하거나 우울해지고, 동기는 뚝 떨어집니다. 힘든 상태가 되는 것이죠. 마음의 병의 근원이 결코 부모 탓은 아니지만, 아이가 어릴수록 부모가 주는 정서 안정의 기능이 너무나 중요하고, 이로 인해 아이들이 아프기도 합니다. 그래서 참 안타깝습니다.

내 아이가 잘되기 바라는 마음, 나보다 더 행복하기를 바라는 부모의 마음을 잘 압니다. 그런데 아이 스스로도 자신의 행복을 바라고 있고, 부모의 기대감에 부응하고 싶어 하는 마음이 있습니다. 다만 부모의 기준에 못 따를 때가 많고, 그때마다 마주하는 부모의 실망스러운 눈빛에 아이가 점점 위축되고 자신감을 잃어 갑니다. 게다가 10대는 부모와의 갈등이 아니어도 또래 관계에서 아슬아슬한 부분이 충분히 발생할 수 있는 시기입니다.

제가 우려하는 것은, 아이에게 부정적인 자아상이 커지다 자칫 자기 삶의 목표에 대한 의지를 어느 순간 놓아 버리는 것입니다. 공부만 강요하는 부모의 기대감에 저항하거나, 대놓고 말하지 못했지만 부모의 실망스러워하는 눈빛에 대한 서운함과 좌절감, 자존감 저하로 인해 자포자기하고 엇나가고 싶은 마음이 강화될 수 있습니다. 학교에서 교사나 교우 사이에 문제가 있는데도 가장 가까운 부모에게조차 그 어려움을 털어놓지 못해 마음이 병드는 아이가 많습니다.

10대 아이는 겉으로는 독립하는 듯하지만, 부모에 대한 의존과 자신의 정체성 찾기의 중간에 걸쳐 있습니다. 그래서 부모도 아이의 뇌 발달에 맞게 일상의 역할을 조금씩 전환해 가야 합니다.

아이가 자라고 있다는 것을 인정하고 아이의 말을 어른과 대화할 때처럼 진지하게 듣고 고민하되, 무시하는 표현은 하지 않아야 합니다. 너무 큰 기대감으로 아이를 부담스럽게 하거나 어릴 때처럼 모든 것을 다 챙겨주겠다고 생각하지도 마세요. 아이가 독립하고 싶어 한다는 것을 인정하고, 아이가 할 수 있는 부분은 조금 부족해도 스스로 하게 해 주세요. 그것이 10대의 뇌 발달 과업을 위한 부모의 자세입니다.

'부모'라는 글자를 그동안 너무 무겁게 생각했다면 어깨에 힘을 조금 빼고, 관찰자이자 지지자의 입장으로 한 걸음씩 옮겨가도 됩니다. 아이가 도움을 요청하지 않는다면 한발 뒤로 물러나 기다리고 있어도 됩니다. 그 기다림 속에서 아이에게 신뢰의 마음을 말로 표현하면 더욱 좋습니다.

아이가 자랄수록 자기 논리, 자기 생각을 정리해 나가고 그것을 자기주장으로, 때로는 반항하는 태도로 부모에게 표현했을 때 부모는 그 태도를 비난하기보다는 아이의 생각을 진지하게 검토하고 함께 논의하는 자세로 다가가 보세요. 물론 아이의 의견이 미숙하여 받아들이기 어려울 수도 있지만, 아이는 단번에 자신의 생각이 무시당하는 것과 부모가 진지하게 대화를 나누려는 태도의 차이를 잘 압니다.

부모로부터 존중받는 경험은 아이가 자기 자신을 존중하는 마음으로 자리 잡습니다.

PART 2

10대 뇌의 지각변동, 엄청난 변화 가능성

01

폭발적 뇌의 발달, 생애 두 번째 기회

뇌가 급격하게 발달할 두 번째 기회이자 위기

“저희 아이는 초등학생인데, 이제 머리가 좋아질 기회가 없는 건가요? 영·유아기에 좋은 자극이나 환경을 제공받지 못한 아이는 이후에 개선해도 소용이 없나요? 한 번 만들어진 뇌는 바뀌지 않나요?”

Part 1에서 살펴본 것처럼 0~3세 아이들의 뇌에서는 매우 큰 변화가 일어납니다. 영·유아기의 뇌 발달과 이 시기의 양육 방식에 대한 중요성이 널리 소개되고 강조되면서 부모들의 양육 태도에 큰 변화가 생기고 있죠. 반면 유·소아기를 지나 학령기가 된 자녀를 둔 부모들은 아이의 두뇌 계발에 더 이상의 가능성은 없는 것인지 묻고는 합니다.

만약 영·유아기에 안 좋은 자극을 주었다면, 다시 말해 뇌가 충분히 발달할 기회를 놓쳤거나 뇌에 상처를 입었다면, 향후 발달에 어려움이 생기거나 적응에 문제를 보일 확률이 커지는 것은 사실입니다. 그만큼 영·유아기 자녀에 대한 양육자의 역할은 중요합니다. 하지만 뇌 변화를 통해 발달을 촉진시킬 두 번째 기회가 있습니다. 바로 청소년기, 특히 10대 초기와 중기입니다. 이때 뇌를 어떻게 발달시키는가가 10대 후기부터 20대 이후 성인의 뇌를 결정합니다. 두 번째로 맞이한 두뇌 발달의 결정적 시기입니다.

'10대에도 뇌가 발달하고 있는 것이 맞나?' 하는 의문이 들 때가 많습니다. 영·유아기 아이들은 그야말로 뇌가 '발달'한다고 볼 만한 기능적인 변화들이 눈에 띕니다. 그런데 10대 아이들은 짜증이 늘고 반항하는 등의 부정적 모습을 자주 보이기 때문에 '발달하고 있다고?' 하는 반문이 듭니다. 왜 그럴까요? 그것은 인간으로서, 성인으로서 성장하는 데 가장 중요한 부위가 급변하며 발달하기 때문입니다. 즉, 사회성·고위 인지·정서 조절과 관련한 뇌의 부분이 크게 건드려지는 과정에서, 아이들이 일정 시기 동안 힘들어하고 혼란스러워하는 모습이 나옵니다.

결론부터 말씀드리면, 10대의 뇌는 매우 긍정적으로 바뀌는 중입니다. 그런데 뇌 발달의 폭이 워낙 크다 보니, 아이들은 처음 겪는 내면의 혼란스러운 감정과 기분을 부정적 감정·정서·행동 반응으로 표출하게 됩니다. 따라서 10대 자녀의 부정적 행동을 마주하게 된다면, 그것이 아이의 의지라기보다 아이 자신도 어쩔 수 없이 보이는 반응이라고 이해하자고 말씀드리고 싶습니다.

0~3세 뇌의 1차 지각변동,
그리고 10대 뇌의 2차 지각변동

0~3세에 가지치기가 매우 빠른 속도로 이루어진 후 아이의 뇌는 잠시 소강상태를 보입니다. 신체는 활발하게 성장하지만 뇌는 천천히 발달하죠. 그러다 10대에 들어서면서부터 뇌는 다시 급격한 지각변동을 일으키기 시작합니다. 2차 가지치기입니다. 이 시기가 바로 우리 아이의 두뇌를 업그레이드할 두 번째 기회이기도 하고, 다른 측면에서 보면 적응에 실패할 수 있는 위기이기도 합니다.

1차 가지치기가 운동이나 언어 기능의 발달에 집중되었다면, 2차 가지치기는 사회성·고위 인지·충동 조절 등과 관련된 기능의 발달에 집중된다고 볼 수 있습니다. 뇌의 발달로만 본다면, 우리가 '인간답다'고 말하는 기능 대부분이 집중적으로 발달하는 매우 중요하고 꼭 필요한 시기죠.

물론 10대에도 1차 가지치기가 이루어진 부분의 발달이 계속 진행됩니다. 1차 가지치기를 통해 살아남은 시냅스들이 서로서로 연결되면서 네트워크를 형성하고, 이를 통해 언어와 운동 능력 등의 발달이 정교화됩니다. 뇌에 새로운 길이 생기거나 길이 더 넓어지는 것입니다. 그래서 유아기의 뇌를 '모델링 시기'라고 한다면, 청소년기의 뇌를 '리모델링 시기'라고 부르기도 합니다.

두 시기의 뇌는 어떤 뇌세포나 시냅스를 '새롭게 만드는' 것이 아니라 '가지치기를 통해 재구조화'합니다. 성인의 1.5배에 달하는 뇌세포와 시냅스를 가지고 태어난 아이는 1차 가지치기를 통해 감각·운동과 관련된 대뇌 부위를 먼저 정리하고 발달시킵니다. 그리고 2차 가지치기를 통해 사회성·고위 인지·정서 조절과 관련된 전두엽 등의 부위를 재구조화시키고 기능을 발달시킵니다.

어느 기능이 더 중요하다고 말할 수는 없지만, 1차 가지치기가 생존에 필요한 기본적인 기능을 전반적으로 발달시킨다면, 2차 가지치기는 우리가 '인간답다'라고 말하는 사회적·지적 기능을 발달시킵니다.

발달 과정 중 오히려 취약해지는 전두엽의 기능

"10대에 전두엽이 이렇게 활발하게 구조조정되고 있다는 건 전두엽의 기능이 좋아지고 있다는 말 아닌가요? 그러면 전두엽이 발달하면서 사회성도 좋아져야 하는데, 왜 중2병과 같은 모습인 거죠?"

10대 아이들의 전두엽은 좋아지고 있는 것이 사실입니다. 그런데 가지치기, 즉 구조조정이 된다는 것은 뇌의 기능이 완성되기 위한 '과정'이라는 뜻입니다. '완성'이 아닙니다. 방망이가 완성되면 홈

런을 날릴 수 있지만, 모양을 갖춰 나가는 동안에는 제 기능을 못 합니다. 마찬가지로 전두엽의 가지치기가 끝나야 훌륭한 구조화가 완성되고 효율적인 네트워크가 형성되면서 안정적으로 기능할 수 있게 됩니다. 하지만 가지치기가 이루어지는 동안에는 그 부위(특히 전두엽)의 기능이 일시적으로 저하됩니다.

그래서 2차 가지치기가 이루어지는 10대 초·중기의 전두엽은 상대적 취약기가 됩니다. 기능이 오히려 이전보다 더 못하게 되기도 합니다. 예를 들면 초등학생 때까지 예의도 바르고 친구들과도 원만하게 지내던 아이가 중학생이 되자 시큰둥해지고 별일 아닌 것에 화를 내는 등 감정 조절 능력이 떨어진다면, '내 아이의 전두엽에서 2차 가지치기가 열심히 일어나고 있구나'라고 보아야 합니다. 사회성 측면에서 보더라도 초등학교 고학년의 아이들보다 못한 모습을 보이기도 합니다.

전두엽, 즉 앞쪽 뇌는 어떤 기능을 담당할까요? 앞서 힌트를 드린 것처럼 크게 보면 '인간답게 만드는 기능'입니다. 세부적으로는 다섯 가지로 구분해 볼 수 있습니다.

첫째, 전두엽은 상황에 대한 이해력을 담당합니다. 눈치가 빠른 아이들이 있죠. 자신이 처한 상태, 사회적 상황, 분위기를 이해하는 능력입니다. 주어진 환경적 조건을 객관적으로 파악할 줄 알아야 적절히 대처할 수 있기 때문에 상황에 대한 이해력은 중요한 기능입니다.

둘째, 전두엽은 감정을 조절합니다. 특히 분노, 시기심, 충동 등과 같은 부정적 감정을 조절할 수 있는 능력을 키웁니다. 전두엽의 첫 번째 기능인 상황에 대한 이해력이 발달하면서, 부정적 정서를 조절하는 힘이 생깁니다.

셋째, 전두엽은 계획 및 문제 해결 능력을 담당합니다. 여기서 계획은 미래지향적인 계획, 즉 '내가 올해에는 이것을 성취해야지'라는 식의 멀리 내다보는 능력을 말합니다. 자기를 모니터링하고, 자기 주변의 상황을 파악하고, 계획 실행이 어려울 것 같다면 수정해 나가는 미래지향적인 기능을 가집니다. 계획은 뜻대로 되지 않는 경우가 많죠. 상황을 이성적이고 객관적으로 파악하여 여러 변수를 예측하고, 변수에 맞게 적절히 수정해 나가는 등의 고차원적인 사고가 모두 전두엽의 기능입니다.

넷째, 전두엽은 충동 조절과 주의집중력 조절을 담당합니다. 욕구 충동을 조절할 수 있는 능력, 충분한 시간 동안 집중할 수 있는 능력을 키우려면 전두엽의 발달이 중요합니다. 중학생 때만 해도 30분조차 집중하지 못하던 아이들이 고등학생이 되면 수업에 꽤 오래 집중할 수 있는 것, 독서력이나 사고력이 급격하게 발달하는 이유가 바로 여기에 있습니다. 집중해서 사고할 수 있게 되면서 몰입과 창의력도 함께 발달합니다.

다섯째, 전두엽은 결과를 예측할 수 있는 능력을 담당합니다. 우리는 어떠한 선택이나 행동을 계획하고 결정할 때 이 선택과 행동이 불러올 결과를 예측하고 준비합니다. 이 능력은 계획 및 문제 해결 능력과 연관된다고 볼 수 있죠.

이러한 다섯 가지 기능이 전두엽의 주요 역할입니다. 이 다섯 가지 기능은 유기적으로 연결되어 있다고 볼 수 있지요. 그러면 반대로, 10대 초·중반에 전두엽의 가지치기로 인해 이러한 능력이 상대적으로 취약해지면 어떤 일이 일어날 수 있을까요?

첫째, 상황에 대한 이해력이 떨어집니다.

둘째, 분노나 공격성 등이 높아집니다. 다소 불편한 상황을 마주하면 부정적 감정이 드는데, 이해력이 떨어지다 보니 이러한 감정을 소화시키지 못하고 그대로 표현하게 됩니다. '상황이 이래서 이렇게 되었구나'라고 이해하면 우리는 불편한 상황을 마주해도 감정을 누그러뜨릴 수 있지만, 이해력이 떨어지면 불편한 상황에 대한 불편한 감정을 크게 느끼게 됩니다.

셋째, 계획을 세우거나 문제를 해결할 능력이 떨어집니다. 상황을 멀리 보지 못하게 됩니다. 자신의 행동을 모니터링하고 피드백해 나가는 과정을 이루지 못합니다.

넷째, 충동을 조절하지 못하고 집중력이 떨어집니다. 감정을 해소할 겨를 없이 부정적인 감정이 들면 그대로 표출합니다. 오래 집중하는 능력도 떨어집니다. 감정이나 학업에 대한 인내심이 전반적으로 떨어집니다.

다섯째, 자신의 행동이 불러올 결과를 예측하지 못합니다. 멀리 내다보고 문제를 해결할 수 있는 사고 능력이 떨어지는 데다 감정 조절력도 떨어져 있어서, 자신이 충동적이고 감정적으로 행동했을 때 벌어질 일을 예측할 수 있는 능력이 부족해집니다. 미래가 아닌 당장 직면한 문제만 크게 들여다보면서 부정적으로 사고하기도 합니다.

'중2병'은 내 아이의 두뇌가 발달하고 있다는 증거

10대 초반, 전두엽의 지각변동으로 인해 취약해진 뇌의 능력 때문에 나타나는 여러 현상이 우리가 흔히 말하는 '중2병'의 양상이기도 합니다. 우리가 이 시기 아이들을 이해해야 하는 이유가 여기에 있습니다. 뇌의 업그레이드를 위한 리모델링 과정에서 생기는 일시적 성장통이기 때문에, 어른들은 이 시기의 아이들을 자연스러운 발달 과정으로 이해하고 받아줄 수 있어야 합니다.

전두엽은 기본적으로 20년 동안 가지치기를 합니다. 10대 초반에 시작해서 30대 초반에 끝나죠. 장기전 같지만, 가지치기의 양을 따져 보면 10대 초반에 50% 이상이 일어납니다. 즉, 전두엽의 가지치기가 10대 초반에 매우 빠른 속도로 이루어지기 때문에 아이들이 급격하게 달라지는 것입니다. 다르게 말하면 아이들도 어른의 뇌로 바뀌어 가기까지 적응하는 중입니다.

고등학생만 되어도 차분해지고 철이 든 것처럼 보이는 것도, 왕성한 가지치기가 끝났고 안정적인 상태로 접어들었다는 것을 보여 줍니다. 가지치기가 완전히 중단된 것은 아니지만 그 양과 속도가 줄어든 것입니다.

10대 초기에 뇌의 왕성한 변화를 거치고 나면, 10대 후기의 전두엽은 그 이전과는 현저히 다른, 수준 높은 기능을 갖추게 됩니다. 즉, 부정적인 정서를 통제하고, 계획과 문제 해결 능력이 올라가며, 주의 집중을 하고 몰입하는 성인 수준의 조절 능력을 갖게 됩니다. 이것이 모두 인간을 인간답게 만드는 능력인데, 이 능력을 만들어 내기 위한 일시적 퇴행기, 불안정기가 바로 10대 초·중기입니다.

02

공포와 불안의 뇌 영역을 건드리는 남성호르몬, 테스토스테론

신체 변화와 정서 자극을 동시에 일으키는 사춘기 테스토스테론

전두엽의 불안정으로 힘든 10대 초·중기의 아이들에게 한 가지 도전이 더 주어집니다. 바로 남성호르몬인 테스토스테론Testosterone의 급증입니다. 남성호르몬의 분비량이 늘면서 성인으로 성장하는데 필요한 신체적 변화와 정서적 변화가 일어납니다. 신체적으로는 근육량이 늘고 2차 성징이 발현되며, 정서적으로는 공격 성향이 증폭됩니다. 공격성이 증폭되는 이유는 남성호르몬이 공격성과 관련된 뇌의 특정 부위를 자극하기 때문입니다. 전두엽의 가지치기로 기능이 취약해지면서 충동 조절이 잘 안 되는 아이들에게, 남성호르몬까지 급증하면서 불난 집에 휘발유를 붓는 것과 같은 결과를 불러옵니다.

참고로 남성호르몬은 남성에게서만 나오는 것이 아닙니다. 여성에게서도 남성호르몬이 나옵니다. 반대로 남성에게서도 여성호르몬이 나옵니다. 남성호르몬이 분비되는 양은 성별마다 다르지만, 10대 초반부터 호르몬의 양이 급격하게 증가하는 것은 동일합니다. 그런데 유독 10대 남자아이의 공격성이 더 눈에 띕니다. 10대 여자아이는 공격성이라기보다는 주로 사소한 일에 짜증을 내는 모습이죠. 그 이유는 10대 여자아이는 상대적으로 여성호르몬인 에스트로겐Estrogen의 분비량이 많고, 이것이 남성호르몬을 보완하기 때문입니다. 반면 10대 남자아이에게 분비되는 여성호르몬의 양은 남성호르몬을 보완할 만큼 많지 않습니다. 그래서 남성호르몬으로 인한 공격성에 남자아이들이 더 크게 반응하는 것입니다.

[그림2-1]은 남성의 인생 주기에 따른 남성호르몬의 양을 나타낸 그래프입니다. 10대 초·중반부터 10대 후반까지의 기울기가 매우 급격하죠. 이는 10대에 남성호르몬의 양이 매우 급격하게, 가장 가파르게 증가한다는 것을 보여 줍니다. 남성호르몬 적응 문제를 일으키는 변화에서 분비량도 중요하지만, 여기서 더 중요한 것은 '속도'입니다. 남성호르몬의 극심한 증가 속도가 10대 청소년기 내내 나타납니다. 적응할 새도 없이 증가량이 매우 높아집니다.

남성호르몬은 신체 성장과 발달뿐 아니라 인지나 정서에도 영향을 미칩니다. 이 호르몬이 대뇌 측두엽의 가장 안쪽 부위인 '편도

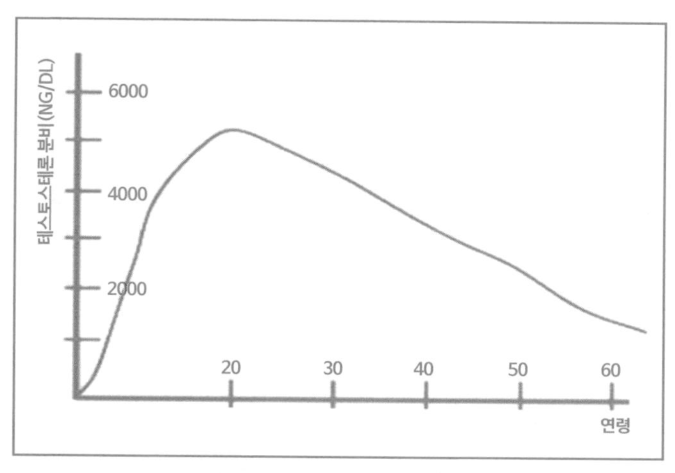

[그림2-1] 남성의 생애주기에 따른 테스토스테론 분비량 추이

체amygdala'에 영향을 미치기 때문입니다. 남성호르몬이 급증하면서 편도체가 자극을 받아 활성화되면 두 가지 정서 및 행동 반응이 나타나기 쉽습니다. 첫째는 공포·불안과 예민성이 증가하는 것이고, 둘째는 생존을 위한 투쟁 즉, 공격성이 증가합니다. 편도체는 인간의 뇌에서 가장 원시적인 부위 중 하나입니다.

공격성도 자기 보호를 위한 본능적 능력

공포나 불안, 공격성을 '능력'이라고 볼 수 있을까요? 맞습니다. 부정적으로 보이는 불안과 공격성은 우리가 생존하는 데에 꼭 갖춰야 할 능력입니다. 편도체는 인간뿐 아니라 하등 동물군까지도 가지고 있는 뇌의 가장 원시적인 기능입니다. 쉽게 말하면, 나와 적을 구분하게 하고 적으로부터 나를 보호하는 행동을 할 수 있게 해 주는 '능력'입니다.

인간의 뇌는 안쪽에서부터 바깥쪽으로, 아래쪽에서 위쪽으로 발달합니다. 따라서 가장 안쪽이자 아래쪽에 위치한 편도체는 본능적인 역할을 하도록 만들어진 뇌 부위입니다. 뇌의 가장 바깥쪽 위쪽에 있는 전두엽은 가장 고등기관이죠.

우리가 10대의 뇌에서 주의 깊게 살펴보는 부위는 전두엽과 편도체입니다. 전두엽이 가지치기를 통해 발달하는 것이라면, 편도체는 남성호르몬에 의해 자극을 받으면서 발달합니다. 편도체는 위협이 다가왔을 때 공포를 느끼게 하여 위협하는 대상으로부터 도망치

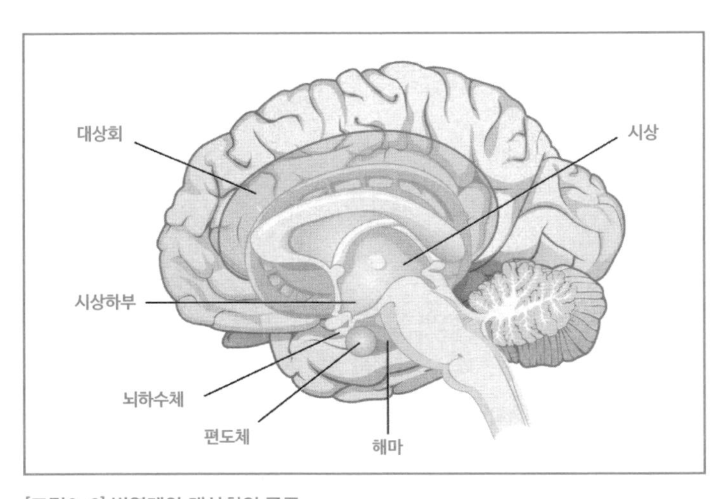

[그림2-2] 변연계와 대상회의 구조
(출처: https://commons.wikimedia.org/wiki/File:Figure_35_03_06.jpg)

거나 공격함으로써 자신을 보호하게 만듭니다. 예를 들어 동물실험에서 많이 활용되는 생쥐의 편도체를 자극하면 영역 싸움을 시작합니다. 영역 싸움이란 여기까지는 내 영역이므로 들어오지 말라고 경고하는 것입니다. 영역은 자기만의 영역, 친족이 들어올 수 있는 영역, 낯선 사람을 받아들일 수 있는 영역 등으로 구분할 수 있는데, 이렇게 경계를 세움으로써 타인이 경계를 함부로 넘어와 자신을 해치지 않도록 하여 자기를 지키고 보호합니다. 테스토스테론의 자극으로 자기 보호 본능이 활성화되는 것이죠.

청소년기에 편도체가 테스토스테론의 자극을 받으면 서열, 위계에 대한 예민성이 크게 나타납니다. 힘의 강함과 약함을 매우 중요하게 생각하는 경향성이 생깁니다. 본인이 강자가 되고 싶은 열망이 생기고, 강자에게 약해지는 경향성도 강해지죠. 힘이 약한 사람이 힘이 강한 사람에게 복종하거나, 힘이 강한 사람이 약한 사람 위에 군림하려는 것은 일종의 자기 보호를 위한 본능적인 반응 중 하나입니다. 서열, 위계에 대한 예민성도 편도체의 자극에 의한 것이라고 볼 수 있습니다.

이때 적절한 제재가 없다면 폭력성이 나오기도 합니다. 신체·언어 폭력적 성향이 10대 초·중반에 급증하는 이유입니다. 편도체의 기능만으로 학교폭력의 모든 문제를 설명할 수는 없지만, 일부는 이와 같은 생물학적 요인으로 설명이 가능합니다. 적절한 공격성은 나를 지키는 수단이 되지만, 공격성이 정도를 지나쳐 폭력성으로 이어질 여지가 있다면 어른이 개입해야 합니다. 자신을 보호해야 하는 영역이 있듯, 타인에게도 지켜야 할 영역이 있음을 교육해야 합니다.

서열과 영역 싸움에 대한 본능적 반응도 어른이 되기 위한 과정

왜 10대가 되면 테스토스테론의 분비량이 급증하여 편도체가 자극되고 부정적 반응을 보이는 것일까요? 이 시기에 편도체의 기능이 자극되어야 하는 이유가 있을까요? 이를 두고 성인이 될 준비 과정이라는 합목적성의 관점에서 설명하기도 합니다.

성인이 된다는 것은 스스로 자기를 보호할 힘을 가지는 것입니다. 이를 위해서는 타인으로부터 자신을 방어할 힘을 가지는 것과, 자기 영역과 타인의 영역을 구분하여 타인이 함부로 자기 영역을 침범하지 못하도록 경계하는 것이 포함됩니다. 편도체가 자극을 받으면서 힘과 권력, 경계에 대해 학습하게 됩니다. 이러한 학습이 쌓여 성인이 되었을 때 궁극적으로 자기를 보호할 수 있는 울타리를 만들게 됩니다. 아이든 성인이든 자신에게 위협적인 신호가 들어오면 편도체에서 경고음을 울리고 방어체계를 만들면서 민감하게 공격적으로 방어하게 합니다.

다만 위협인지 판단하는 정도나 위협에 반응하는 정도에 따라 문제가 될 수 있습니다. 사실 위협이 아닌데 위협으로 판단하거나, 위협에 대한 방어가 지나치면 피해망상, 과민성, 기분 변화, 공격성 등의 문제가 생깁니다. 이러한 판단과 정도의 조절을 전두엽에서 담당합니다.

전두엽 기능이 안정적으로 완성되면 위협인지 아닌지 적절하게 판단하고, 사회적으로 용납되는 수준에서 반응합니다. 하지만 전두엽의 기능이 아직 미성숙한 10대는 편도체의 경고음에 대해 매우 민감하게 반응하며, 위협의 상황인지에 대한 판단도 틀릴 위험성이 큽니다. 전두엽이 한참 가지치기를 진행 중이어서 불안정하니, 고위 인지 기능을 포함한 조절 기능이 더 취약해져 있습니다. 이러한 전두엽과 편도체의 기능을 이해했다면, 10대 초·중기 아이들의 부정적 정서, 공격성, 공포나 불안에 더 민감해하는 모습을 이해하고 보듬어 주어야 한다는 것을 알게 되었을 것입니다.

부정적 정서를 만들어 내는 편도체는 자극이 덜할수록 좋은 것일까요? 아닙니다. 앞서 언급한 것처럼 불안과 공격성은 생존에 꼭 필요한 능력이므로 편도체도 자극되고 발달되어야 합니다. 그래야 자신에게 보내는 경고 신호, 즉 자신이 위협에 처해 있으니 문제를 해결하라는 자율경보시스템이 제대로 형성될 수 있습니다. 독립된 생활이 가능한 성인이 되기 위한 과정입니다.

10대 아이들의 예민한 반응을 마주하게 된다면, '미숙한 전두엽과 예민한 편도체'를 떠올리세요. 똑똑한 뇌를 만드는 중이고 남성호르몬이 잘 발산되고 있다는 것, 한마디로 아이가 잘 자라고 있다는 표시입니다. 앞서 급격한 기울기를 보인 테스토스테론 그래프에서 보았듯이 10대 때 편도체가 과하게 발달하고 있습니다. 다행히 이 폭풍의 시기가 오래가지는 않습니다. 10대 중반에서 후반으로 가면서 그래프 기울기가 조금 완만해지기 때문입니다. 미숙한 전두엽의 기능도 어느 정도 완성되어 가고, 테스토스테론에 대한 반응성도 감소되면서 점점 안정기에 접어듭니다.

청소년기의 변화를 호르몬만으로 전부 설명할 수는 없습니다. 하지만 그 시기의 특성을 이해할 수 있는 하나의 중요한 열쇠입니다. 다른 시기보다 유독 급변하는 10대 초·중반에는 호르몬이 매우 큰 영향을 미친다고 볼 수 있죠. 특히 남자아이들에게 말입니다. 그리고 이러한 요소들이 정신 건강에 영향을 주는 요인이기도 합니다. 그러므로 청소년기 자녀를 둔 보호자라면 적정한 범위 내에서의 공격성과 반항인 경우 아이의 편도체를 불필요하게 자극하지 말고, 부드럽게 달래줄 필요가 있습니다. 10대의 청소년은 자기 내면의 변화만으로도 힘든 시기를 보내고 있으니까요.

03

10대 뇌의 이탈, 달라도 너무 달라진 내 아이

마음 건강에 취약해지는 시기

"테스토스테론을 스포츠로 다 태워 버리자!" 독일에서는 이런 구호로 10대들에게 운동을 독려합니다. 10대 아이들의 특성을 오래전부터 이해하고 이의 대처 방법으로 스포츠를 강조하는 것입니다.

저도 이 방식을 추천합니다. 청소년기에 내적인 긴장이나 불안으로 힘들어하는 아이들에게 본인의 취향에 맞는 자유롭고 활동적인 취미를 갖도록 격려하는 것은 정서적 스트레스를 해소할 수 있는 출구가 된다고 보기 때문입니다. 그런데 그것이 꼭 운동, 스포츠일 필요는 없다고 봅니다. 문화·예술·체육 활동을 다양하게 경험할 기회를 주고, 그중에 아이가 좋아하는 것을 선택하고 추구할 수 있게 하는 것이 가장 좋겠습니다.

서구 선진국에서는 문화·예술·체육 활동이 10대에 발생하는 학교 폭력 문제를 줄이는 데 이바지한다는 것을 일찍 깨닫고 학교 정규수업에서 문화·예술·체육 시간을 충분히 갖도록 권고합니다. 방과 후의 다양한 프로그램도 문화·예술·체육 중심으로 편성합니다.

서구 선진국의 이런 노력은 10대의 문제 행동이 비단 우리나라만의 문제가 아니라는 것을 보여 줍니다. 귀엽고 사랑스럽고 부모와 대화도 잘하던 아이가 어느 날부터 입을 닫고 방문을 닫아버렸을 때 부모가 느끼는 당혹감은 매우 클 수밖에 없습니다. 이 당혹감은 청소년 자녀를 둔 전 세계의 부모가 느끼는 공통사항인 것 같습니다. 시기와 정도에 차이가 있을 수는 있지만요.

10대 아이의 감정 상태는 더욱 다이내믹해집니다. '낙엽이 굴러가는 것만 봐도 깔깔댈 만큼' 잘 웃고 활발하다가도, 아주 사소한 일로 '급'우울해하고 '급'좌절합니다. 이러한 롤러코스터 같은 감정 상태로 인해서 자해·자살 충동성이 증가하고, 분노 조절 문제나 학교 폭력 등의 문제 현상이 나오는 것입니다. 아이에게도 부모에게도 참 힘든 시기죠.

2020년 발표된 청소년 통계에 따르면 실제로 중·고등학생 10명 중 4명이 스트레스를 '많이' 느끼고, 10명 중 3명은 1년 내 우울감을 경험했다고 합니다. 청소년 사망 원인도 2011년 이후부터 계속해서 자살이 1위입니다. 그런 자녀를 보호하고 지지해 주어야 하는 부모는 아이가 청소년이 되면 남다른 노력이 필요해집니다.

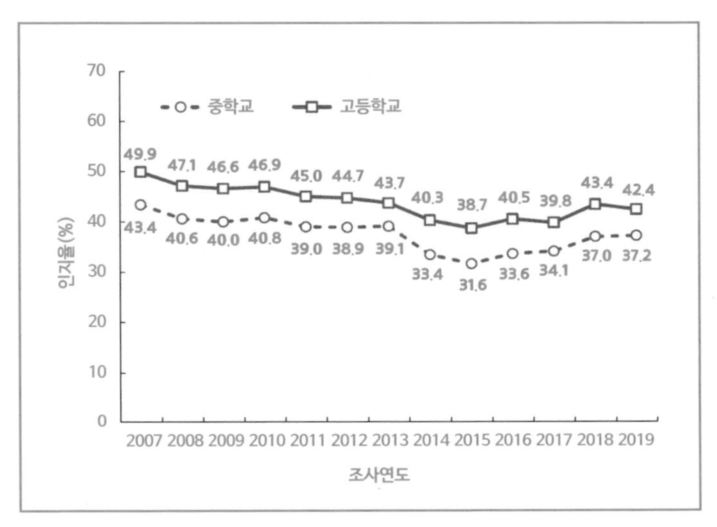

[그림2-3] 청소년의 스트레스 인지율 추이(2007~2019)
'스트레스 인지율'은 평상시 스트레스를 '대단히 많이' 또는 '많이' 느끼는 사람의 분율을 의미.
출처: 제15차(2019년) 청소년건강행태조사 통계(http://yhs.cdc.go.kr/)

꾸준하고 일관되게 "네 곁에 있어" "네 생각에 전부 동의하지는 않지만, 엄마아빠는 늘 네 편에서 생각해"라는 태도를 보여 주고, "힘들 때는 언제든 엄마아빠와 상의해 줘"라는 메시지를 틈틈이 주면서 아이의 생각과 감정, 행동의 흐름을 잘 관찰해 주어야 합니다. 아이들이 겉으로는 부모를 귀찮아하고 독립하고 싶어 하고 관심을 거부하는 것처럼 보이지만, 내면의 급격한 변화에 따라 우울, 외로움, 고립감을 크게 느끼기 때문에 부모의 안정된 지지에서 큰 위로를 받습니다.

가장 힘겨운 10대의 '반항성'과 '공격성' 파헤치기

"버릇없이 대드는 아이를 어떻게 해야 하나요? 아무리 10대이고 힘들어한다고 해도 아닌 건 아니라고 하고 따끔하게 혼내야 하는 것 아닐까요? 그런데 그렇게 다그치다가 아이가 엇나가는 것 아닐까 걱정이 되기도 합니다."

"화를 내다가 분노가 폭발하는 일이 종종 있어서 겁이 날 때도 있어요."

10대 자녀를 둔 부모들이 가장 힘겨워하는 부분이 '반항성'과 '공격성'입니다. 버릇이 없다고 잡아야 하는지, 괜히 건드리지 말고 모르는 척 넘어가야 하는지 모르겠다고 하소연합니다. 혹시나 혼을 냈다가 엇나갈까 봐 걱정하기도 하죠.

먼저 10대의 반항성과 공격성에 대해 이해하고 넘어갔으면 합니다. '감히 부모인 나를, 어른을 공격해?' 하고 실망과 분노로 대할 것이 아니라, 이 시기의 내 아이가 보이는 반항과 공격성의 이면을 이해하면 부모로서 아이의 행동을 소화시키고 대안을 생각할 여지가 생기기 때문입니다.

대학병원에 있는 저를 찾아오는 청소년 중에는 학교폭력 가해 행동을 하거나 감정 조절이 순간적으로 되지 않아 부모에게 욕설과 폭력을 행사하는 심각한 아이들이 있습니다. 저는 공격성 즉, 심한 반항 행동과 폭력 행동을 함께 보이는 전국의 1,000여 명의 10대 아이들을 대상으로 교육부와 보건복지부 주관 연구를 진행하였습니다.

그리고 이들에게서 발견되는 여섯 가지의 공통 특성을 발견하였습니다. ① 생각의 오류 ② 우울 및 불안 ③ 충동성 ④ 공감 능력 저하 ⑤ 폭력 허용도 ⑥ 비합리적 신념 등입니다. 만약 여섯 가지 성향이 반복적으로 드러난다면 치료가 필요하다고 볼 수 있습니다. 그런데 정도는 약하지만, 일반 10대 아이들도 이러한 성향을 보입니다. 그래서 여섯 가지 특성을 인지한다면, 10대 아이들의 반항성과 공격성을 이해하는 데 도움이 될 것입니다.

첫 번째는 생각의 오류입니다. 전두엽 기능이 일시적으로 취약해지면서 상황에 대한 이해력이 다소 떨어진다는 이야기를 나눈 바 있습니다. 그 결과 아이들은 상대의 의도를 왜곡하는 인지적 오류를 보입니다. 상대방의 말이나 눈빛, 표정 등을 두고 '상대방이 나를 무시한다'라고 잘못된 판단을 내리는 것이죠. 그리고 그 왜곡된 내용에 분노하면서 공격성을 드러냅니다. 즉, 인지의 오류에 따른 감정의 분출입니다. 10대 초·중기에는 인지 오류로 상황을 오해하는 경우가 많습니다. 그래서 어른들이나 친구들이 별생각 없이 한 말이나 행동인데도 분노를 표출하는 일이 많을 수 있습니다.

두 번째는 우울 및 불안입니다. 정서 조절력이 떨어지면서 쉽게 짜증을 내고 쉽게 슬퍼합니다. 심하면 쉽게 우울해하고 불안해합니다. 그러한 우울이나 불안이 공격성을 높이는 요인이 됩니다. 10대 청소년의 우울은 비행이나 공격적인 행동에 가려져서 발견되지 못하는 경우가 많습니다. 심한 반항과 공격적인 행동 이면의 실제 정서는 우울과 불안인데, 어른들이 겉으로 보이는 공격성을 나무라고 제재하는 방식으로만 대응하는 것입니다. 이러한 가면성 우울증을 놓치거나 치료 시기를 미루면 자살 및 자해 행동이 나타날 수도 있으니 주의를 기울여야 합니다.

세 번째는 충동성입니다. 정서 조절 능력뿐 아니라 자기 통제 능력이 떨어져 있는 아이들은 쉽게 부정적인 정서로 내면이 채워지고 그것을 폭발적으로 표현합니다. 그래서 마음에 안 들면 쉽게 욕을 하고 화를 내고 때리기도 합니다. 그러한 반응은 결과적으로 부모나 친구, 교사와의 관계를 악화시켜 다시 부정적인 정서를 유발하는 악순환을 만듭니다

네 번째는 공감 능력이 떨어집니다. 공감 능력은 이성적 사고와 윤리적 판단, 도덕적 사고의 발달과 함께 완성됩니다. 그러나 안타깝게도 10대 초기에는 공감 능력이 일시적으로 퇴행합니다. 어떤 경우는 초등학교 고학년 때보다 더 떨어지기도 합니다. 학교폭력의 가해학생에게 설문한 결과, 37%의 아이들이 '그냥 장난이었다'라고 답했다고 합니다. 자신의 행동으로 인해 상대방이 겪게 될 감정을 이해하는 것 즉, 공감 능력이 떨어지면서 폭력을 쉽게 행사하는 것입니다.

다섯 번째는 폭력 허용적 태도입니다. 10대 아이들은 폭력을 자신이 원하는 것을 쉽게 얻을 수 있는 하나의 수단으로 생각합니다. 원하는 것을 얻기 위해 상대방과 소통하고 타협하며 협상하는 과정은 고차원의 활동입니다. 이런 과정을 교육받고 충분히 경험하지 못했다면, 원하는 것을 대화보다 힘으로 즉각적이고 쉽게 얻으려 합

니다. 폭력 허용적인 문화도 문제입니다. 미디어를 통해 전해지는 폭력물 등에 자주 노출되어 폭력에 둔감해지면, 왜곡된 생각을 형성하도록 영향을 받습니다. 그러한 모습을 멋있다고 해석하는 것입니다.

여섯 번째는 비합리적 신념입니다. 10대가 되고 테스토스테론이 급격하게 증가하면 높은 위계와 권력에 대한 욕구가 커집니다. 남을 무시하면 내가 높아진다고 잘못 해석하게 되고, 이것이 권력을 쉽게 얻는 방법이라고 믿습니다. 신체적으로 약해 보이거나 취약한 아이들을 무시하고 때리거나 따돌리면 자신이 우월해 보이고 사회적 위치가 올라간다는 비합리적인 신념을 갖게 됩니다. 이런 요인이 왕따를 만드는 동인이 됩니다.

이러한 여섯 가지 성향이 서로 연결되고 강화되면 더 공격적이고 극단적인 가해 행동을 보이게 됩니다. 어떠한 아이는 내면에서 일어나는 이러한 부정적 성향들을 통제하고 잘 표출하지 않다가, 어느 순간 한꺼번에 쏟아내는 심한 '장난'으로 문제를 일으키기도 합니다.

아이가 일탈이나 문제 행동, 공격적인 모습을 보인다면 그 행동의 이면에 있는 이 여섯 가지 성향을 파악하며 통합적으로 치료해야 합니다. 잘못된 행동에 대한 지적과 벌을 주는 것만으로는 실질적 문제 해결이 되지 않습니다. 심리상담과 정신치료와 같은 꾸준한 대화도 지속해야 합니다. 10대의 비합리적 신념, 폭력 허용적 태도, 생각의 오류를 줄일 수 있는 인지행동치료로 접근하면 매우 효과적입니다.

10대의 공격성을 살필 때 고려해야 하는 것이 하나 더 있습니다.

바로 또래문화입니다. Part 3에서 자세히 다루겠지만, 이 시기 또래문화의 특성 중 하나는 서열을 정하는 것, 친구를 중심으로 생활이 재편되는 것입니다. 아동기까지는 가족, 특히 부모와의 관계를 중심으로 생활하지만 10대가 되면 친구 관계가 가장 중요해집니다. 그래서 가족에게서 벗어나려는 욕구가 커지고, 친구들과의 관계를 우선시하고, 어떻게든 친구 사이가 멀어지지 않게 하려고 애씁니다. 그러다 친구가 강요하는 대로 행동하기도 합니다. 혹은 친구가 뭔가 잘못된 행동을 하더라도 관계가 틀어질까 싶어 잘못된 행동에 동조하거나 친구의 잘못을 묵인합니다. 이러한 또래문화 중심성은 문제행동을 일으키는 요인일 뿐 아니라 정신 건강에도 심각한 영향을 미칠 수 있습니다.

10대 후반, 인지 발달과 도덕성 발달의 희망적 시기

다행히 10대 중기 이후가 되면 인지 발달이 극적으로 변화됩니다. 스위스의 심리학자인 피아제는 인지 발달이 환경과의 상호작용으로 이루어진다고 보았는데, 인지 발달의 속도는 개인차가 있을 수 있지만 발달 단계는 바뀌지 않는다고 하였습니다. 그 발달 단계는 다음과 같습니다.

0~2세에는 감각적 수용 즉, 시각·지각적인 자극의 패턴을 파악하면서 인지를 발달시킵니다. 2~7세에는 비유와 상징을 이해할 수 있

게 됩니다. 초등 저학년이 되면(7~11세) 기본적인 개념, 즉 a=b, b=c면 a=c가 된다는 3단 논법의 로직을 파악할 수 있게 됩니다. 청소년기(11세 이후)가 되면 가설 검증의 인지 발달까지 가능해집니다. 여러 데이터를 모아서 귀납적 가설을 세우거나, 가설을 세운 후 팩트를 찾아가는 연역적 사고를 하고 철학적 사고를 해나가는 등 고차원의 인지 발달이 이루어지는 것이죠. 이 고차원적 인지 발달과 발맞춰서 성장하는 것이 윤리와 도덕 개념입니다.

피아제는 도덕성도 두 단계로 발달한다고 보았습니다. 첫 번째는 타율적 도덕 단계로, 만 7~8세 이전의 아동들은 타인이 세운 규칙을 가지고 도덕을 규정하며, 그 규칙을 따랐는가를 옳고 그름의 기준으로 삼습니다.

두 번째는 자율적 도덕 단계로, 10세 이후가 되면 규칙도 사회적인 약속으로 이루어진 것임을 이해하고, 자율적으로 규칙을 세우고 형평성이나 평등의 가치에 대해 생각하기 시작합니다. 이것은 공감 능력의 형성과도 연결됩니다. 공감 능력은 크게 정서적 공감과 인지적 공감으로 나누어 볼 수 있습니다. 정서적 공감은 약자를 동정하고 타인의 감정을 이해하는 능력을 말하는데, 빠르면 학령기 이전부터 형성됩니다. 우는 친구에게 다가가 위로하는 식의 정서를 교감하는 단계죠. 이럴 때는 아이에게 "친구가 속상하대. '아야' 해서 슬프대" 정도까지만 설명해 줄 수 있는 단계입니다.

여기서 더 나아가면 인지적 공감으로 발달합니다. 인지적 공감은 상대방의 입장에서 생각할 수 있는 능력입니다. 그 사람이 처한 상황을 이해하고, 그 상황에 대한 그 사람의 판단을 존중하게 됩니다. 상대의 사고체계를 이해하는 인지적 공감은 아동기 후기부터 발달합니다. 초등학교 3~4학년 때 많은 독서와 대화, 토론, 여러 경험이 쌓여야 촉진됩니다. 이것이 가정법에 대한 이해와 가설 검증 능력과 만나면 청소년기에 공감 능력이 거의 완성되는 것이죠.

자기 입장에서 상대의 감정을 받아들이는 것이 1차적 공감 능력이라면, 상대 입장에서 해석하여 이해하는 것이 2차적 공감 능력입니다. 2차적 공감 능력을 키우려면 상당한 경험을 축적하고 사고 능력도 발달해야 합니다. 이것이 거의 완성되는 시기가 10대 중·후반기입니다.

이처럼 청소년기는 인지적 발달뿐 아니라 도덕성 발달, 공감 능력 발달의 완성기입니다. 10대 초기의 뇌는 가지치기와 호르몬으로 매우 복잡하고 감정적인 양태를 보이지만, 그 와중에도 인지 능력은 발달하고 있습니다. 10대 중·후반이 되면 비로소 인지 발달과 함께 도덕성 발달, 공감 능력 발달이 완성기에 접어듭니다.

04

내 아이만 유독 이상한 이유가 뭔가요?

10대 뇌의 혼란기, 아이마다 반응이 다른 이유

"옆집에는 우리 아이와 동갑내기인 남자아이가 삽니다. 그 집 아이는 참 조용해요. 만나면 인사도 잘하고 딱 봐도 모범생 같습니다. 제 친구 아이들 이야기를 들어보아도 저희 아이처럼 유별난 경우가 드물어요. 대체 왜 우리 애만 이렇게 사춘기를 힘들게 지나는 걸까요?"

다른 집 자녀들은 10대 사춘기라고 해도 무난하게 지나는 것처럼 보입니다. 부모와 잘 지내는 것 같고 학교생활도 잘하는 것 같고 공부도 그럭저럭 잘하는 것 같아요. 우리 아이도 초등학생 때까지는 잘 따라오는 편이어서 마음 놓고 있었는데, 어느 날부터 벽이 생깁니다. 부모와 말을 안 하려고 하고, 부모 말이라면 귓등으로도 안 듣고, 자주 대들거나 학교에 안 간다고도 합니다. 그러면 부모는 내 아이가 크게 엇나갈까 불안해집니다.

한 가지 확실한 것은, 앞에서 다룬 전두엽의 가지치기, 남성호르몬의 자극으로 인한 편도체의 활성으로 모든 아이가 격동의 시기를 겪습니다. 생물학적으로 보편적인 변화이기 때문입니다. 그러면 누구나 겪는 격동의 뇌 발달 시기인데 그에 대한 반응은 왜 아이마다 다를까요? 무엇이 다른 반응을 보이게 할까요?

이에 대한 힌트는 아동기까지의 경험에 있습니다. 아동기까지의 경험에는 크게 세 가지의 요소가 복합되어 있는데, 청소년이 되기 전까지의 주요 발달 단계에서 어떤 경험과 성취감을 누렸는가에 따라 청소년기에 전혀 다른 모습을 보일 수 있습니다. 유·소아기는 이미 옛날 일이고 현재와 동떨어진 일처럼 여겨질 수 있지만, 내 아이가 겪은 각 발달 단계에서의 경험이 청소년기에 크게 드러납니다. 아이의 기질과 성향, 부모와의 관계, 자란 환경 등으로 인한 영향이 모두 드러나는 시기이기에 저는 사춘기를 '민낯이 드러나는 시기'라고 표현합니다.

청소년기의 개인적 차이에 영향을 주는 이전 발달 단계의 영향 세 가지를 살펴보겠습니다.

사춘기 행동을 읽는 키워드 1. 애착

첫 번째 요인은 애착입니다. 애착은 아이와 부모가 갖는 정서적 유대감으로, 아이가 태어나 만 3세까지 부모와의 관계를 통해 형성됩니다. 이때 형성된 애착이 사춘기에 다시 중요한 요소로 드러납니다.

애착은 부모의 '일관성'과 '안정감'의 양육 방식 정도에 따라 안정 애착, 불안정 회피 애착, 불안정 저항 애착으로 나뉘어집니다. 물론 만 0~3세 시기에 안정 애착을 이루지 못했다고 해도, 이후 부모의 꾸준한 노력과 전문가의 도움으로 아이와의 애착 관계가 안정 애착으로 바뀔 수 있습니다. 그러나 부모가 자녀와의 유대감, 관계 형성에 대한 자각 없이 기존의 문제 행동의 패턴대로 자녀를 대하면 애착 문제가 지속됩니다.

애착은 양도 중요하지만 관계의 질이 더 중요합니다. 온종일 아이와 같이 보낸다고 해서 부모와 자녀의 애착이 좋은 것은 아닙니다. 반대로 부모가 양적으로 충분한 시간을 자녀와 함께하지 못했다고 해서 모두 불안정 애착이 생기는 것이 아닙니다. 물론 영아기에는 아이가 부모와 함께하는 것 자체에서 애착을 갖지만, 유·소아기를 지나면서 부모가 안정되고 일관된 태도로 자녀를 양육하고 훈육하면 질적으로 안정 애착을 맺을 수 있습니다.

그런 관계라면, 사춘기가 되어 혼란스러운 시기가 되어도 아이는 변함없이 자신의 불안을 부모에게 털어놓고 위로받으려 합니다. 어릴 때와 마찬가지로, 불안정한 상황을 마주했을 때 안정적인 부모에게 다가와 기댐으로써 위로를 받는 것이죠.

부모와 자녀 관계의 질이 좋지 않고 불안정 애착을 맺고 있다면, 아이가 10대 사춘기에 들어서고 혼란스러움을 경험할 때 부모와의 관계가 더 흔들릴 수 있습니다. 부모에게 자신의 어려움을 이야기해도 도움받지 못한다고 생각해 부모에게 도움을 청하지 않게 됩니다. 자신에게 가장 중요한 존재인 부모에게 의지하지 못할수록 아이 내면의 혼란은 커지고, 불안정감과 불만족감은 계속 쌓여 불안, 우울, 공격성 등의 정서나 행동 문제로 표출되는 것입니다.

10대 자녀의 불안정해 보이는 반응이 부모와 자녀의 정서적 유대 즉, 애착 문제에서 기인한 것은 아닌지 살피면 더 나은 방향을 찾는 열쇠가 될 수도 있습니다. 아이가 부모에게 짜증을 내고 불안해하는 것이 자기를 보아 달라고, 자기를 얼마나 사랑하느냐고 계속 확인하려는 반응일 수 있으므로 그런 아이를 내가 어떻게 도울 수 있을지 점검하고 안정적 유대관계를 만들어 가려고 노력해야 합니다.

자녀를 '어떻게' 대하는가가 중요합니다. '쟤가 왜 저러지?'가 아니라 '나한테 어떤 말을 하고 싶은 걸까?' '내가 어떻게 반응하면 아이가 좀 더 편안해질까?' 이것을 고민해 보세요. 무엇보다 부모 스스로 안정되어 있어야 합니다. 그래야 흔들리는 자녀가 기댈 수 있는 기둥이 될 수 있습니다. 부모가 아이와 함께 흔들리면 아이는 더 혼란스럽고, 결국 부모가 아닌 외부에서 그 혼란을 해소하려 들게 됩니다.

사춘기 행동을 읽는 키워드 2. 자율성

청소년기의 행동은 아이가 아동기까지 경험한 것들을 토대로 나오는데, 아동기까지의 경험을 만드는 두 번째 요인이 자율성입니다. 아이가 얼마나 자율성을 가지고 자랐는가, 반대로 말하면 부모가 아이를 얼마나 통제하는가가 10대 사춘기에 영향을 미칩니다. 어떤 부모는 자녀의 일상을 모두 관리하고 통제하고 싶어 합니다. 예를 들면 아이가 아침에 눈을 떠서 먹는 것, 입는 것, 공부, 쉬는 시간에 해야 할 일, 씻는 시간, 잠드는 시간까지 모두 부모가 결정하고 아이는 그저 지시에 따르게 하려 합니다.

아동기까지는 부모의 이러한 통제가 그럭저럭 수용됩니다. 큰 탈 없이 잘 따르는 것처럼 보입니다. 그래서 많은 부모가 내 아이에게 통제적이어도 괜찮다고 오해합니다. 10대 초·중반부터 전두엽의 가지치기가 일어나고, 편도체가 테스토스테론에 의해 자극되면서 자기만의 욕구, 자기만의 생각이 커지기 시작합니다. 그것을 주장하고 싶은 마음도 커집니다. 매우 자연스러운 발달의 모습입니다. 하지만 통제적인 부모 입장에서는 그것을 '반항'으로 해석합니다. 그래서 통제력을 더욱 강화하려 합니다. 아동기의 자녀를 대했던 통제 방식 그대로 사춘기의 자녀를 대하니, 아이는 부모에게서 벗어나고 싶은 욕구가 점점 커져서 부모와 부딪히는 일이 잦아지게 됩니다. '애착'과 관련해서도 언급했지만, 아이들은 자기 자신에게 가장 중요한 존재인 부모가 부담스러워지면 부모에게서 벗어나려고 전혀 다른 것에 집중하거나, 친구에게 더 의지하여 또래 문화를 강화하거나, '나'를 드러내기 위해 반항하게 됩니다.

어떤 가정에서는 아이가 어릴 때부터 자율성을 존중해 주는 양육 방식을 시행합니다. 아이에게 선택권을 주고, 스스로 결정하게 하고, 혹 잘못된 선택일지라도 우선은 존중하되 아이 스스로 잘못되었음을 깨닫고 맞는 길을 찾도록 돕습니다. 자율성은 사춘기를 거쳐 성인이 되기까지 반드시 갖추어야 하는 필수 요소입니다. 그래서 성인이 되기 위한 과정인 사춘기가 시작되면 자율성에 대한 욕구가 커지는 것입니다. 초등학교 3~4학년 정도부터 부모와 상의하고 토론하면서 자신의 의견을 피력하고 조정하고 타협하는 과정, 자기 생각을 수용받는 경험을 꾸준히 해 온 아이는 청소년기가 되어도 자율성에 대한 부분만큼은 불만 없이 지날 수 있게 되겠죠.

자녀와의 관계에서 그간 결정을 내리는 방식이 어떠했는지 잘 돌아보았으면 합니다. 어떤 부모는 자신이 별로 강압적이지 않다고 생각하지만, "엄마는 이렇게 하는 게 좋아" "아빠는 네가 이렇게 해야 한다고 생각해"라는 식의 부모 주장을 강하게 지속적으로 전달해서 아이가 그것을 선택할 수밖에 없도록 만들기도 합니다. 그럴 때 아이가 부모 의견에 동의한 것처럼 보이지만, 아이는 자율적으로 따른 것이 아니라 수동적으로 따른 것입니다. 수동적으로 부모 의견에 따라온 아이들은 결국 부모의 마음과 자기 마음 간에 거리감을 점점 크게 느낍니다.

물론 아이가 원하는 대로 다 들어줄 수는 없습니다. 바른 방향으로의 훈련도 필요하죠. 중요한 것은 우선은 아이가 자기 마음과 생각을 부모가 알아주었다고 느끼도록 아이의 생각을 충분히 들어주는 것입니다. 아이가 자기 생각을 표현하는 데 미숙해 '대드는 것'처럼 보일 수도 있지만, 그렇게 해석하지 말고 말하는 내용을 있는 그대로 들어보는 것입니다. 다만, 아이의 표현이 도를 지나치거나 감정이 과하게 실려 있다면 다음과 같이 솔직하게 이야기해 주면 좋습니다.

"아빠가 잘 들을 테니까 화내거나 너무 소리높이지 말고 말해줘. 네가 화를 내는 것 같으면 아빠도 속상해져서 네 말을 집중해서 듣기가 어려워."

이렇게 아이의 생각을 충분히 들어주는 것은 아이의 자존감을 높이는 기반이 됩니다. 대화하는 훈련도 되고요. 아이의 의견을 듣고 수용하는 방향으로 가되, 아이의 생각과 부모의 생각이 전혀 다르다면 강압적으로 제안하지 말고 충분히 이야기하면서 어떻게 조절하면 좋을지 토론을 통해 개선안을 찾아가길 권합니다.

사춘기 행동을 읽는 키워드 3. 기질

아동기까지의 경험을 결정하는 세 번째 요인은 기질입니다. 기질은 아이가 가진 고유한 성격, 행동 양식입니다. 부모가 만들어 주는 것이 아니라 생리적이고 유전적으로 타고나는 것이죠. 어떻게 보면 부모의 양육을 통해 바꾸기 힘든 것 즉, '아이가 그렇게 태어난 모습'인 것입니다. 애착과 더불어 영·유아기에 중요하게 살펴야 할 요소라고 생각했던 기질이 청소년기에 다시 중요하게 드러납니다.

기질은 아이가 태어나서부터 첫 18개월까지의 기간에 드러나기 시작합니다. 수면과 식이 패턴, 활동성과 행동 패턴, 감정의 분출과 억제 패턴이 그것입니다. 이러한 아이의 모습을 잘 관찰해 보면, 아이의 고유한 특성이 무엇인지 발견할 수 있습니다. 부모가 이 시기에 내 아이의 기질을 파악해 놓으면 아이의 기질에 맞는 환경 조건, 양육 조건을 마련해 줄 수 있습니다.

기질은 무엇이 좋고 나쁜 것이 없습니다. 그냥 그렇게 타고 난 것입니다. 부모의 대다수는 내 아이가 무던하게 자라길 바랍니다. 그런데 어떤 기질이 나쁘다, 좋다 이런 식으로 결정하는 것은 부모의 잘못된 판단입니다. 아이의 기질을 있는 그대로 인정해 주고 맞추어 주려고 노력해야 합니다. 감각적으로 예민한 아이는 자극적인 소리나 자극적인 맛, 자극적인 이미지에 대해 다른 아이들보다 크게 불편하다고 느끼기 때문에 사소한 것에도 반응할 수 있습니다. 부모는 아이가 받은 자극적인 감각이 다른 아이들보다 크다는 것, 그래서 불편한 감정이 든다는 것을 인정해야 합니다. 다만 그것을 표현하는 방법과 정도를 꾸준하게 알려주면 기질이 긍정 기능으로 발현되기도 합니다. 예민한 기질은 남들이 보지 못하는 것을 보거나 느끼는 것이므로 성인이 되었을 때 유용한 재능이나 도구가 될 수도 있죠.

기질은 유아기를 지나 아동기가 되면 잠잠해지는 것처럼 보입니다. 유아기까지 생존에 필요한 발달, 즉 수면과 식습관, 행동 패턴이 어느 정도 자리잡고 나면 아이의 말이 트이고, 부모와 대화할 수 있게 되면서 이전의 기질들이 잘 조절되고 있다고 생각합니다. 하지만 기질은 일생을 지배합니다. 말 그대로 타고나는 것이기 때문입니다. 특히 아이가 10대 초·중반이 되었을 때 내면의 복잡함, 불안 등을 어떻게 처리할 것인가, 새로운 것을 향해 가기 위해 자신에게 둘러싸인 통제를 얼마나 벗어날 것인가를 결정하는 데 있어서 기질이 크게 드러납니다.

따라서 영·유아기 때 드러나는 기질은 아이의 인생에 대한 청사진을 보는 것과 같습니다. 행동과 반응의 예측 가능성이 생기는 것이죠. 이를 아는 것과 모르는 것에는 큰 차이가 있습니다. 부모가 아이의 기질을 잘 포착했다면, 부모는 10대 사춘기의 자녀를 좀 더 이해할 수 있습니다. 이해하는 만큼 받아줄 수 있고 도움을 줄 수 있게 됩니다.

대개 주 양육자(엄마 또는 아빠)와 아이의 기질이 비슷하면 아이의 기질을 더 빠르게 이해하고 쉽게 수용할 수 있습니다. 그러나 아이의 기질이 양육자와 많이 다르고, 그 결과 아이의 기질을 제대로 파악하고 이해하지 못한 부모라면, 10대 사춘기의 아이 행동이 더욱 생소할 수 있습니다. 아이의 기질을 이해하지 못하는 부모는, '나는 안 저랬는데 얘는 왜 이러지? 혹시 뭐 문제가 생긴 거 아니야?'라고 외부에서 이유를 찾기도 합니다. 부모 자신이 자라온 환경과 부모 자신의 기질에 기준을 두고 아이의 반응을 옳거나 그르다고 해석하기 쉽습니다. 다시 강조하지만, 기질은 옳다 그르다로 해석될 수 있는 것이 아닙니다. 그냥 다른 것입니다. 또한 아이의 기질은 부모와 다를 수 있습니다. 드물지만, 엄마나 아빠 어느 한쪽과도 닮지 않은 전혀 다른 성향을 가질 수도 있습니다.

이르면 초등학교 고학년 혹은 중학생이 된 아이의 성격이 바뀐 것처럼 느껴진다면, 아이의 영·유아기를 떠올리세요. 그때 보았던 아이의 성향과 성격이 지금의 모습과 닮았다면 그것은 기질입니다. 가지고 있던 기질이 발현되는 것입니다. 부모는 아이의 기질을 경험한 바 있습니다. 그러니 "넌 누굴 닮아 그러니"라고 하지 않았으면 좋겠습니다. 부모를 닮았을 가능성이 가장 큽니다. '내가 아이한테 뭘 잘못했나'라고 자책할 일도 아닙니다. 그냥 그렇게 타고난 것입니다.

아이의 감정을 있는 그대로 받아주는 '훈련'

아이의 과거 경험의 60~70%는 궁극적으로 부모와 가족으로부터의 경험을 의미합니다. 나머지는 어린이집 혹은 유치원 교사와 친구들 등등 가족 외 관계에서의 경험과 관련될 수 있습니다. 그런데 아이가 문제를 대하는 태도, 문제를 해결하는 방법, 문제를 표현하는 방법의 상당 부분은 부모와의 경험에서 나옵니다.

여기에서 10대 사춘기를 잘 지나는 노하우를 발견할 수 있습니다. 부모와의 대결 구도로 이 시기를 지나지 마세요. 무엇에든 표현하고 분출하고 싶어 하는 10대 자녀의 공격 방향이 부모를 향하게 하지 않게 해야 합니다. 아이에게 있어서 부모는 자신의 위기를 털어놓고 전략을 모색할 수 있는 같은 편이 되어야 합니다. 그러면 아이는 그 시기를 덜 힘들게 지나게 되고, 부모는 아이를 통해 새로운 세대를 경험하게 됩니다. 아이와 부모가 함께 성장할 수 있는 매우 좋은 기회가 되는 것입니다.

그러려면 부모와 자녀의 관계를 10대 이전의 아동기까지 단단하게 맺어 놓아야 합니다. 아이의 부정적 감정을 들어주는 것에 익숙해져야 합니다. 아이가 화가 나는 감정을 말로 표현하고 털어놓도록 훈련하고, 부모는 아이가 말로 표현하는 부정적 감정들을 나쁘다고 평가하는 것이 아니라 있는 그대로 받아주는 훈련을 해야 합니다. 이는 아이가 어릴 때부터 이루어져야 합니다. 아이의 마음을 받아주는 것이 결국 가장 중요한 '부모 역할'이니까요.

이 과정은 쉽지 않습니다. 아이가 불평이 많은 것 같고, 싫은 소리만 하고 있으면 부모는 그 태도를 당장 교정해 주고 싶어 합니다.

"그게 뭐가 힘드니?" "남들 다 그렇게 해. 너만 유별나게 그러지 마."

"아빠는 너보다 더 힘들었어." "잔말 말고 그냥 해."

"넌 엄마아빠가 다 도와주는데 뭐가 그렇게 불만이 많니? 하고 싶어도 못 하는 애들이 많으니까 고맙게 생각해."

이런 식으로 아이의 불만을 막고 태도를 강압적으로 바꾸려 합니다. 그런데 그건 아이와 같은 편이 되는 데 매우 방해될 뿐 아니라, 아이가 부모를 적으로 느낄 수 있습니다. 아이의 마음은 받아주세요.

"너 힘들구나." "너 속상했겠다."

"네가 힘들어하는 게 당연해."

"네 마음 잘 알았어. 엄마아빠가 진지하게 네 말을 생각해 볼게."

이렇게 아이의 불만을 일단 읽어 주세요. 그런 다음 부모의 생각이나 의견, 제안 등을 나누어야 합니다.

아이의 마음을 있는 그대로 인정하기란 쉽지 않습니다. 그래서 '훈련'이 필요합니다. 아이 입장에서 그 문제를 진지하게 찬찬히 살펴 주세요. 감정적으로 함께 동요하라는 것이 아닙니다. 아이의 마음을 읽어 주라는 것입니다. 아이 입장에서 고민만 같이해 주어도, 부모가 진지하게 내 마음을 살펴준다는 것만 알아도 아이는 안정감을 찾습니다. 여기까지만 해도 아이와의 건강한 관계 맺기에 매우 큰 진전이 이루어집니다.

05

미루어도, 피해도 안 되는 '위기의 시기'

표현되어야 하는 위기

10대를 무난하게 지나는 자녀를 둔 부모가 부러우시죠. 그런데 무난하게 지나는 것이 다 좋은 것만은 아니라는 것을 꼭 말씀드리고 싶습니다.

저는 종종 우리 아이는 10대가 되어도 특별히 달라진 게 없고 고분고분하다며 자랑 섞인 말씀을 하시는 부모들에게 아이의 표정, 수면 시간, 식사량과 같은 작은 시그널을 놓치지 말고 더 세밀하게 관찰하라고 주의를 시킵니다. '너무 무난한 것'이 또 다른 경고일 수도 있기 때문입니다.

10대 시기는 힘듦을 표현하는 아이뿐 아니라 무던한 모습의 아이도 모두 뇌에서는 엄청난 변화와 자극이 일어나고 있습니다. 그것에 대해 어떻게 반응하느냐는 애착, 자율성, 기질에 따라 다르다고 말씀드렸습니다. 그런데 많은 분이 이렇게 오해합니다. 내면의 불안과 불안정함을 혼자 잘 처리해 문제 행동을 보이지 않는 것이 가장 좋은 것이라고 말입니다. 애착이 좋으면, 자율성이 높게 자랐으면, 아이가 문제 행동을 보이지 않는 것이라고 말입니다. 아이는 혼란스러운 내면의 위기를 지나고 있습니다. 이것을 '어떻게 표현하느냐'가 중요한 것이지, 표현하지 않게 하는 것이 중요한 것이 아닙니다. 오히려 표현하지 않고 통제만 하는 것은 건강하지 않습니다.

힘들면 힘들다고, 어려우면 어렵다고 표현해야 합니다. 아이가 그것을 계속 참고 있는 것은 아닌지 살펴야 합니다. 성인의 시각에서 보면 내면의 동요를 드러내지 않고, 힘듦을 인내하는 것이 성숙한 것입니다. 하지만 아이는 아직 미완성의 시기를 지나고 있습니다. 자라는 중입니다. 아동기를 지나 청소년기에 들어서면서 갑자기 내면에 혼란스러운 파도가 밀려 왔는데, 분명 힘든데, 그것을 내색 없이 지나고 있다면 아이의 마음에 그 힘듦이 쌓이고 있는 것은 아닌지 살펴야 합니다. 잔잔한 파도가 쌓여 큰 너울로 올 수도 있습니다.

모라토리엄, 위기를 미루면 위기가 없어질까?

모든 아이가 청소년기에 문제 행동을 보이는 것은 아닙니다. 전

세계의 장기 추적 종단연구들을 보면, ① 전체 연구 대상 중 3분의 1은 청소년기에 스트레스로 인한 문제 행동을 보였고, 성인이 되어서도 사회 적응에 문제를 보였습니다. ② 3분의 1은 청소년기에 큰 스트레스를 받지만, 문제를 크게 표출하지는 않았습니다. ③ 3분의 1은 청소년기에 스트레스와 위기를 적극적으로 표현하지만, 문제를 해결하는 과정에서 경험이 축적되고 공감·소통 능력을 키우며 잘 지나갔습니다.

①번과 ③번의 아이들은 앞에서 다룬 애착, 자율성, 기질에 따라 자신의 불편함을 외적으로 표현하며 반응한 아이들입니다. 그렇다면 ②번은 무엇일까요? ②번의 양상을 보이는 아이들에 대해서 다음과 같이 살펴볼 수 있습니다.

자녀가 학령기에 접어들면 부모와 아이 간 갈등과 조정 관계가 모라토리엄 상태가 되는 듯합니다. 즉, 갈등과 위기 표출을 계속 유예합니다. 학력을 중시하는 우리나라에서 흔히 볼 수 있죠. 대학 입시에 필요한 학업 외의 다른 모든 욕구, 갈등과 조정, 예민하게 느껴지는 감정적 문제들을 부모가 철저하게 외면하게 하고, 억누릅니다. 오직 학교 시험 성적이라는 성취에만 포커스를 두게 합니다. 가능할까요? 상당수 아이는 ①번과 ③번의 아이들처럼 스트레스를 견디지 못해 폭발합니다. 하지만 일부 아이는 ②번 아이들처럼 엄청난 스트레스에 예민해지지만 문제를 밖으로 표출하지 않습니다. 이에 대해서는 두 가지로 나누어 볼 수 있습니다.

첫 번째는 부모의 자녀 학력 성취에 대한 욕구와 아이의 학력 성춰 욕구가 완벽하게 맞아떨어지는 경우입니다. 어떤 아이들은 부모의 의도대로 목표를 성취하는 경우, 예를 들면 대학 입시를 목표한 대로 이룬 경우, 눌러 놓았던 아이 내면의 위기가 터지지 않기도 합니다. 부모의 욕구를 아이가 그대로 수용하고 그것이 아이의 정체성이 되어, 그 성취를 이루면서 내면의 갈등이 해소된 것입니다. 많은 부모가 꿈꾸는 바죠.

두 번째는 갈등이 해소되지 않고 계속해서 미뤄지는 것입니다. 극단적으로 말하면, 10대의 아이가 부모의 말에 순응하기만 하는 것은 자기 생존을 위해 욕구를 억누르는 것일 수도 있습니다. 폭탄을 안고 사는 것이죠. 그래서 때로는 아이가 큰 문제 행동 없이 무난하게 10대 사춘기를 지난 것처럼 보였는데 20대 초반에 갑자기 변하기도 합니다. 유예된 갈등이 20대가 되어 터지는 것입니다.

아이가 원하는 성적을 얻거나, 목표한 대학에 들어가기 위해 갈등을 미루는 것이 부모가 보기에는 매우 이상적인 것처럼 보입니다. 하지만 저는 그런 경우 묻고 싶습니다. 20대가 되고, 대학을 졸업하고, 취업하고, 결혼하고, 성인으로서 마땅히 해야 할 역할을 해내는 모든 순간에 부모가 개입한다면 아이가 성장했다고 할 수 있을까요? 성인은 부모로부터 독립해 자기 결정에 책임을 질 수 있어야 합니다. 자율성, 책임성, 주도성을 갖지 못한 내 자녀가 어느 날 갑자기 주어진 수많은 선택 앞에서 혼란스러워하길 원하지는 않을 것입니다. 그래서 저는 청소년기 위기를 성적이라는 목표하에서 계속 돌보지 않고 유예하는 모라토리엄에 대해서 경계했으면 합니다.

다시 처음으로 돌아가, 내 아이가 초등학생 때부터 중학생, 고등학생이 되어서도 부모의 시스템 안에서 아주 무난하게 잘 지나는 것처럼 보인다면, 부모는 아이가 정말 '무난한' 것인지 더 세심하게 살펴야 합니다. 혹시 아이가 자신의 위기와 어려움을 표현할 기회를 부모가 막거나 제어하고 있어서, 또는 그것을 표현할 시간조차 주지 않아서, 내면의 위기를 대학 입시 뒤로 미루도록 통제하고 있는 것은 아닌지 돌아보아야 합니다. 그것은 부모로서 내 아이에게 좋은 태도가 아닙니다.

위기를 통해 배우고 문제를 해결하는 경험을 하는 것이 아이의 발달에 매우 중요하고, 이는 아이의 자신감이 됩니다. 비단 어른이 되는 과정이라는 의미뿐만 아니라 인지 발달·정서 발달·사회성 발달의 측면에서도 그렇습니다.

'자기 것'을 찾는 10대의 본능

제가 반복해서 설명하는 청소년기의 정의가 있습니다. 청소년기는 아이에서 어른이 되기 위한 준비와 성장의 시기입니다. 성인이 되어서 필요한 것들을 발달시키기 위해 우리 몸과 뇌는 열심히 일합니다. 특히 10대에 그렇습니다. 신체뿐 아니라 지적인 면, 사회적인 면, 위기를 이겨내는 면에서 그렇습니다. 갈등과 위기를 겪어야 그 성취가 정말 자신의 것이 되고, 동기가 강해지며, 그 일의 의미를 찾게 됩니다. 권위에 의문을 갖고, 반발하고, 그러면서 갈등을 경험하고, 과감하게 기존의 관행에서 벗어나 보는 것, 그 과정을 지나면서 아이가 자신의 것을 찾는 것이 청소년기의 의의입니다.

이는 또한 부모에게서 독립하기 위한 과정으로 꼭 겪어내야 합니다. 부모의 통제에서 벗어나려면 충동성이 있어야 하고, 그러한 충동성이 새로운 것에 도전하게 만드는 요인이 되기도 합니다. 결국 아이의 행동을 어떻게 해석하느냐에 따라 내 아이를 문제아로 볼 수도 있고, 도전하고 있는 것으로 볼 수도 있는 것입니다.

사춘기에 흔히 경험하는 감정 통제의 어려움도 정서적 감수성이 극대화된 것으로 이해할 수 있습니다. 나쁘게 보면 감정 조절을 못하는 것이지만, 반대로 보면 별것 아닌 일에도 울고, 감동하고, 불의에 분노하고, 정의에 나서야 한다는 욕구를 아주 크게 느끼는 것입니다. 이는 사회 변혁에 불을 붙이는 힘이 되기도 합니다. 우리의 역사에서 젊은 학생들의 에너지와 희생에 의해 역사의 변곡점이 만들어진 순간들을 보면 알 수 있죠. 청소년기의 혼란스러운 감정을 모두 '위기'라고 이름을 붙이면, 부모는 아이가 느끼는 혼란스러움이 다 문제처럼 보입니다. 그런데 아이의 입장에서 그것은 자기 파괴가 아닙니다. 굉장한 잠재력이기도 합니다.

세계적인 예술가를 떠올려 보세요. 많은 예술가의 작품이 언제 발아되었을까요? 청소년기입니다. 통제되지 않을 만큼 폭발적인 감수성 안에는 엄청난 가능성이 내포되어 있습니다. 예민함, 감수성, 강렬한 색감, 파괴적인 음감, 기존의 규칙과 질서를 깨는 용기와 충동성이 예술적으로 발휘되는 것입니다. 여기서 세상을 바꾸는 힘이 시작되는 것이죠. 아이의 변화를 감지했을 때, 그 시기에 겪는 태도 변화를 이해해 주고, 그러한 변화가 긍정적인 발전으로 이어질 수 있도록 적절하게 대응해야 합니다.

아이의 모든 감정선을 통제해야 한다고 생각하지 마세요. 아이는 내면의 폭발적인 감수성과 부모의 통제 사이에서 딜레마를 느끼게 되면 자기 감정을 부정적으로 보고 숨겨야 한다고 생각하게 됩니다. 지나치게 꼼꼼하거나, 과거의 기준으로 도덕적이고 윤리적인 틀에 가두려는 부모가 흔히 저지르는 실수입니다. 아이의 위기, 갈등, 감수성을 억압하거나 현실적인 시각만 제시하면서 위기를 유예하려 하지 않기를 바랍니다.

10대에 발견해야 하는 '자기 것'이 있어야 진짜 유능한 어른으로 자랍니다. 아이는 본능적으로 '자기 것'을 찾으려 하는데 이것을 부모가 억지로 무시하게 하는 것은 아닌지 생각해 보길 바랍니다.

10대의 뇌를 키우는 방법, 시간과 공간 허용하기

이른바 '대치동 학원'으로 상징성을 갖는 우리나라 학령기 아이들의 하루를 생각해 봅시다. 부모의 욕심이 클수록 아이의 시간과 공간을 부모가 절대적으로 통제합니다. 아이만의 시간과 공간이 허용되지 않는 분위기입니다. 안타까운 것은 부모의 통제에 비해 아이가 해소할 수 있는 여지가 너무 제한적이라는 것입니다. 부모가 아이에게 자유 시간을 준다고 하는 경우도 일방적인 시간과 공간을 주는 경우가 많습니다. 고작 유튜브나 게임 등을 할 수 있는 한두 시간을 허락하는 정도죠. 그 외에는 아침부터 밤까지 짜인 일정에 매여 삽니다. 10대는 그렇게 보낼 시기가 아닙니다. 특히 중학교 때만이라도 숨통을 트일 수 있게 해야 합니다. 이 책을 읽는 부모들부터 실천해 주었으면 합니다.

우리는 노벨상을 받은 사람들의 이야기를 많이 합니다. 뛰어난 업적을 기리는 것과 더불어 우리는 왜 노벨상을 받지 못하는가에 대한 이유도 여러 면에서 분석합니다. 주로 언급되는 이유로는 기초학문에 대한 투자가 적고, 단기 성과 위주의 실적 평가 등을 말합니다. 이것은 사실 표면적 요인들입니다.

좀 더 큰 관점에서 더욱 근본적인 요인을 이야기해 보면, 노벨상을 받을 만한 주제를 평생 탐구하는 과학자가 아직 없다는 것이 큰 이유입니다. 노벨상은 '자기 것'이 있어야 받습니다. 자기의 질문, 가설을 끊임없이 탐구하는 과정이 전제가 되는 것이죠. 남이 해놓은 것을 그저 열심히 확인한 사람에게 주는 것이 아니라, '세상을 바꾼 사람'에게 주는 상입니다. 세상을 바꿀 정도의 생각과 동기는 '그 사람'에게서 나옵니다. 그리고 그 시작점이 바로 청소년기라고 저는 믿습니다.

제가 소아·청소년정신과 전문의를 선택한 것은 개인적으로 청소년기를 매우 중요하게 생각해서입니다. 어른이 된 자신을 돌아보세요. 지금의 나를 결정한 것은 청소년기에 접한 작은 요인에서 비롯된 경우가 많습니다. 예를 들면 책이나 음악, TV프로그램 뭐든 좋습니다. 저는 중학교 1학년 때 TV에서 본 흑백영화 〈프로이트〉 4부작 방송이 지금의 길을 선택하게 만든 첫 번째 씨앗이었습니다. 오스트리아로 이주한 유태인이 핍박을 받으면서 사람의 정신에 대해 알고 싶어 하고, 꿈을 분석하고, 꿈 분석을 하면서 당시 사회적 비난을 받고 퇴출까지 당할 뻔했던 그의 초반기 인생에 대한 영화를 보면서 마음속에 오래도록 울림이 남았습니다. 그리고 그에 관한 관심이 정신 분석에 관한 관심으로, 나아가 정신적 아픔이 있는 사람들로, 그리고 상처의 뿌리가 되는 어린 시절과 청소년기에 관한 관심으로 확장되었죠.

오해하지는 마세요. 좋은 자극이 될 만한 것을 일방적으로 제공하라는 것이 아닙니다. 아이가 스스로 선택한 것을 즐길 수 있게 허용해 주면 됩니다. 선택하고 관심을 두고 꿈을 꿀 만한 시간과 공간, 즉 빈 곳, 여지를 주면 됩니다. 부모가 보기에 아무리 좋은 것이어도 아이가 그것을 선택하지 않으면 소용없습니다. 아이가 선택하지 않는데 자꾸 쥐여 주는 것은 숙제와 같을 수 있습니다.

스스로 선택해야 관심과 열정의 씨앗이 생각과 탐구 속에 뿌리를 내리고, 좋은 선생과 교재를 만나 가지를 뻗어 나가서 마침내 '자기 것', '자기 열매'를 만듭니다. 정서 조절의 어려움과 감수성 폭발이라는 위기에서 시작된 작은 관심은 변화에 대한 욕구를 해소해 줄 하나의 통로가 됩니다. 어른이 되면 경험할 수 없는 청소년의 감성과 정서의 위기가 새로운 기회가 될지 모를 관심으로 폭발하는 것입니다.

아이가 초등학교 고학년, 중학생이 되면 할 일이 많아집니다. 내면의 정서 문제로도 힘들지만 외적으로 주어지는 과제들도 많아져서 힘듭니다. 이런 아이들이 불안해하고 잠도 잘 못 자며 멍하니 있는 모습을 보일 때 "너 지금 그럴 때가 아니야"라고 잔소리할 것이 아닙니다. 과하게 반응하지 마세요. 오히려 아이가 힘들어하는 작은 시그널을 발견했을 때, 그런 사소한 위기들을 수시로 자연스럽게 표현할 수 있는 여지를 주었으면 합니다.

부모의 관심과 소통이 주요 정신 건강 문제를 예방하고 조기에 발견하는 데 중요하다는 사례가 있습니다. 제가 진료실에서 만난 아이 중에 참 똑똑했던 친구가 있었습니다. 고등학생이었던 아이가 병리적으로 질환이 심각해진 상태에서 내원했고, 입원하여 진료를 받아야 했습니다.

아이와 깊이 있는 대화를 나누어 보니 아이의 아픔은 10대 중반에 시작되었더군요. 아주 작은 신호였습니다. 아이에게 간혹 기계 소리가 들리는 것이었습니다. 하지만 아이는 빼곡한 학업 일정으로 부모와 그런 사소한 이야기를 나눌 여지가 없었습니다. 시간도 없었지만 부모와의 마음 거리가 그만큼 멀었던 것이죠.

표현하지 못하고 눌러 두었던 아픔은 나아지지 않았습니다. 아이의 증상은 심해졌지만 아이는 역시 부모에게 말하지 못했습니다. 그러다 통제 불가능한 지시 망상에 시달리게 되어서야 부모가 아이의 증상을 알게 되었습니다.

제가 아이를 만난 시점에서는 조현병이 되어서 어떤 종류의 약을 써도 반응이 없었고, 리스크가 높은 단계의 치료 방법을 써야 하는 상태였습니다. 아이가 처음 기계 소리를 들었을 때 부모와 이야기했다면, 아이가 자신의 일정이 버겁다고 솔직하게 털어놓을 수 있는 여지가 있었다면, 아니면 다른 것에서라도 숨통을 트일 만한 여지가 있었다면 아이가 이렇게 오래도록 병으로 힘들어하지 않았을 것이라는 생각에 매우 안타까웠습니다.

아이에게 시간과 공간을 준다는 것은 어떤 의미일까요? 쉴 시간을 주는 것입니다. 넋 놓고 있으면 잠시 그대로 두는 것입니다. 아이가 자기 생각, 감정을 표현할 자유를 주는 것입니다. 딴짓할 여지를 주는 것입니다. 가끔가다 엄마아빠 서재에서 괜한 책을 기웃대거나, 학습과 관련 없는 책도 좀 보고, 엄마아빠의 사소한 일상에 관심을 갖고, 자기 일이 아니라 다른 사람의 삶에도 기웃대고, 가끔은 친구들하고 학원 '땡땡이'치고 나가서 스스로 해야 할 것과 하지 말아야 할 것을 결정하게 해야 합니다.

어떤 아이는 우연히 아빠 서재에 놓인 기타에 관심을 가집니다. 기타를 치기 위해 악보를 보고, 코드를 공부하고, 연습을 합니다. 악기를 다루는 과정에서 불안정한 정서가 안정되고 아빠랑 이것저것 대화하면서 관계가 더 나아지기도 합니다. 100명 중 95명은 그저 이렇게 딴짓할 여지만 주어도, 딱 그 정도만 허락해 주어도 아이가 숨통을 틉니다.

부모가 제시한 학업 과정, 일정한 틀에 아이도 따르겠다고 했고 목표도 쉽게 성취하는 것 같아도, 그것이 아이가 선택한 것이 아닐 수 있음을 늘 마음에 두세요. 최근에는 아이의 미래, 직업 등을 너무 이른 나이에 결정한 뒤 그 길에 대한 로드맵을 일찍부터 짜 두는 경우가 많습니다. 그런데 청소년기가 되면 그 시스템에서 벗어날 수도 있습니다. 아이가 스스로 결정한 것이 아니기에, 그 길에 대한 의문을 갖고 그 과정이 자신과 맞는지 아닌지 확인하려 들 수 있습니다. 그것을 확인하는 것이 청소년기의 기능이지요.

게다가 아이를 위해 세운 그 로드맵이 부모가 20~30년 전에 겪은 부모의 청소년기 경험을 바탕으로 만들어 놓은 것이라면, 아이가 성인으로 활동할 때에는 부모의 경험이 더는 통하지 않는 사회일 수도 있습니다. 창의성과 자율성이 자라지 못한 아이라면 더더욱 그럴 것입니다. 따라서 부모가 자녀의 진로를 정하는 것보다 아이가 가지고 있는 잠재력, 그 시기에 맞는 엄청난 새로운 기회들을 탐색할 수 있게 시간과 여지를 주는 것이 좋습니다. 이 시기는 조용하고 무난한 것보다, 변덕스럽고 다소 시끌벅적한 것이 건강한 것일 수도 있습니다.

공부 아니면 딴짓? 10대 지적 호기심의 폭발

부모들이 좋아할 만한 소식이 있습니다. 10대 전두엽의 가지치기는 앎에 대한 욕구로 이어진다는 것입니다. 두뇌의 가지치기는 결국 뇌 신경 간의 불필요한 연결을 제거하여 신호잡음을 줄인다는 의미입니다. 잡음을 제거하면 정보가 더 명료하게 전달되고, 선택과 집중을 통한 효율성이 극대화되는 것이죠. 우리 뇌는 용량에 한계가 있다는 것을 스스로 잘 알기 때문에 정말 관심 있고 좋아하는 것에 집중하게 만듭니다. 그 작업을 10대부터 집중적으로 해나갑니다. 특히 전두엽과 그 연결 신경망을 중심으로 한 뇌 부위에서 그런 일이 일어나죠.

10대 아이들의 뇌의 가지치기는 이 시기에 자신이 관심 있는 것을 선택하고 집중하게 만듭니다. 지적 관심이 폭발하는 것입니다. 특히 이 시기의 아이들은 끝까지 파헤쳐 보고 싶어 합니다. 내가 가진 지식, 앎에 대한 욕구가 엄청나게 증폭되고 확장되는 시기입니다. 예를 들면 수업 시간에 선생님을 통해 우연히 칸트의 《순수이성비판》이라는 철학서에 대해 듣게 됩니다. 대부분의 아이는 이를 듣고 흘리지만, 철학에 관심이 생긴 어떤 아이는 그것을 설명한 선생님의 한 문장에 꽂혀서 그 주제를 깊이 있게 파헤치기 시작합니다. 더 좋은 번역서를 찾고, 나아가 독일 철학에 관심을 두고, 독일의 개신교 신앙에 관심을 두다가, 현대 철학에서 칸트는 어떤 의미가 있는지까지 찾죠. 인터넷상에서 기가 막힌 정보를 쉽게 발굴할 수 있다는 조건도 일조합니다. 뇌의 신경망과 인간세계의 정보망(인터넷)이 연결되는 순간입니다.

영화를 좋아하는 아이라면 영화 속 캐릭터 분석을 위해 해외 자료를 검색하기도 하고, 동영상을 보다가 잘못 소개된 내용이 있으면 직접 영어로 댓글을 달며 의견을 내거나 정정을 요청하기도 합니다. 그전에는 시켜도 안 하던 영작을 필요에 의해 스스로 하는 것이죠. 영화의 한 장면을 이해하기 위해 물리를 공부하기도 합니다. 아주 사소하게 시작된 관심이 점점 깊어지면, 이것이 학습 열정으로 이어지기도 합니다.

전두엽의 가지치기를 통해 아이들의 사회성이 떨어지는 것이 밖에서 보이는 현상이었다면, 전두엽의 기능에 비추어 볼 때 내적으로는 지적 호기심과 집중력의 발전이 생기는 것입니다. 아이가 내적인 동기로 선택한 것에 대해 집중하게 만드는 기능을 키우는 중입니다. 그래서 잡음을 제거하는 중입니다.

여지를 주라고 말씀드렸던 것도 이와 연관됩니다. 우리가 딴짓이라고 생각하는 것들이 사실 이러한 지적 호기심을 채우려는 것일 때도 많습니다. 하지만 많은 부모가 학교와 학원 성적이나 대학 입시 준비에 필요한 스펙 쌓기와 직접적인 연관이 없다고 생각되는 분야에 아이가 관심을 가지면 불안해하고 제어하려 합니다. "네가 지금 그거 들여다볼 때니?" 하는 식이죠. 하지만 부모의 이런 행동은 이 시기에 아이의 두뇌가 하고 싶고 목표로 하는 일을 억지로 막는 것입니다. 두뇌가 하려는 일을 하게 두어야 아이가 자기 길을 더 잘 찾을 수 있습니다.

사춘기 아이들에게도 밸런스 기능이 있습니다. 주변에서 여러 피드백을 받기도 하고, 반항하는 것에 지치기도 하면서 적당히 타협점을 만들어 가기도 하죠. 하지만 분명히 이 시기에는 다른 시기에는 경험하지 못할 중요한 선택과 집중의 기능이 이루어지면서 지적 능력이 고도화됩니다. 아동기에는 백과사전식의 지식을 가졌다면, 이제부터는 자기 나름의 주제와 가설들을 가지고 그것을 입증하고 찾아 나갈 수 있을 만큼의 고위 인지 기능이 만들어지는 것입니다. 앞서 칸트에 대해 깊이 있게 공부해 나간 아이가 칸트와 대비되는 철학자인 니체를 공부하게 되고, 그 두 사람 사이에서 자신이 추구할 인생 방향에 대해 자기 나름의 관점과 가설을 세우는 것입니다. 이것이 100세 인생을 살아가는 데에 중요한 나침반이 될지도 모를 일입니다.

지적 계발 외의 많은 것이 희생되는 시기

위대한 철학자의 책을 들여다보고 지적인 학자처럼 전문용어를 쓰면서 세상을 다 안다는 듯 어른 행세를 하던 아이가 라면이 불었다고 엄마에게 떼쓰고, 투정 부리고, 게임 한 시간만 하게 해달라고 조르는 모습을 보면 부모로서는 헛웃음이 나옵니다. 저 아이가 정말 똑똑한 게 맞나 싶죠. 똑똑한데, 똑똑해서 어떻게 해야 어른스러운 모습인지 잘 알 텐데 이율배반적이게도 아는 것과 반대로 행동하는 시기가 청소년기입니다. 충동적인 문제가 있죠.

좋은 측면으로 해석해 보면 이 시기는 자기가 원하는 특정한 분야, 즉 인문·사회·예술·체육 등의 계발을 위해 노력하는 대신, 그 외에 일상의 생활과 대인 관계에는 신경쓰지 않는다고 볼 수 있습니다. 그래서 이 시기 아이의 모습이 이율배반적으로 보이는 것입니다. 어떨 때는 굉장히 어린아이 같고, 어떨 때는 엄청 진지하고 지적인 모습의 두 가지 양상을 동시에 보입니다. 그것이 자연스러운 것이므로 비난할 문제가 아닙니다. 대든다고 생각하거나 철없다고 볼 일이 아니죠. 균형을 맞추기 전의 모습이고, 점점 균형을 찾아가 성인기 초기가 되면 안정될 것입니다.

아이들이 많은 시간을 보내는 공교육을 생각해 보면, 아이가 한 분야의 지적인 활동을 마음껏 하기에 어려움이 있기는 합니다. 공교육은 '사회의 구성원을 길러내는 것이 목적'이므로 튀는 행동을 통제하고, 학업에 대해서는 창의성보다 기본 과제를 잘 해내는 과정 수행이 더 많죠. 즉, 공교육은 건강한 시민 육성, 불협화음을 일으키지 않으면서 좋은 상식을 가진 사회구성원이 되게 하는 것을 목표로 합니다. 이것은 균형감, 보편성, 동료의식, 일체의식 등 시민으로 성장하는 데 필요한 소양을 기르는 기본 과정으로 꽤 중요합니다. 그러나 사춘기 아이들의 욕구와 행동 양상과 배치되는 부분이 있기에, 아이들이 다소 획일적인 공교육에 적응하기가 힘들 수 있습니다.

그래서 공교육의 기능과 아이의 욕구·잠재력의 간극에 대해 가정에서 완충 역할을 해 주어야 합니다. 부모와 아이가 함께 협동해야 하죠. 부모가 자녀에게 시간과 공간을 제공하고, 아이는 욕구를 드러내고, 자유롭게 표현하고, 부모가 표현된 감정과 생각을 수용하고,

어려움과 위기에 도전할 수 있도록 적절하고 새로운 기회를 제공하여 아이는 그것을 본인에게 맞게 잘 활용해 나가는 과정으로 이어지는 것이 가장 이상적일 것입니다.

06

영·유아기보다 더 애착 관리가 필요한 시기

부모 자녀 간 애착의 민낯이 드러나는 시기

한 번도 가 보지 않은 길을 갈 때, 기분이 어떠할까요? 게다가 예상보다 변수가 많다면 우리는 그 길을 걷는 동안 참 불안할 것입니다. 10대를 지나는 아이들의 기분이 그렇습니다. 자신에게 주어지는 변화는 많고 기대감은 커졌는데, 정서는 작은 자극에도 요동을 칩니다. 반발감도 커지고 생각도 많아집니다.

Part 2에서 다룬 내용을 정리해 보면, 10대가 되면 아이는 불가피하게 혼란의 시기를 지나게 됩니다. 지적 활동이 활발해지지만 사회성과 감정 통제는 다소 떨어집니다. 그래서 이 시기에 아이가 자기가 가진 기질을 제어하지 않고 그대로 발현하는 동시에, 그동안 부모와의 관계와 애착이 어떠했는가를 점검하게 하는 시기이기도 합니다. '민낯이 드러나는 시기'인 것입니다.

생물학적인 이유로도 당연히 불안하지만, 아이가 불안한 상황을 만들어 놓고 불안해하기도 합니다. 참 이율배반적이죠. 자기가 문제를 저지르고 그 문제로 인해 불안이 더 커지는 것입니다. 그런데 사람의 만족감은 그런 불안에서 시작됩니다. 아이들이 위기를 만들고 그 위기에서 한 걸음 성장하면서 만족감을 얻는 것입니다.

예를 들어 리조트에 놀러 간 첫날은 아무 걱정 없이 참 편합니다. 천국이 따로 없다 싶죠. 그런데 리조트에서 한 달간 머물러야 한다면 쉽지 않은 시간이 됩니다. 우리가 일상에서 아픈 데 없고 가족들 다 잘 지내고 아무 걱정할 것이 없을 때 느끼는 것은 만족감이 아니라 편안함입니다. 진짜 만족감은 위기를 이겨 내는 성취에서 얻게 됩니다.

청소년기가 그렇습니다. 이 시기의 아이들은 불안을 스스로 컨트롤하기가 어렵습니다. 생물학적으로나 환경적으로 아이 내면의 욕구 또한 대부분 추스르기보다는 저지르는 방향으로 이동합니다. 최근에는 이러한 청소년기 불안을 다루기 위해 아동기 때부터 스트레스를 관리하는 프로그램이나 멘탈을 관리하는 훈련을 적용하자는 이야기도 나옵니다. 하지만 그것이 절대적인 답은 될 수 없습니다. 그 시기는 불안한 것이 당연합니다.

그러면 불안한 시기를 겪고 있는 자녀를 둔 부모는 무엇을 해야 할까요? 애착을 관리해야 합니다.

아이는 밖으로 나가려는 신호가 강해지는 만큼 안으로 들어와 안정감을 얻고 싶어 하는 욕구도 커집니다. 부모로부터의 애착을 확인받고 싶은 욕구가 강해지는 것입니다. 그것이 부모를 시험하는 것처럼 여러 모양으로 표출되기도 합니다. 반항하고 부모로부터 떠나고 싶어 하는 것처럼 보이는 아이들의 깊은 내면에는 돌아갈 곳이 있다는 믿음, 엄마 품에서 울고 싶은 마음, 사랑을 확인받고 싶은 마음이 있는 것입니다.

애착이란 부모가 자녀를 믿고 자녀도 부모를 믿는 것입니다. 내가 어려울 때 부모의 품으로 돌아갈 수 있다는 것을 아는 것입니다. 영·유아기에는 부모로부터 무조건적 사랑을 받으며 신뢰를 형성함으로 애착을 쌓습니다. 유·소아기에는 영·유아기에 형성된 애착을 기반으로 아기 스스로 무언가를 해보려는 시도를 펼칩니다. 이때부터는 부모로부터 훈육을 받아도 안정 애착을 통해 부모가 나를 미워해서 훈육하는 것이 아니라는 것을 본능적으로 압니다. 또한 아이가 무언가를 해보려는 시도가 커지는 만큼 부모의 통제도 커집니다. 그러다 학령기부터는 부모와 아동이 합작하여 기능 발달에 집중합니다.

그런데 청소년기가 되면 아이는 기능 발달보다 다시 영·유아기 때처럼 부모의 절대적인 애착을 받고 싶어 합니다. 이때 부모는 아이의 기능 발달을 계속해서 지원하되, 선택은 아이에게 맡기고 다시 애착에 집중해야 합니다.

애착의 핵심은 사랑입니다. 특히 청소년기의 애착은 힘들 때 돌아갈 곳이 있다는 것, 이 사람은 나를 마지막까지 지지해 줄 사람이라는 신뢰를 줄 수 있어야 합니다. 내가 어떤 고난을 받아도 돌아갈 곳이 있다는 믿음이 있어야 도전합니다. 도전해야 성장하고요. 결국 애착은 고통이 있을 때 빛을 발하는 것이죠. 그것이 엄마아빠라는 존재 의의입니다.

사춘기 자녀가 어려울 때 와서 울 수 있는 절대적 애착을 보여 주고 있나요? 기뻐할 때 함께 기뻐하는 것도 중요하지만, 힘들 때 말없이 안아 줄 수 있는 안정된 관계를 맺는 것이 더 중요합니다. 부모도 사람인지라, 아이가 객관적으로 말한다면서 부모에게 상처를 주는 말을 내뱉으면 속상하고 아이가 밉습니다. 그런데 청소년 후기만 되어도 아이들이 깨닫습니다. 내가 혼자 큰 것 같고 부모가 작아 보였는데, 부모가 얼마나 큰 기둥이었는지, 나를 위해 희생해 온 과정들이 얼마나 컸는지 이해합니다. 내가 비난하던 사람들을 이해하게 됩니다.

아이의 삶을 결정하는 애착과 기질

아이가 태어나 18개월까지 부모가 아이와의 충분한 접촉을 통해 아이를 보살피고 아이를 관찰하면서 케어뿐 아니라 기질을 이해하고 받아주는 과정이 아이와 부모 모두에게 매우 중요합니다. 이 시기에 부모와 충분한 시간을 갖는 것이 아이의 인생을 결정하는 중요한 열쇠가 된다고 해도 과언이 아닙니다.

아이의 기질을 알아챘다면, 어떻게 해야 기질을 잘 발달시키는 것일까요? 아이가 기질에 상반되는 자극을 받지 않도록 환경 조건, 양육 조건을 마련해야 할까요? 아니면 기질을 극복하도록 정반대의 자극을 계속 제공해 주면 될까요? 아이의 기질을 알았다면 '적당히' 맞춰 주고, '적당히' 상반되는 자극을 제공하면 됩니다. 아이의 기질에 맞게 완벽한 환경을 제공해 줄 수는 없습니다. 그것이 아이에게 도움이 되지도 않습니다. 심지어 상반되는 자극을 적당히 제공해야 하는 이유는, 세상을 살면서 본인의 기질과 딱 맞는 환경만 주어지지 않기 때문에 부모가 아이의 기질이 사회와 부딪히지 않도록 미리 훈련해야 하기 때문입니다.

예를 들어 아이가 겁이 많습니다. 보통 겁이 많은 아이들은 낯을 많이 가리기도 합니다. 이럴 때 자녀의 사회성을 높여 준다고 무조건 사람이 많은 곳으로 데려가 놓아두는 것은 도움이 되지 않습니다. 아이로서는 한꺼번에 큰 자극이 오면 힘겹습니다. 그렇다고 아이가 계속 혼자 놀게 하고, 숨겨 주고, 도전하지 않게 안전한 놀이만 제공하면 아이의 발달에 방해가 됩니다. 새로운 시도를 해야 아이가 자라니까요. 친구도 만나고 선생님도 만나고 친척들도 만나야 하죠. 어린이집도 가고 유치원도 가고 학교도 가야 하고요. 그럴 때는 새로운 시도를 시키되, 그 시도가 크게 느껴지지 않게 자극을 천천히 조금씩 제공해 주어야 합니다.

청소년기 자녀의 기질은 어떻게 다루어야 할까요? 만약 영·유아기에 예민한 기질이었던 아이가 그동안 기질이 무뎌진 듯했는데 청소년기가 되면서 타고난 기질이 다시 드러나기 시작한다면 어떻게 할까요? 단순히 청소년기의 불안정한 정서 때문이 아니라, 아이의 기질이 드러나는 것이라면 부모는 조금 다르게 접근해야 할 것입니다.

예민한 아이들은 자신의 동의 없이 계획을 바꾸는 것에 민감합니다. 자신의 책상이나 소지품 등을 함부로 건드리는 것도 예민하게 반응할 수 있습니다. 소소한 일이어도, 부모가 사전에 아이에게 말한 것이 있다면 지키려고 해 보세요. 아이의 물건 등은 아이 스스로 정리하고 일정도 스스로 세우고 지키도록 안내하면 좋습니다. 변화에 민감한 기질을, 스스로 계획을 세우고 지키려고 노력하는 긍정적인 모습으로 발전시키는 계기로 전환한다면, 더 바르고 규칙적이고 예측 가능한 아이로 자랄 수 있습니다.

만약 부모가 사전에 예고할 새 없이 아이의 일에 개입하게 되고 약속을 어기게 되었다면, 부모는 사과할 줄 알아야 합니다. 그리고 불가피한 상황이었음을 설명해 주세요. 단, 과하게 미안해하며 쩔쩔매는 모습은 보이지 마세요. 어쩔 수 없었던 일이라고 해도 약속을 어긴 것은 부모 잘못이기에 사과해야 하지만, 중차대한 문제가 아니므로 아이도 한발 양보해야 한다는 것을 알려 주어야 합니다.

영·유아기에 깊은 애착 관계를 형성하지 못했다면

10대 자녀와의 관계에서 기질만큼 애착이 다시금 중요해졌습니다. 그러면 이미 영·유아기를 지났는데 그때 채워 주지 못한 애착을 어떻게 해야 하는가를 두고 부모가 좌절할 수 있습니다. 하지만 청소년이 된 자녀와도 안정 애착을 재형성할 수 있다는 이론이 있습니다.

발달심리학자이자 애착이론가였던 에인스워스Ainsworth의 연구를 통해 힌트를 얻을 수 있습니다. 에인스워스는 먼저 자녀와 부모가 어떠한 애착을 형성하고 있는지 확인할 수 있는 평가 기준을 마련했습니다. 주관적 판단이 아니라 객관적 지표를 가지고 살피고 모니터링해야 개선할 점이 무엇인지 알 수 있기 때문입니다. 에인스워스가 밝힌 애착의 세 가지 유형이 바로 안정 애착, 불안정 회피 애착, 불안정 저항 애착입니다.

불안정 애착이 형성되는 이유는 무엇일까요? 어떤 요인이 애착의 형성에 영향을 미치는 것일까요? 크게 세 가지로 볼 수 있습니다. ① 부모와 아이 간 부정적 경험에 의한 트라우마, ② 아이를 이해해 주지 않는 부모의 일방성, ③ 가장 큰 이유는 부모가 조부모에게 받은 애착의 유형을 대물림하는 것입니다. 애착은 무의식적으로 학습하는 요인이 큽니다. 의식적으로 무언가를 하려고 애쓰지만, 자기 부모로부터 받은 경험을 토대로 자기 자녀를 대할 가능성이 큰 것이죠.

특히 정서적 태도 면에서 그렇습니다. 에인스워스는 이러한 세 가지 요인으로 불안정 애착을 일으킬 확률이 60~70%가 된다고 주장하기도 했습니다.

애착은 0~18개월에 형성된다고 하는데, 이미 그 시기를 지난 부모는 자녀와의 애착을 개선할 방법이 없는 것일까요? 자신의 부모로부터 받은 애착을 대물림하지 않을 방법은 없을까요?

첫째, 부모 자신이 받은 애착을 이해하고, 극복하려 노력해야 합니다. 먼저 자신과 부모와의 관계가 어떠했는지 알아차리는 과정이 필요합니다. 그리고 받은 애착을 무의식적으로 답습하지 않겠다고 스스로를 다잡아야 합니다.

자신의 애착을 객관적으로 살피는 것 자체도 도움이 됩니다. 또한 '나는 한 명도 이렇게 힘든데, 엄마는 스물여덟에 아이 셋을 아무 도움 없이 혼자 키워어야 했으니 더 힘들었겠구나. 그래서 그렇게 우리를 엄하게 통제하려 했나 보다'라는 식으로 자기 부모의 상황을 객관적으로 살피고 이해하려는 노력이 필요합니다. 자신과 부모의 관계를 살피고 알아차리는 과정으로 감정적인 상처가 완전하게 해소되거나 자신과 부모의 불안정 애착 관계가 안정 애착으로 바뀌는 것은 아니지만, 건강한 한 사람으로, 또 부모로 서는 데 도움이 됩니다.

둘째, 자신과 자녀의 애착 유형을 이해합니다. 불안정 회피 애착의 패턴은 주로 아이의 감정에 크게 반응하지 않는 것, 무시하는 것, 차가운 모습을 보이는 것입니다. 아이의 행동에 이성적으로만 반응하고 행동을 교정하려고만 할 뿐, 정서적 칭찬이나 스킨십이나 부드러운 말 표현 등에는 인색한 경우입니다.

불안정 저항 애착의 패턴은 주로 부모가 요동치는 감정을 자녀에게 그대로 표현하는 경우 생깁니다. 필요 이상으로 과하게 감정적 반응을 하는 경우, 특히 부정적 정서를 아이에게 자주 보이면 아이는 부모를 피하고 싶어 합니다. 만약 자신이 자녀를 대하는 방식의 패턴을 객관적으로 보았을 때 불안정 회피 애착이나 불안정 저항 애착을 유발하는 모습이 있다면, 안정 애착을 맺기 위한 행동 패턴으로 개선해 나가야 합니다. 정서적 공감과 칭찬, 부드러운 스킨십과 대화가 그것입니다.

셋째, 전문가의 도움을 받는 것입니다. 애착 증진을 위한 다양한 육아 지원-부모 훈련 프로그램을 공부하고 참여해 볼 수 있습니다. 바로 '긍정 감정 양육법Positive Parenting Practice, PPP'입니다. 이 프로그램은 주의력결핍과잉행동장애ADHD, 반항장애를 가진 자녀를 둔 부모를 위해 개발되었는데, 이후 안정 애착을 형성하는 데 도움을 주는 프로그램으로 적용 대상을 확대하며 발전했습니다.

이 프로그램의 내용은 아이의 행동에 대한 부모의 반응을 수정하고 새로운 긍정 행동에 초점을 맞추는 방법을 활용하도록 훈련하는 것이 대부분입니다. 앞서 말한 정서적 공감과 칭찬을 자주 해 주고, 놀라게 하거나, 겁주거나, 비일관된 방식의 훈육을 하지 말아야 합니다.

10대 자녀의 문제 행동을 고민하는 부모라면

현재까지의 부모 자녀 관계와 애착 연구는 주로 엄마와 자녀의 애착을 중심으로 이루어졌습니다. 그래서 아빠와 자녀의 애착만으로는 한계가 있다는 고전적 입장이 소아정신과에서는 여전히 우세합니다. 하지만 이러한 연구들은 1970년에서 90년대까지의 연구와 관찰을 학설로 만든 것이기 때문에 불충분합니다. 이 시기에는 아빠의 육아 참여도가 현저히 낮았고, 아빠의 역할이 제한된 상태에서 나온 데이터이기 때문입니다.

그럼에도 10대 자녀와의 관계에서 아빠의 역할이 중요하다는 연구가 매우 많습니다. 청소년기에 사회·문화적 소통의 중요성이 높아지기도 하지만, 특히 남자 청소년을 기준으로 보았을 때 본격적으로 남성성 관련 이슈가 드러나는 것과 공격성이나 폭력성 조절 문제를 다루는 것은 아빠와의 관계를 통한 소통이 더 효과적으로 작용한다고 봅니다.

결국은 균형입니다. 엄마와의 애착 또는 아빠와의 애착이라는 식으로 분리해서 다룰 문제가 아니라 부모와 자녀의 애착, 가족 간의 정서적 유대감이 조화를 이루고 있어야 10대 사춘기 자녀도 지적·정서적 안정감을 느끼고 균형 있게 발달할 수 있습니다.

제가 근무하는 서울대학교어린이병원 소아·청소년정신과에서는 아이의 발달 문제나 정서·행동 문제에 대하여 생물·심리사회적인 다면적 접근으로 진단하고 치료받게 된다는 것을 부모에게 먼저 설명해 드리는데, 대부분의 부모가 치료를 위한 진단평가에 협조적입니다. 진단평가 과정을 거쳐 보면 상태가 심각한 아이들은 많은 경우 가족관계에 문제를 가지고 있고, 특히 아빠와의 대화 단절이나, 병리적 관계를 가진 경우가 많습니다. 즉, 가족관계로 문제를 겪고 있는 경우 사춘기 문제 행동을 보일 확률이 높다는 사실이 확인되는 것입니다.

10대 자녀의 문제 행동을 고민하는 부모라면, 일차적으로 가족관계를 돌아보길 바랍니다. 여기서 살필 가족관계는 다양한 내용을 포함합니다. 가족 분위기, 부부 간 대화 방식, 아빠와 자녀의 애착과 자율성, 엄마와 자녀의 애착과 자율성, 부모가 자신의 부모에게서 받은 애착 방식 등을 살피고 개선할 점을 찾으면 매우 도움이 됩니다. 자녀가 건강하게 자라길 바라지만 유·소아기에 충분한 애착을 제공해주지 못해 아쉬운 부모라면 더더욱 이 점을 관심 있게 살폈으면 합니다.

10대 자녀의 두뇌는 리모델링되고 있습니다. 전두엽의 가지치기로 인해 지적 호기심은 올라가지만 사회적·정서적 안정감은 떨어집니다. 테스토스테론에 의해 편도체가 건드려지면서 통제력도 떨어져 있습니다. 이로 인해 불안정한 정서와 반항, 공격성을 보일 수 있습니다.

이 시기를 잘 지나기 위해서는 내 아이의 애착, 자율성, 기질을 이해해야 합니다. 무엇보다 자녀가 자신의 힘듦을 토로하는 것이 건강하고 자연스러운 반응이라는 것을 부모가 제대로 이해하고 받아주어야 합니다. 불만을 표현하지 못하게 막는 것은 불만을 없애는 것이 아니라 내면으로 더 상처를 내는 잘못된 대응입니다.

이 시기의 자녀를 둔 부모라면, 아이에 대한 통제를 내려놓고 때로는 아이만의 딴짓을 허락해 주길 바랍니다. 딴짓할 여지를 주길 바랍니다. 부모가 아이의 불만을 받아 줄 만한 마음의 여유를 가지면 더욱 좋습니다. 쉽지 않습니다. 하지만 그렇게 해야 아이도 부모도 그 시간을 빨리, 덜 힘들게 지날 수 있습니다.

PART 3

내 아이가 낯설어졌다, 이상한 뇌와 상처받은 뇌

01

이상한 건가? 아픈 건가? 알기 힘든 10대의 뇌

10대의 상처받은 뇌를 공부해야 하는 이유

우리는 Part 2를 통해 10대가 되면서 달라진 내 자녀의 모습이 사실은 자연스러운 발달 과정에서 나오는 반응이고, 다만 그 반응의 차이가 아이의 기질과 어릴 적 경험에 따라 다르다는 것을 살펴보았습니다. Part 3에서는 10대의 상처받은 뇌, 정신 건강 문제에 대해 다루고자 합니다.

성인은 청소년에 비하면 정신 건강 문제를 진단하는 것이 상대적으로 어렵지 않습니다. 성인은 사회적 규범, 문화적 규범에 대한 적응 상태를 짚어 보면 진단 가능성이 비교적 명확하게 나옵니다. 예를 들면 직장생활, 대학 학점이나 수업 참여도, 대인 관계, 이성친구나 동성친구와의 관계, 가족관계 등 일상의 신체적·정신적 기능 상태 등을 체크하면 정신 건강 문제의 심각성을 판단하기가 비교적 쉽습니다.

그런데 청소년들은 경계를 넘나들기 때문에 판단이 어렵습니다. 문제가 없던 아이도 이상한 행동, 과다한 몰입, 게임 중독, 부모에 대한 분노, 자신에 대한 혐오가 튀어나와 매우 흔들리는 모습을 보입니다. 대부분의 청소년은 이런 모습을 보였다가도 다시 균형을 찾지만, 어떤 경우는 그런 행동이 점점 심해져서 적절한 개입을 받지 못하면 정신 건강에 심각한 문제가 생길 수도 있습니다.

이처럼 이 시기 아이들의 행동은 일시적 이상함(?)과 아픈 것의 경계가 모호하기 때문에 더 면밀하게 관찰하고 여러 측면에서 접근한 정보를 취합해야 합니다. 그리고 그 나이와 발달 상태에 맞는 평가 방법을 사용해야 합니다. 소아·청소년을 다루는 정신건강의학과가 별도로 있는 이유입니다.

예를 들어 초등학생 때까지 공부를 잘하다가 중학생이 되자 학업을 놓아 버린 아이가 있습니다. 현상은 '공부를 안 한다'는 것이지만, 여기에는 다양한 이유가 있을 수 있습니다. 초등학생 때보다 공부가 어려워졌고, 갑자기 어려워진 공부에 흥미를 잃어서 의지와 집중력이 흐려졌을 수 있습니다. 또는 우등생인 언니처럼 인정받고 싶어서 열심히 공부해 왔지만, 부모의 충분한 인정을 받지 못하자 어느 순간 더 이상의 노력을 포기했을 수 있습니다. 혹은 가벼운 주의력 문제를 가지고 있었는데 초등학생 때까지는 괜찮은 지능으로 보상해 왔지만, 중학생이 되면서 학업 난이도와 분량이 급증하자 더는 통제하지 못하고 주의력 장애가 드러났을 수도 있습니다.

이처럼 현상은 하나인데 다양한 이유가 있을 수 있습니다. 자연스러운 성장의 표현일 수도 있고 정서 문제일 수도 있고 ADHD와 같은 기저질환일 수도 있습니다. 성장과 정서의 문제라면, 그동안 아이와 친밀하고 소통을 잘해 온 부모가 적절하게 개입하여 일상에서 균형을 찾거나, 병리적으로 발전하기 전에 도움을 받아 문제를 조기에 해결할 수 있습니다.

청소년기를 제대로 이해하지 못하면 아이들의 문제 행동이라는 결과만 두고 무조건 병리적으로 해석해서 적합한 도움을 받지 못하게 되는 오류가 생길 수 있습니다. 제가 있는 서울대병원에서는 매주 케이스 컨퍼런스를 갖습니다. 문제의 스펙트럼이 넓은 한 명의 아이를 두고 다양한 학문적 배경을 가진 서로 다른 팀들이 모여서 아이의 문제를 논의합니다. 아이를 의학적 측면에서 살피는 주치의와 교수들, 아이를 24시간 가까이에서 관찰하고 돌보는 간호팀, 가족의 기능을 돕고 가족관계를 회복시키는 사회사업팀, 지능 및 주의력과 심리 상태를 확인하는 데 도움을 주는 심리검사팀 등이 모여서 다각도에서 아이의 문제에 대해 의견을 나눕니다.

이때 다루었던 사례는 다양합니다. 그중 학업 부진, 학교제도 거부, 학업 중단의 문제로 시작해 "음식에 약을 넣어서 준다"거나 "형제들 중 나만 미워하고 다들 나만 괴롭힌다"는 피해사고 등이 증폭되어 부모를 폭행하고 위협하는 문제로 병원에 온 아이가 있었습니다.

아이의 행동만 보았을 때는 품행장애뿐 아니라 조현병까지 의심되는 상황이었습니다. 청소년들에게서 조현병은 생각보다 흔히 발견되는 질환입니다. 하지만 이 아이를 여러 팀에서 다각도로 분석해보니, 다행히 조현병과 같은 정신질환이 아니라 부모와의 관계 문제가 만성화되어서 피해의식이 심화되고, 일탈 행동이 늘어나 결국 부모에게 심한 공격 행동까지 하게 된 경우였습니다. 만약 이 아이의 행동과 증상만 보고 바로 조현병 치료로 접근했다면, 문제의 시작이었던 가족관계에 대한 평가와 치료적인 상담 등을 충분히 받지 못했을 것입니다.

제가 이 책에서 강조하고 싶은 것은 아이가 심하게 아파지기 전에 조기에 개입해야 한다는 것입니다. 그러기 위해서는 10대의 일반적인 뇌의 발달과 더불어 10대 청소년기에 드러날 수 있는 병리적 문제까지 전반적으로 알고 있어야 합니다.

청소년기에 울리는 경고음, 정신 건강 문제의 시작

심각한 사실을 하나 말씀드릴까요? '조현병'이라는 질환에 대해 들어보셨을 겁니다. 연구결과를 종합하면, 주로 성인의 정신 건강 문제로 알고 있던 조현병이 청소년 중기, 즉 10대 중반에 발병되었을 가능성이 약 40%라고 합니다. 생각보다 높은 비율이죠. 청소년기에 이미 아프기 시작했는데, 적절한 치료 시기를 놓치고 성인기가 되어서야 조현병 치료를 받는 경우가 많습니다. '조울증'이라고 알려진 '양극성장애bipolar disorder'도 비슷합니다. 성인기에 치료를 받은 조울증 환자의 과거력을 보니 이 중 50% 이상이 10대 시기에 초기 조울증 증상이 시작되었습니다.

정말 안타까운 것은, 청소년기에 주요 정신 건강 문제의 경고음이 울렸는데 이를 알아채지 못하고 병을 키웠다는 데 있습니다. 청소년의 정신 건강 문제는 성인에게서 보이는 주요 정신 건강 문제와는 조금 다른 형태로 드러나기 때문에 아이가 아픈지 조기에 발견하지 못하기도 합니다.

청소년기에 주의 깊게 살펴야 할 정신 건강 문제의 유형과 종류를 한번 알아보겠습니다. 이는 발현 시기에 따라 크게 세 가지로 나누어 볼 수 있습니다.

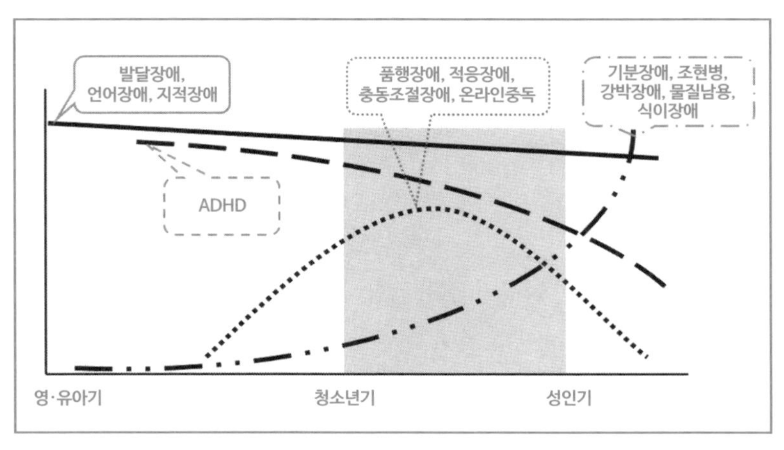

[그림3-1] 생애주기별 정신 건강 문제의 발병 시점

첫 번째는 발달장애·언어장애·지적장애나 ADHD 같은 발달 문제입니다. [그림3-1]에서 볼 수 있듯이 이 문제는 아동기부터 발달 문제가 시작되어 청소년기로 이어져 왔고, 청소년기에 다른 문제와 복합되면서 합병증으로 발현됩니다. 대표적인 것이 언어 발달에 문제가 있었던 아이들이 학습장애, 품행장애, 우울증, 불안증으로 이어지는 경우입니다.

중학생이 되고 나서 학습장애, 학업 부진의 문제가 드러나게 되면 아이 스스로도 좌절감을 느끼고, 학교에서도 부정적인 낙인을 받게 됩니다. 이때 부모마저 아이에게 "네가 더 노력하지 않아서 그런 거야"라는 식으로 비난하며 아이를 이해해 주지 않으면, 아이가 공격성, 학업 중단, 우울증의 문제를 드러낼 수 있습니다. 문제의 시작이 아동기 발달 문제에 있고, 아이 개인의 노력에 대한 문제가 아님에도 부정적 시선과 낙인을 받으면 아이의 마음에 심리적 합병증이 생기는 것입니다. 전체 청소년 문제의 3분의 1이 바로 아동기 발달 문제, 즉 발달장애·언어장애·지적장애에서 비롯됩니다.

물론 아동기 아이의 발달에 너무 예민할 필요는 없습니다. 언어 발달이든 신체 발달이든 아이를 믿고 기다려 주어야 합니다. 아이마다 자라는 속도가 다르므로, 어떤 책에 몇 개월에는 말을 어느 정도 해야 하고 몇 개월에는 기저귀를 떼야 한다고 적혀 있다고 해서, 그 기준에서 한두 달 늦는 것이 엄청나게 큰 문제가 되지 않습니다. 내 아이만의 독특한 특성을 부모가 이해하고 기다림이 필요할 때는 기다려 주어야 하지요. 부모가 자녀의 발달 단계에 관심을 가지는 것 자체가 아이에게는 행동 변화를 일으킬 좋은 계기가 되기도 합니다. 다만 "말해!" "기저귀 떼야 해!"가 아니라 발달을 촉진할 수 있는 긍정적 자극으로 동기를 마련하는 방향이 되어야 하죠.

제가 여기서 다루는 청소년기의 발달 문제는 유아기에 조금 늦은 정도가 아니라 뚜렷한 발달 문제가 있었거나, ADHD라는 진단을 받았던 아이라면 청소년기가 되었을 때 좀 더 세심하고 주의 깊게 살펴야 한다는 것입니다. 발달 문제를 인지한 시점에 부모가 적절한 치료를 받게 하여 문제가 개선되었다면 다행이지만, 만약 그때 제대로 치료받지 못했다면 청소년기에 합병증과 함께 문제가 더 크게 두드러질 수 있습니다. 이러한 발달 문제는 아이가 자란다고 자연스럽게 나아지는 것이 아니므로 적절한 특수교육 지원과 치료가 필요합니다.

두 번째는 온라인중독, 충동조절장애, 품행장애 등 청소년기 특유의 충동성·공격성이 주가 되는 정신 건강 문제입니다. 아동기에는 눈에 띄지 않다가 청소년기에 급격하게 증가한 뒤 성인기가 되면 줄어드는 양상을 보입니다. 즉, 10대 초부터 20대 초까지 정점에 오르는 문제이죠.

20대 중반이 되면 전두엽의 가지치기가 안정화되고 감정에 대한 자기조절이 성숙해집니다. 내면의 문제를 다룰 수 있는 전략이나 기술이 어느 정도 자리잡으면서 보완되죠. 그러나 그 이전에는 전두엽의 조절 기능이 미완성인 상태여서 통제 시스템이 취약합니다. 편도체가 남성호르몬에 의해 자극되면서 예민함, 충동성, 중독의 위험성이 커져 있죠. 이것이 게임에만 집착하는 중독 문제를 일으키거나, 혹은 권위자에게 공격적으로 대들거나 주어진 규칙에 대해 극단적으로 반항하는 품행 문제, 충동 조절 문제를 일으킵니다.

두뇌 발달에 따르는 충동 조절 문제는 분명 청소년기 아이들에게서 발견할 수 있는 가장 흔한 모습이기도 합니다. 하지만 절제가 불가능한 정도는 아니고 좀 예민해져 있는 정도이지요. 일시적으로 반항적인 모습을 보이다가도 이내 다시 균형을 찾습니다. 따라서 일반적으로 보일 수 있는 청소년기 문제 행동의 정도를 넘어서서 그것이 장기적이고 심각한 경우에는 정신 건강에 문제가 있는 것은 아닌지 살피고 도움을 주어야 합니다. 이런 종류의 문제들이 전체 청소년 문제 행동의 3분의 1을 차지합니다.

세 번째는 기분장애(우울증이나 조울증), 조현병, 식이장애 등입니다. 주로 성인기에 심각한 질환으로 드러나지만 실제로는 청소년기에 전조 증상들이 시작된 경우입니다. [그림3-1]에서 보면 청소년기 중 후반부터 그래프의 기울기가 급상승하는 것을 볼 수 있습니다. 이때 조기 치료받을 기회를 놓치면 성인기에 큰 문제로 드러납니다.

청소년기에 조현병 신호를 놓치는 이유는 성인기와 조금 다른 양상으로 드러나기 때문입니다. 성인기의 조현병은 주로 망상이나 환청으로 드러나지만, 청소년기에 드러나는 증상은 매우 다양합니다. 가장 흔하게 보이는 증상은 신체 이형증으로, 자신의 얼굴이 달라졌다고 생각하는 것입니다. 청소년기에는 외모에 대한 관심이 매우 높아지기 때문에 이 부분이 더 취약하게 건드려지고, 이것이 망상적 사고로까지 이어지는 것이지요.

만약에 이러한 증상에 대해 일찍 깨닫고 심리적인 개입과 도움을 주면 크게 개선됩니다. 하지만 이를 경고로 받아들이지 못하고 방치하면 여러 경로를 통해 더 심각한 병적 문제가 드러납니다. 예를 들면 중독 수준의 외모 집착(성형 중독), 모든 사람이 다 나를 쳐다본다거나 해치려 한다고 생각하는 관계망상, 피해망상 등으로 이어집니다.

한계를 넘나드는 멘탈, 자극하지 말고 관리해 주세요

눈이 좀 피곤해서 안과 검진을 받아 보았더니 안압이 높아졌다고 합니다. 기저질환이 있는 것은 아니지만, 안압이 높은 상태로 있으면 시신경이 약해질 수 있으므로 안압을 낮추는 데 도움을 주는 안약을 처방받았습니다. 눈을 자주 쉬게 해서 덜 피로하도록 관리하라는 조언도 받았습니다.

청소년기의 멘탈 관리도 이와 같습니다. 어떤 질환이 있어서가 아니라 그 시기 발달 자체가 정서적 예민도가 높고 불안정한 상태이기 때문에 특별 관리가 필요합니다. 주어진 학업 과제가 많고 높은 성취도를 요구하며 또래 관계와 부모와의 관계도 급변하는 시기이기에 더욱 세밀하고 정서적인 관심이 필요하죠.

앞서 말한 세 가지 양상의 질환에 대한 시그널을 발견했다고 해서 다 정신 건강 문제로 진행하는 것은 결코 아닙니다. '넘나드는 시기'

라는 표현에서 알 수 있듯이, 아이의 문제 행동을 발견했을 때 적절하게 개입하고 균형을 잡는 방향으로 도움을 준다면 아이들은 다시 위험의 경계에서 건강한 상태로 돌아올 수 있습니다.

다만 그러기 위해서는 부모의 관심이 필요합니다. 관심은 자극이 아닙니다. 멘탈을 관리해야 하는데 부모가 멘탈을 자극하면 아이가 안정될 수 있을까요? 안타깝게도 많은 부모가 그렇게 합니다. 모든 일과를 통제하고 예외를 허락하지 않습니다. 아이가 짜증을 내거나 부정적 감정을 표현했을 때 비난이 앞섭니다. 이는 아이로 하여금 부모로부터 도망치고 싶게 만들고, 문제를 숨기게 하여 소통에 실패하면서 문제를 더 키우는 원인이 됩니다. 내 아이가 이상한 게 아니라 아플 수 있다는 것을 염두에 두고 관찰하고 대화해야 합니다.

부모와 자녀 간에 소통이 잘되고 관계가 좋은 경우, 문제를 조기에 발견할 확률이 높습니다. 조기에 발견하는 만큼 '질환'이 되기 전에 '문제'에서 끝나는 경우가 많죠. 청소년기에 멘탈 관리와 조기 개입이 필요한 이유가 여기에 있습니다.

하지만 아무리 부모와의 관계가 좋고, 좋은 환경을 제공받고 있다고 해도, 아이에게 정신적 질환이 생길 수 있습니다. 면역력을 높이면 병을 예방할 확률이 높아지지만, 100%는 아닙니다. 병은 병이니까요. 아이가 아플 수 있습니다. 어떤 이유에서든 아이의 뇌에 상처가 생길 수 있어요. 그러나 일찍 잡아주면 됩니다. 감기에 걸렸다가 나으면 다시 면역력이 생기듯, 상처받고 힘들어했던 아이도 회복되면 더 단단해질 수 있습니다.

02

이해 못 할 아이의 행동, '왜'에 집착하지 마세요

'왜'가 목적이 되면 벌어지는 일

"너 왜 그러니?" "쟤가 왜 저러지?"

아이들이 문제 행동을 보일 때 부모들이 가장 먼저 하는 말입니다. 저를 찾아와서도 이렇게 말합니다.

"우리 애가 왜 이러는 건가요?"

우리는 어떤 문제를 마주했을 때 '왜?'에 집중하는 경향이 있습니다. 물론 이유를 찾으면 도움이 됩니다. 질환 연구를 할 때도 원인 요소인 '왜'를 찾는 과정이 중요하죠. 병적 질환에 대해서도 정확한 진단이 올바른 치료로 이어집니다.

그런데 청소년기의 문제를 다루는 데 있어서 '왜'에 집착하면 문제 해결이 더뎌지는 경우가 많습니다. 물론 우리는 Part 2에서 살펴본 것처럼 10대에 갑작스러운 행동 변화가 일어나는 이유들을 살폈습니다. 이유는 대개 복합적입니다. 어느 하나만 탓할 수 없죠. 이 경우 '왜'에 집착하면 개선 방향을 찾는 것이 아니라 누군가를 탓하는 데 시간을 보내고, 정작 문제의 해결은 외면할 수 있습니다.

구로사와 아키라 감독의 작품인 〈라쇼몽〉이라는 영화가 있습니다. 나무가 우거진 숲속을 한 남편과 아내가 지나고 있었는데, 산적이 속임수를 써서 남편을 포박하고 아내를 겁탈합니다. 이후 산에 오르던 나무꾼이 남편의 가슴에 칼이 꽂혀 있는 것을 보고 경찰에 신고합니다. 경찰이 사건을 두고 심문하는 과정에서 같은 사건을 두고 산적, 아내, 남편(귀신) 세 사람이 서로 전혀 다른 내용을 진술하는 장면이 나옵니다. 산적은 자신이 속임수를 써서 남편을 포박하긴 했지만, 정당한 결투 끝에 그가 죽었다고 진술합니다. 아내는 겁탈당한 자신을 남편이 경멸하는 눈빛으로 보아서, 자신이 남편을 죽였다고 진술합니다. 하지만 남편의 귀신에 빙의되었다고 주장하는 무당의 진술에 의하면 아내가 남편을 배신했지만 오히려 산적이 남편을 옹호했고 이에 남편은 스스로 자결했다고 말하죠. 어떤 이야기가 진실인지 알 수 없는 상황에서 현장을 목격한 사람이 등장하는데 바로 나무꾼이었습니다. 그는 아내가 두 남자에게 싸움을 붙이고서는 도망쳤고, 두 남자는 졸렬한 싸움을 벌이다 남편이 죽었다고 밝힙니다.

숲에서 산적을 만나 벌어진 이 하루 동안의 상황에 대해 사람들의 진술이 이처럼 다 다릅니다. 똑같은 상황을 두고 모두 자기 입장과 이해관계에서 상황을 재구성한 것이죠.

자녀 문제를 해결하기 위해 가족 치료와 상담을 진행하는 경우가 많습니다. 이때도 영화 〈라쇼몽〉에서와 똑같은 문제가 발생합니다. 중학교 때 전교에서 상위권의 성적을 유지하던 아이가 고등학생이 되자 게임에 빠졌고, 그 부모가 아이를 데리고 저를 찾아왔습니다. 어머니는 문제를 이야기하면서 자녀가 게임에 빠지게 된 이유가 남편 때문인 것 같다고 했습니다. 남편이 게임을 엄청 많이 하는데 아이가 유치원생 때부터 그랬고, 지금도 아이와 시간을 보내라고 하면 PC방에 데려갈 정도라고 했습니다. 아버지는 자녀의 문제가 아내 때문이라고 했습니다. 아내가 아이의 성적에 지나치게 예민해서 초등학교 3학년 때부터 애를 잡았고, 잠깐 놀 틈도 없이 공부하라고 닦달했다고 했습니다. 이처럼 어떤 문제에 대해 상담하려고 할 때 문제의 원인을 찾는다면서 누군가를 비난하는 내용을 쏟아내는 경우가 많습니다.

정작 아이의 말을 들어보니 아이는 이미 고등학교 과정을 선행했기 때문에 학교에 다녀야 하는 이유를 못 찾겠다고 했습니다. 국어, 수학, 과학 모두 다 아는 과정인데 굳이 학교에 가는 시간이 아까워서 부모님에게 검정고시를 치르고 원하는 대학에 가고 싶다고 이야기했다고 합니다. 하지만 부모는 졸업장이 중요하다며 자신의 이야기를 전혀 공감해 주지 않았고, 아이는 자신의 의견이 단번에 무시당해 화가 났다고 했습니다. 이런 답답한 마음을 풀 곳이 게임뿐이라고 했습니다. 부모님이 원하는 대로 학교에 갔다 오는 대신 나머지 시간은 자기가 원하는 대로 게임만 하겠다는 것이었습니다. 아이의 마음에는 선행을 시킨 부모에 대한 원망도 있고, 자신의 목소리를 들어주지 않는 데 대한 불만 섞인 반항도 있었습니다.

우리는 '왜'를 찾으려고 노력하면 진짜 이유를 알게 될 것이라고 착각합니다. 특히 전문가를 만나면 똑 떨어지는 원인을 찾을 것이라고 믿고, 부모 자신이 생각하는 방향이 맞다고 전문가가 인정해 주길 바라죠. 하지만 그것은 착각입니다.

이때 아이를 검사하여 나온 결과들을 기준 삼아 원인을 단정하는 것도 위험합니다. 예를 들면 앞서 말한 아이에 대한 검사를 진행해 주의력 문제에 점수가 높게 나온다고 해서 아이의 문제가 모두 ADHD 때문이라고 단정할 수는 없다는 것이죠.

결국 서로 다른 네 가지 가설이 모였습니다. 물론 네 가지 가설이 다 틀렸다고 할 수 없습니다. 네 가지 요소들이 부분적으로 문제의 발생에 기여하고, 서로 복합적으로 상호작용하면서 문제를 유지하고, 악화시킨 것이죠. 이때 누군가를 탓하고 비난하는 태도는 문제 해결에 아무 도움이 되지 않습니다. 자신의 가설을 주장하고 다른 의견은 수용하지 않으려는 방어적인 태도가 오히려 문제 해결을 더 어렵게 만들 뿐입니다. 비생산적이죠.

이럴 때 가장 힘들어하는 것은 아이 자신입니다. 엄마가 아빠를, 아빠가 엄마를, 전문가가 부모를 지적하는 모습을 보면서 누구에게도 기댈 수 없다고 생각하게 됩니다. 결국 '왜'의 탐색이 진실에 가까워지는 것이 아니라 진실을 잊게 만들고 각자가 원하는 답만 아이에게 요구하는 것이 되고 맙니다.

청소년기 아이들의 문제를 쉽게 진단할 수 없는 또 하나의 이유는, 이것을 문제 회피의 도구로 이용하기도 하기 때문입니다. "나 ADHD 라잖아. 난 안 돼. 난 집중 못 해"라는 식으로 아이가 어떤 불편함이나 위기를 회피하는 도구로 병명을 이용할 수 있습니다.

내 자녀의 문제에 있어 '왜'에 집착하지 않길 바랍니다. 아이를 잘 관찰하되, '왜'를 찾는 것이 목적이 아니라 궁극적으로는 아이의 문제를 '어떻게' 다룰 것인가에 집중해야 합니다. '왜'가 아니라 '어떻게'가 중요합니다. 아이가 힘들어하는 과정을 "사춘기라서 그래"라고 방관하거나, "엄마(아빠)가 잘못 키워서 그런 거야"라고 단정하지 말고, '어떻게 이 아이를 도울 수 있을까'에 집중하고 부모와 치료자 그리고 아이가 함께 협력할 방법을 찾아야 합니다.

해결 방법에 어떻게 접근해야 할까요?

자녀를 돕고 싶지 않은 부모는 없을 것입니다. 다만 방법을 모를 뿐입니다. 반항하는 아이에 대해, 문제를 일으키는 아이에 대해, 원인을 찾아 제거하는 데에 집착하기보다는 도와야겠다고 마음을 먹는 것이 우선입니다. 그리고 다음의 세 가지 단계로 해결 방법에 접근해 볼 수 있습니다.

첫째, 비난을 멈춥니다. 문제 해결과 문제 원인을 찾는 것이 아주 다른 길은 아닙니다. 원인 탐색은 필요합니다. 아이가 발달의 문제에서 어긋났거나 결핍의 문제가 있을 수 있기 때문에 관찰해야 합니다. 하지만 이 과정이 '비난' 혹은 '자책'이 되는 순간, 진행은 멈추어 버립니다. 아이에 대한 과거력, 양육 과정, 가정 문화와 아이가 적응한 과정, 학교 안에서 아이의 기능 상태 등을 종합한 뒤 그 정보를 있는 그대로 받아들여야 합니다. 그것으로 누군가를 탓하거나 왜곡하는 해석은 하지 않아야 합니다. 해결하는 것이 목표이지 누군가를 비난하거나 벌주려는 것이 목표가 아님을 기억하길 바랍니다.

둘째, 공유한 정보에 대해 있는 그대로 받고, 아이의 목소리에 귀를 기울여 봅니다. "중학생이 되면서 내가 하고 싶은 걸 해 본 적이 없다는 생각이 들었어요. 친구랑 놀아 본 기억도 없고 그냥 엄마가 하라는 대로만 했어요. 그렇게 중학교를 지냈는데 고등학생이 되자 더 심해졌어요. 학교 수업은 다 아는 이야기라 너무 재미가 없어요. 그냥 힘들어요." 이 내용을 정보로써 공유합니다. 그리고 아이가 무엇을 하고 싶었던 것인지도 물어보아야 합니다.

부모가 아이를 빨리 학교로 복귀시켜서 다시 예전처럼 선행학습을 하고 높은 석차에 오르는 아이로 만드는 데 목표를 두고 있다면, 아이의 문제는 해결되지 않습니다.

"엄마는 네가 스스로 하고 있다고 생각했어. 억지로 시켰다면 미안해."

"아빠는 네가 그렇게 혼란스러운 줄 몰랐어. 네 고민을 가볍게 생각해서 미안해. 너에게 좀 더 관심을 갖고 네 말에 귀를 기울일게."

이렇게 아이의 마음을 받아주고 그것을 표현해야 합니다.

전문가도 함부로 단정해서 해석하는 것은 주의해야 합니다.

"주의력에 문제가 있습니다. 하지만 이것은 현재 이 아이가 의욕이 없고 하기 싫은 일을 억지로 하기 때문에 검사도 제대로 안 했을 수 있습니다. 실제로 아이가 검사지를 작성하는 모습도 성실하지 않았고요. 억지로 끌려와서 검사했다면 이런 결과가 나올 수 있습니다. 그래서 이 검사 결과를 전적으로 신뢰하기보다, 아이에게 다른 기회를 준 후 다시 평가해 보았으면 합니다."

아이를 중심에 놓고 문제들을 여러 각도에서 바라보고 개념화하는 과정이 필요합니다. 이것이 핵심입니다. 아이를 중심에 놓는 것. 병이 아니라 아이가 더 건강하게 지낼 방법을 찾는 것입니다.

셋째, 아이에 대한 정보를 두고 문제 해결에 도움을 줄 수 있도록 재구성합니다. 일종의 시나리오를 만드는 것입니다. 스토리텔링이 치료의 핵심이라는 말이 있을 정도로 이 과정이 중요합니다. 아이에게 새로운 기회를 주기 위해 부모, 아이, 전문가가 함께 나서야 합니다. 즉, 각 가족 구성원의 장점을 아이의 문제 해결을 위해 활용하는 것입니다. 예를 들어 아이가 원하는 진로에 대해 전문가의 조언을 구하고 경험해 볼 기회를 갖는 데 엄마와 아빠가 함께 도움을 줄 수 있습니다. 아이는 자기가 원하는 길을 실제로 가 볼 수 있다는 가능성이 생기면 현재의 자신의 모습을 돌아보고 변화를 만들 수 있습니다. 게임만 하면서 시간을 보내는 것이 아깝다고 스스로 깨닫게 되는 것입니다. 아이가 내적 동기를 갖게 되면 아이는 스스로 변화할 수 있습니다.

전문의의 도움에 대한 흔한 오해

정신건강의학과 전문의의 도움을 받는다고 할 때 갖는 흔한 오해는 확실한 원인을 찾아주고, 정확한 단일 '진단'을 내려 확실한 치료법을 제시해 줄 것이라는 생각입니다. 좀 더 나아가면, 전문의니까 약을 쓸 것이다, 병원에 입원하게 될 것이다, 라고 생각합니다. 물론 그런 과정이 필요한 환자도 있습니다. 그러나 그것이 전부는 아닙니다. 부모-교사-아이 각자의 시각에만 얽매여 객관적으로 들여다보지 못한 문제에 대해 포괄적으로 관찰하고 대화를 촉진해서 문제를 해결하는 경우가 훨씬 더 많습니다. 다양한 접근법으로 문제를 재인식하고 상황을 재구성해서, 회피해 왔던 문제의 본질을 들여다보게 합니다. 그렇게 해서 본인이 문제 해결 방법을 스스로 깨닫게 하는 경우가 대부분입니다.

아이가 가진 문제에 대해 아이 스스로 바로잡기가 어렵고, 아이와 부모의 관계를 바꾸기도 참 쉽지 않습니다. 아이도 그렇고 부모, 형제도 그렇습니다. 서로의 관계, 대화 패턴도 일종의 '습관'처럼 오랜 시간에 걸쳐 굳어졌기 때문입니다. 자율적으로 바꾸기 어려운 문제에 대해 전문의는 변화의 기회·전기를 만들어 주는 역할을 한다고 볼 수 있습니다.

이 책에서 말하려는 것들, 이후에 다루게 될 사례들에서도 마찬가지입니다. 각 문제에 있어서 청소년기에는 이상한 뇌와 상처받은 뇌의 경계를 넘나듭니다. 실제로 어떤 경계가 있는데 안 보이는 것이 아니라, 한 아이가 그만큼 변화하는 폭이 크다는 의미입니다. 이때 아이의 문제를 다루는 힌트는, 어른이 원하는 방향이 아니라 아이가 원하는 방향에서 먼저 충분하게 들어 주는 것입니다. 아이가 자신이 원하는 바를 이야기하면 진지하게 아이의 입장에 서 보려고 노력하는 것입니다. 그런 다음에, 아이가 해결책을 스스로 찾지 못하고 부정적 행동에 몰두하고 있거나 감정적으로 깊은 고통에 빠지는 극단적인 상태에서 균형 잡힌 상태로 변화를 줄 수 있는 방법을 제안해야 합니다.

절대로 아이의 요구사항을 다 들어주라는 것이 아닙니다. 술 마시고 싶다는 아이에게 술을 사다 줄 수 없듯이 말입니다. 문제의 상황을 재구성해서 새롭게 제시하는 방향이 아이가 원하지 않는 것일 수도 있고, 아이가 귀찮아하는 일일 수도 있습니다. 하지만 대부분의 아이는 변화가 필요하다는 것을 이미 느끼고 있습니다. 공감을 통해 아이를 이해해 주고 아이를 균형 잡힌 상태로 안내하면, 아이는 스스로 자신이 얼마나 극단적으로 치우쳐 있었는지 깨닫게 됩니다.

부모가 진심으로 다가가면 아이들은 마음을 조금씩 열어 갑니다. 부모의 진심을 느끼면 작은 일에도 슬퍼하고 기뻐하던 풍부한 감수성이 작동하여 마음 문을 여는 것입니다. 그러한 경험을 통해 자녀가 더 성숙해지고 부모와의 관계도 안정적으로 변해가기 시작합니다.

청소년기에 보일 수 있는 문제 행동은 크게 세 가지 양상으로 나누어 볼 수 있습니다. 우울이나 감정의 기복과 같은 '정서의 문제',

공격성과 충동성에 따르는 '행동의 문제', 학업 성적 저하나 사회성 저하로 나타나는 '기능의 결손'입니다. 이후에 다룰 사례들에서 우리는 같은 문제에서 시작했지만, 부모와 주변의 도움으로 자연스럽게 회복된 경우와 질환으로 전환된 경우를 살필 것입니다. 또한 같은 문제처럼 보여도 어릴 적 발달 문제나 ADHD와 같은 질환이 이어져 온 경우거나, 일반적 애착이나 기질의 문제여서 이를 바로잡아 해결된 경우 등을 다양하게 살필 것입니다.

이러한 다양한 사례를 통해 내 아이의 현재 모습과 어릴 적 모습을 반추해 보고, 부모가 자녀를 대하는 태도도 점검해 보길 바랍니다. 이상한 뇌와 상처받은 뇌의 경계는 모호하고 이 시기 자녀의 발달을 지켜보기는 참 어렵지만, 분명 도움을 줄 수 있는 방향이 있습니다. 그 힌트를 이 책을 통해 얻을 수 있길 바랍니다.

제가 지난 수십 년간 아이들을 만나면서 깨달은 한 가지는, 아이는 한 명 한 명 비슷해 보이지만 결국 '모두 다르다'는 점입니다. 지금 이 책을 읽고 있는 부모님, 선생님, 조부모님, 상담사분들에게 당부하고 싶습니다. 아이는 다 다르므로 그 아이에게 맞는 길을 어른들이 쉽게 선택해서 알려주어서는 안 됩니다. 그 길은 결국 아이가 스스로 찾아야 합니다.

03

10대의 공격성과 내 아이의 특이성이 만났을 때

공격성이 큰 아이들의 세 가지 특성

10대의 뇌에 잠재된 공격성을 부추겨서 문제 행동을 일으키도록 촉발시키는 요인은 아이마다 다릅니다. 가정, 학교, 기관, 부모, 형제, 친구 등의 영향과 아이 개인이 가진 기질, 지능, 성향이 상호작용하면서 아이의 행동 문제가 악화되기도 하고 줄어들기도 합니다.

공격성 문제가 자주 반복되어 나타나는 소아와 청소년에 관한 연구를 통해, 이들에게 다음과 같은 세 가지의 공통된 특성을 발견할 수 있었습니다.

첫째, 공격성이 높은 아이들은 공감 능력과 관계 형성 능력에서의 문제를 어릴 때부터 갖고 있었습니다. 공감 능력은 타고나는 측면과,

성장 후 학습되고 발달되는 측면을 모두 갖고 있습니다. 예를 들어 다친 사람을 보면 우리도 감정적으로 고통을 느낍니다. 이것은 편도체와 연결된 부분인데, 태어날 때부터 가진 능력으로 알려진 측면입니다. 만약 이 편도체를 중심으로 한 회로에 유전적 결함이 있으면 타인의 고통을 느끼지 못합니다. 그래서 타인을 쉽게 괴롭히고, 공격적으로 행동합니다. 실제로 심한 공격성을 반복적으로 보이는 아이 중 일부가 편도체 회로의 기능이 떨어져 있었습니다.

공감 능력의 두 번째 측면은 성장하면서 학습과 경험이 쌓이면 발전합니다. 우리 뇌의 거울신경은 상대방의 행동을 모방하는 것에서 시작하므로 초기 단계에서는 편도체와 연결되지만, 아이가 성장할수록 거울신경이 전두엽과 연결되면서 좀 더 고차원적인 공감 능력, 즉 상대의 감정과 생각을 인지하고 이해하는 데까지 자랍니다. 전두엽과 연결되면서 사회적 인지social cognition로 발전하는 것이죠. 그런 능력을 발휘하는 관계의 범위도 점점 넓어집니다. 예를 들어 처음에는 '엄마'를 이해하게 되다가, 그 다음 내 가족 전체부터 친구까지 범위가 점점 확장되고, 넓게는 세대, 인류, 생명체에 대한 공감으로까지 발전합니다.

빅토르 위고의 작품 〈레미제라블〉을 읽어 보셨나요? 장발장이 성당의 은식기를 훔치다가 경찰에게 잡힙니다. 그러자 신부는 경찰에게 '장발장에게 선물로 준 물건'이라고 변명해 줍니다. 장발장의 절박함과 고통을 깊이 이해하고 도덕적·법적으로 잘못된 행동까지 포용하는 모습입니다. 공감 능력이 인류애, 형제애로까지 발달한 예라고 볼 수 있습니다. 장발장도 신부의 공감적 사랑으로 인해 내면에 가득했던 사회와 지배자에 대한 적개심, 분노가 녹아내리고 다시 사랑의 삶을 시작하게 됩니다.

이처럼 공감 능력은 관계 형성의 기본이 되면서, 발전 정도에 따라서는 인간의 숭고함을 드러낼 정도로 발전합니다. 그 발전 정도는 사람마다 천차만별입니다. 청소년기는 공감 능력 발달의 첫 단추를 끼우는 결정적 시기입니다. 공감의 결손이 계속되어 타인에게 고통을 주는 방향으로 갈 것인지, 공감이 발전하여 나와 타인 그리고 세상을 도울 방향으로 갈 것인지가 청소년기를 기점으로 달라집니다. 물론 30대 초반까지도 전두엽의 가지치기가 일어나기 때문에, 공감 능력의 회로를 바로잡을 기회가 성인이 되어도 남는 수가 있습니다.

청소년기에 공감 능력의 발전이 중요한 이유는, 공감 능력이 발달할수록 행복을 더 자주, 더 쉽게 느낄 수 있기 때문입니다. 공감 능력이 높은 사람일수록 다른 사람과 잘 어울리고 소통하고 자신의 부족한 점에 대해 도움을 요청하기도 쉽습니다. 사람과 사람 사이의 어울림에 대한 진정한 즐거움과 행복감을 느낄 수 있는 사람으로 성장하는 데에 공감력은 필수입니다.

둘째, 반복적인 공격 행동과 공격성을 드러내는 아이들은 정서 조절·충동 조절 등 자기 조절에 문제가 있었습니다. 아이가 생애 초반, 대개 첫 36개월까지 가정에서 양육자의 사랑과 보살핌을 충분히 받지 못하면 정서 조절에 문제가 생길 수 있습니다. 안정 애착을 형성하지 못한 경우 정서 조절 문제가 지속될 위험성이 커집니다. 어린 시절 외상이나 폭력, 학대를 경험한 이후 제대로 수습하지 못해도 정서 조절 문제가 드러날 수 있습니다.

'제대로 수습하지 못했다'는 것은, 문제를 아이의 탓으로 돌려서 아이의 내면에 2차 가해를 주거나, 아이가 힘들거나 슬프다는 감정을 충분히 표현하고 표출할 기회를 주지 않고 빨리 잊으라거나 덮으라고 재촉한 경우입니다. 아이가 겉으로는 괜찮은 척할 수 있지만 내면에 상처가 계속 남아서 분노, 복수심, 억울함, 죄책감 등의 부정적 정서의 핵nucleus 또는 정서적 콤플렉스complex를 형성할 수 있습니다.

셋째, 아이가 성장하는 문화적 토양의 문제입니다. 폭력을 용인하거나 폭력이 쉬운 길이라는 분위기 속에서 자란 경우입니다. 이것은 비단 TV, 게임 등의 폭력물에 대한 노출만 의미하지 않습니다. 가정에서도 폭력을 용인하는 듯한 분위기를 만들었을 수 있습니다. 예를 들어 아이가 다른 아이를 때렸다는 이야기를 들은 경우, 부모가 만약 "그 친구가 우리 아이를 약 올려서 때린 거예요"라고 변명해 준다면, 아이는 부모의 이 말을 듣고 '내가 화가 나면 친구를 때려도 된다'는 강한 암시를 갖게 됩니다.

아이들이 처음으로 어린이집이나 유치원 등의 기관에 가서 또래관계를 맺을 때, 사랑받고 싶고 주목받고 싶은 욕구를 바르게 표현하는 방법을 배우지 못한 경우에는 친구를 때리거나 빼앗는 등의 문제 행동을 통해 관심을 끌려고 할 수 있습니다. 아이들에게는 때로 이러한 부정적 행동 방식이 사랑이나 관심을 받기 위한 수단이 되기도 하는 것입니다. 이때는 일관되게 그것이 좋지 않다는 것을 알려주고, '바람직한 행동'을 통해 칭찬받을 수 있게 해야 합니다. 친구의 것을 빼앗았는데도, 정당하지 않은 방법을 써서 이겼는데도 아이 스스로 원하는 욕구를 해결했다면서 은연중에 칭찬한 적은 없나요? 아이가 원하는 대로 욕구를 표출하게 두는 것은 기를 살리는 것이 아니라, 아이가 조절 능력을 발전시킬 기회를 빼앗는 것입니다. 그것은 사랑이 아닙니다.

부모가 무관심하거나 암묵적으로 허용하여 아이의 잘못된 행동을 제때 바로잡지 않고 넘기면, 아이는 문제를 폭력으로 쉽게 해결하려는 습관을 갖게 될 수 있습니다. 원하는 것을 얻기 위해 타협이나 허락을 구하는 것이 아니라, 소리 지르고 때리고 던지는 폭력적 행동이나 힘으로 쉽게 이루겠다고 생각하고 그 행동을 반복하게 됩니다. 상대를 힘으로 이길 수 있고 그래도 된다는 생각은 무시와 차별도 괜찮다는 왜곡된 생각의 뿌리가 되기도 합니다.

아이가 사회적으로 무엇이 적합한지 가치관이 아직 확립되지 않은 시기에는 자기주장을 하는 부분과 공격성이 묘하게 맞물릴 때가 있습니다. 아이가 마음을 표현하는 전략이 주로 폭력이라면, 아이에게 건강하고 바람직한 표현 방식을 반복해서 가르쳐야 합니다. 조절 능력을 연습시키고, 대안적인 행동 방법을 가르쳐 주고, 바른 언어 표현을 알려주어야 합니다. 그럼에도 갈등을 자주 일으키는 아이는 전문가의 치료와 도움을 받아야 합니다. 어린 시절부터 공격 행동에 대한 교정과 긍정적 행동에 대한 학습을 제대로 받지 못하면 청소년기에도 공격성을 쉽게 표출하는 경우가 많습니다.

"친구끼리 치고박고 싸우면서 크는 거지"라고 하면서 아이의 폭력성을 용인해 주는 듯한 발언은 하지 않아야 합니다. 아이들은 그런 어른들의 말을 빌려, 폭력을 하고도 "장난이었어요"라고 변명할 수 있습니다. 아이들이 폭력을 저지르고도 장난이라고 생각하게 된 데에는 폭력 허용적인 문화를 만들고 아이들에게 보여 준 어른들의 책임이 큽니다.

폭력을 정당화하는 자기합리화가 반복되면

어릴 적 교정받지 못한 공격성을 가진 아이가, 중학생이 되고 청소년으로 자라면서 엄청난 생물학적 변화와 맞물리면 어떻게 될까요? 청소년기에는 남성호르몬이 편도체를 자극하면서 공격성이 더 올라갑니다. 이성적 판단을 돕는 전두엽은 가지치기로 혼란합니다. 초등학교 때까지는 아이가 간혹 공격성을 보이더라도 교사나 부모가 개입하면 괜찮아졌는데, 청소년기에는 공격 행동의 양과 질이 상당히 달라집니다. 게다가 인지 능력이 발달하고 자기주도성이 올라가면서 공격성에 대한 자기합리화도 커집니다. 즉, 다양하고 그럴듯한 변명을 붙이는 것입니다. 그러면 결국 제대로 된 반성과 회복이 어려워지는 결과가 나옵니다.

학교폭력으로 기소되기 전, 교정 과정으로 '표준선도프로그램'을 받는 아이들이 있습니다. 저는 2014년부터 이러한 청소년을 위한 "폭력치유 및 정서공감 프로그램"을 개발하고 전국적으로 보급하는 활동을 경찰청과 법무부, 대한신경정신의학회와 함께해 오고 있습니다. 매년 600여 명의 아이가 전국에 산재한 참여 병원에서 치료를 받고 있습니다.

이 학생들을 처음 만나 보면 피해를 당한 아이에 대한 미안함, 처벌에 대한 두려움으로 반성하는 태도를 보입니다. 하지만 시간이 조금 흐른 뒤이거나, 이미 기소 유예 처분을 받은 후 아이들을 만나 보면 태도가 매우 달라져 있습니다. 가장 큰 변화는 자기합리화입니다. 이 아이들의 자기합리화는 크게 두 가지인데, 하나는 피해를 당한 아이가 맞을 짓을 했다고 말합니다. 두 번째는 자기가 자란 환경이 어려웠고, 자기는 어려서부터 자신을 지키기 위해 공격적으로 자라 왔다고 말합니다.

문제는 자기합리화를 통해 폭력에 대한 정당성이 강화되면, 그것이 문제를 다시 반복하게 만드는 요인이 된다는 것입니다. 공격성, 폭력성이 반복해서 나오면 차후에는 공감 능력이나 죄책감을 갖지 않게 되는 '반사회적 인격장애' 즉, 소시오패시sociopathy나 사이코패시psycopathy로 이어지기도 합니다. 품행장애, 공격성, 도벽 등의 문제가 있는 아이들이 적기에 제대로 된 치료를 받지 못하면 그중 3분의 1이 소시오패스로 이어질 수 있습니다. 그렇게 되면 치료 효과도 미미해지고, 청소년기에 치료할 때 드는 비용보다 수십 배 또는 수백 배의 사회적 비용이 들며, 사회안전망이 불안해집니다.

우리는 기본 신념, 가치관에 따라 사람을 만나고 일하고 행동합니다. 그러한 신념과 가치관이 모여서 성격, 인격을 형성합니다. 즉, 일상생활을 통해서 우리의 인격이 만들어지는 것입니다. 청소년기에 문제 행동, 자기합리화가 반복되면 자기판단이 단단해지면서 문제 행동이 습관이 됩니다. 처음에는 피를 흘리는 피해자를 보고 공포-불안-죄책감을 느끼던 청소년들도, 이것이 반복되면 감각적 마비와 습관화가 이루어져서 별것 아니라고 느끼는 무서운 단계에 이르는 것입니다.

또래압력으로 기름을 붓는 10대의 공격성

친구가 일방적으로 폭행당하는 영상을 SNS에 버젓이 올리는 아이들이 있습니다. 친구에게 폭력을 가하고, 피해당한 아이의 모습을 죄책감이나 반성 없이 공유하고 즐기는 듯한 모습을 보입니다.

청소년기에는 친구들의 시선에 매우 민감합니다. 친구들이 부추기면, 잘못된 행동인 것을 알아도 잘 거절하지 못합니다. 친구가 잘못된 행동을 하더라도 그것을 지적하지 못합니다. 또래와 다른 식으로 행동하면 친구들과 멀어질까 봐 두려워합니다. 때로는 관심받고 싶어서 잘못된 행동을 과시하듯 벌이기도 합니다. 마치 유아기에 하던 행동과 비슷한 모습을 청소년기에 하는 것입니다.

10대 청소년 문제를 볼 때 또래문화를 함께 살펴야 합니다. 또래

문화의 하위문화subculture는 청소년기 발달에 긍정적인 영향을 줄 수 있습니다. 자기만의 아이덴티티를 새롭게 만들고, 또래끼리 소속감을 누리는 자연스러운 과정입니다. 하지만 이것이 청소년기 공격성과 '위계질서 문화'와 맞물려 극단적으로 이어지면, 이른바 '일진 문화'가 만들어집니다.

제가 치료를 맡았던 한 친구가 있었습니다. '일진' 그룹에 속해서 주도적으로 친구들을 때리고 패싸움을 하고 다닌 중학생이었습니다. 부모도 이유를 모르고, 교사들의 소견서에도 이 친구는 그저 심각하게 폭력적인 아이, '일진'의 전위부대 같은 존재였습니다. 이 친구를 상담하면서 보니 아이는 자신의 폭력적 행동을 무협지의 활극에 빗댈 정도로 생각이 극단에 치우쳐 있었습니다.

그런데 아이와 상담하면서 중학생인 이 아이가 초등학교 3학년 수준의 어휘나 속담 등의 표현도 이해하지 못하는 것을 발견했습니다. 아무래도 발달 문제가 있는 듯해서 검사해 보니 경계성 지적 장애 수준에 있었습니다. 다행히 사회성과 시공간 능력이 좋아서 그동안 인지 발달 문제가 크게 두드러지지 않고 보완되어 온 듯했습니다. 발달 문제는 유아기부터 이어져 오는 문제인데, 이 학생은 중학생이 되어서야 발견한 것입니다.

부모와도 상담을 진행했습니다. 어려운 가정형편으로 부모 모두 생계 유지를 위해 이른 아침부터 늦은 밤까지 일해야 했기에 아이는 어려서부터 하교 후 지역아동센터의 돌봄을 받거나 이것도 여의치 않으면 집에서 혼자 게임을 하면서 지내 왔습니다. 초등학생 때 폭력성이 드러났고 이를 꾸준히 지적받았지만, 부모는 크면 좋아질 것이라며 큰 문제라고 생각하지 않았습니다. 이때도 인지 발달 문제는 폭력성에 묻혀 크게 주목받지 못한 듯했습니다. 충분한 애착, 돌봄, 교육 지원, 치료를 받지 못한 경우였습니다.

외로워하던 아이는 중학생이 된 뒤 일진 그룹에 소속되면서 친구들이 생겼다고 믿게 되었습니다. 처음으로 소속감, 우정을 느낍니다. 그런데 형들이나 친구라고 믿었던 동기들은 이 아이에게 작은 친절을 베풀고는, 아이에게 다른 학생들을 괴롭히고 폭력을 행사하게 하여 세를 과시하고 이용할 뿐이었습니다. 아이는 상황을 객관적으로 볼 만한 능력이 없었습니다. 그저 모두가 자신을 멀리한다고 생각했을 때 유일하게 자신을 불러 준 이 친구들을 좋아할 뿐이었습니다.

아이의 문제는 하루아침에 좋아지지 않았습니다. 발달 문제, 공감 능력 결여, 애착 결핍, 게다가 잘못된 또래압력까지 많은 문제가 복합되어 있어서 짧은 시간에 개선되기 어려웠습니다. 무엇보다 마음을 열지 못했습니다.

이렇게 심각한 정도에 이르렀던 이 아이가 변화되기 시작했습니다. 문제를 개선하고 싶다는 내적 동기를 불러일으킨 것은 병원에 입원하면서 만난 주치의 선생님과 청소년 쉼터에서 만난 멘토 형님이었습니다. 이 두 사람은 아이를 편견 없이 대하고 자주 만나면서 이야기를 들어주고, 불안·분노·억울함 등을 표현할 수 있게 하고, 행동을 대화로 풀어가는 방법을 알려주었습니다. 정서적 안정감과 행동 조절 능력을 회복하던 아이는 이 두 사람의 솔직하고 긍정적인 모습을 멋지다고 생각하게 됩니다.

한 걸음 더 나아가 멘토가 자신의 직업인 애견미용 기술을 이 친구에게 가르쳐 주기 시작했습니다. 아이에게 있던 시·지각 능력과 손재주가 이 기술과 잘 맞아떨어졌습니다. 강아지를 대하면서 애착을 경험하고 행복해하였습니다. 이후 아이는 검정고시를 치른 후 꾸준히 기술을 배워 애견미용사로 일하고 있습니다. 청소년기에 심각한 문제 행동을 보였지만, 적절한 개입으로 내적 동기가 세워져서 잘 개선된 경우입니다.

이 아이는 개인이 가진 취약성에 청소년기 특유의 충동성·공격성이 더해졌고, 거기에 또래압력으로 또래에게 이용당하면서 공격성에 기름을 부은 심각한 경우입니다. 아이가 가진 공격성이 개인의 문제에서 집단의 문제로 그 질과 양이 커졌습니다. 하지만 이 사례에서처럼 어른의 적절한 개입이 결정적 변화를 만들어 낼 수 있습니다.

공격성의 세 가지 요인 중 정서 발달에 문제가 있는 아이라면 정서를 잘 다루면 극단적으로 갔더라도 제자리로 돌아올 수 있습니다. 그래서 아이들을 이해하고 중심을 잡아 줄 어른이 주변에 있어야 합니다. 어른이 균형감을 갖고 적절히 개입하면, 아이들은 극단적인 모습에서 이내 중심을 잡으려 변화합니다.

문제 행동을 보이는 아이를 대하는 우리 어른들의 태도를 돌아보았으면 합니다. 그 아이의 목소리를 얼마나 들어 주었는지, 편견 없이 대했는지 말입니다.

아이의 반항을 무시한 부모의 선택이 만든 비극

인기리에 방영되었던 JTBC 드라마 〈스카이캐슬〉은 다소 과장되게 희화화된 부분이 있기는 하지만, 대학 입시를 앞둔 우리나라 수험생과 부모들의 절박한 마음과 행동을 표현하여 공감을 받은 드라마입니다. 드라마 속 등장인물 중 한 엄마는 의사 남편과 결혼해 낳은 큰딸을 의사로 키우기 위해 고군분투합니다. 성적, 학벌, 집안을 기준으로 사회계급을 나누는 듯한 등장인물들의 모습이 배경이 되죠. 그런데 드라마 중반부에는 어려서부터 부잣집에서 자란 줄 알았던 그녀가 사실은 매우 가난한 가정에서 자랐고, 자신의 과거에서 벗어나고자 신분세탁을 하듯이 어린 시절의 모든 인연을 버리고 다른 사람처럼 행동해 왔다는 것이 밝혀집니다.

자신이 자라온 과거를 부정하며 사는 것은 참 쉽지 않습니다. 건강하지도 않습니다. 우리는 어린 시절과 청소년기의 자신을 있는 그대로 바라보고 수용하면서 어른으로 성장합니다. 그런데 만약 그 시절을 내가 아닌 누군가에 의해 억지로 부정당한다면 어떨까요?

저를 찾아온 한 부모는 자녀의 사춘기가 빨리 온 것 같다고 했습니다. 초등학교 4학년이던 아이는 정말 사춘기 모습을 그대로 보였습니다. 부모와 대화를 거부하고 문을 닫아버렸습니다. 짜증이 늘었고 부모에게 불평불만이 가득했으며 소통도 거부했습니다. 자기는 원래 모자란 아이고 별 볼 일 없다는 식의 자기비하적인 말도 쉽게 내뱉었습니다.

아이는 어려서 밝고 씩씩하게 자랐다고 합니다. 아이는 산과 들판이 가까운 동네에서 살았고, 친구들과 허물없이 지냈다고 했습니다. 그런데 아이의 아빠가 직장을 서울로 옮기면서 갑작스럽게 이사를 하게 됩니다. 서울로 전학을 갔을 때 처음 만난 친구들이 사투리를 쓰는 이 아이를 심하게 놀렸습니다. 놀림을 당해 속상해하는 아이를 본 부모는 원래부터 '서울 사람이었던 것처럼' 살기로 했다고 합니다. 적응을 잘하도록 돕고 싶어서요.

갑자기 많은 것이 바뀌었습니다. 부모는 아이에게 '사투리를 쓰지 마라', '어릴 적 친구들과의 연락을 줄이라'고 했고, 아이 방의 가구, 옷, 가방, 학용품도 '서울 스타일'로 전부 새로 사 주었습니다. 심지어 식사도 서울의 그 동네 식으로 바꾼다며 양식 위주로 먹는 등 일상의 많은 것을 한꺼번에 바꾸려고 했습니다. 아이는 어릴 때의 생활습관과 추억을 촌스럽고 부끄러운 것으로 여기게 되었다고 합니다. 그러다 보니 새로운 서울 친구들을 만날 때마다 자신이 초라하게 여겨졌고, 자꾸 친구들의 눈치를 보게 되었습니다.

부모에게 주 1회 놀이치료와 상담치료를 권했습니다. 그리고 변화에 대한 속도 조절과 부모-자녀 간 소통 시간을 갖도록 제안했습니다. 외래에서 두세 번 정도의 만남 후 부모는 아이를 더는 병원에 데려오지 않았습니다. 그런데 이 아이를 약 3~4년 뒤, 외래에서 다시 만나게 됩니다. 중학생이 된 아이는 너무나도 달라져 있었습니다. 내원 이유는 같은 반의 약한 친구들을 반복적으로 때리고 괴롭히는 학교폭력 가해 문제와 품행장애 문제였습니다.

아이는 힘이 센 아이로부터 자기를 보호하고 방어하기 위해 폭력을 쓰는 것이 아니었습니다. 아이는 약한 아이를 때림으로써 자기의 강함을 드러내려고 했습니다. 자신이 약자의 편에 서 보았음에도 아이는 "나도 약해서 따돌림을 당했던 거고, 지금 이 아이들도 약해서 내가 때리는 거예요. 약하면 그런 대접을 좀 받아도 되죠"라고 말했습니다.

아이는 자신을 성장시킨 어린 시절의 기억을 모두 부정당했습니다. 자신을 무시하는 아이들에게 당당하게 자신을 드러내기보다는 과거의 자신을 지우는 편을 택하게 한 부모의 잘못된 방향 선택이 있었습니다. 아이는 혼돈 상태가 되었고, 자존감이 낮아졌습니다. 불만은 부모에 대한 반항장애로 드러났고요.

초기에 아이가 부모에게 반항하며 자기의 불만을 표현하던 그때, 부모가 그 불만을 읽어 주고 아이의 마음을 보듬기 위해 노력했다면, 그것이 어렵다면 전문가의 도움이라도 꾸준히 받았더라면 어떠했을까 하는 안타까움이 있습니다. 자기를 부정당하는 듯해서 아이는 힘든 시기를 보냈을 것입니다. 부모는 초등학생이었던 아이가 반항은 하지만 학교나 학원을 빠지지 않고 잘 다니는 것 같으니 괜찮을 것으로 생각했다고 합니다. 학업이라는 기준에서 보면 괜찮을지 몰라도, 부모 관계와 친구 관계 속에 삐뚤어지고 막혀 버린 아이의 정서 문제는 중요하게 생각하지 않았던 것입니다.

소아기를 지나 청소년기가 되면서 키가 자라고 힘이 세지는 것이, 아이에게는 오히려 공격성을 더 노골적으로 드러내는 요소가 되었습니다. 넘치는 에너지와 힘을 분노를 풀기 위한 수단으로 이용하기 시작한 것입니다. 이 아이에게 세상은 약육강식의 세계였습니다. 아이는 자신이 힘 있고 쓸모 있는 사람이 되어야 세상에서 살아남을 수 있다고 말했습니다.

우리가 살면서 중요하게 생각하는 가치는 사실 어린 시절 부모로부터 배우게 되는 경우가 많습니다. 어떤 가치를 물려줄 것인가에 앞서서 부모 스스로 어떻게 살 것인가를 고민해야 하는 이유입니다. 아이의 자존감이 높기를 바란다면, 부모의 자존감부터 높여야 합니다.

만약 아이가 새로운 환경에 들어가 적응하는 데 어려움을 겪는다면, 아이를 억지로 바꾸는 것은 도움이 되지 않는다고 말씀드리고 싶습니다. 다만 기존의 모습에서 한두 가지를 더하는 시도를 해 볼 수 있을 것입니다. 학교에서 친구들과 가까워지는 데 힘들어한다면 다른 소그룹 모임에 참여해 친한 친구 한두 명을 사귈 기회를 마련할 수 있습니다.

아이 스스로 자신의 모습에 당당하면, 놀리던 친구들도 점차 아이의 모습을 개성으로 인정하기도 합니다. 아이들끼리도 자존감이 낮고 위축된 듯한 친구보다, 당당하고 자신을 소중히 여기는 친구를 더 좋아하고 함부로 대하지 못합니다.

아이가 빨리 성숙해지는 것, 진도를 빨리 나가는 것, 환경에 빨리 적응하는 것을 목표로 삼는 것을 경계하세요. 뇌의 기능, 적응 과정의 속도는 정해져 있는데 부모가 어긋난 속도를 강요하면 아이의 머리와 마음이 어긋나고, 그것이 스트레스와 좌절이 되고, 낮은 자존감과 잘못된 생각을 만들어 냅니다.

내 아이는 내 아이만의 속도와 방향으로 키워야 건강합니다.

04

게임, SNS 중독이 가져오는 인지 왜곡의 문제

온라인 세상, 무한한 가능성 vs 과도한 자극

하루 종일 컴퓨터를 붙들고 있는 아이, 밤새 게임을 해서 낮에 학교생활을 제대로 못 하는 아이를 보면 걱정이 큽니다. 그 정도로 심하지는 않더라도 학교나 학원에 다녀와서 짬이 날 때마다 게임에 몰두하는 아이도 걱정이라고 하는 분들도 있습니다. 게임을 어디까지 허용해야 하는지, 아이와 부딪히는 것이 싫어서 적당히 제공해 주려고 하지만 너무 빠져들어서 학업에 지장이 생기지는 않을지, 그렇다고 친구들이 다들 한다는데 우리 애만 안 하는 것도 친구관계에 문제가 생기는 것은 아닌지 등 게임과 관련한 고민의 내용은 다양합니다. 특히 청소년기 아들을 둔 부모라면 게임 문제로 한 번쯤 고민해 보았을 것입니다.

온라인·미디어 문제는 청소년기 자녀를 둔 부모가 가장 많이 고민하는 문제 중 하나입니다. 학업에 몰두하길 바라는 부모에게 있어서 게임은 시간을 뺏고 부모와 자녀 관계에 갈등을 일으키는 주요 요인으로 보입니다. 실제로 게임에 지나치게 몰입할 경우 현실에서의 대인 관계에 어려움을 겪거나 사회성이 저하될 수 있습니다. 폭력적이고 자극적인 콘텐츠에 오래 노출되면 그것을 모방하려 할 수 있고, 도박이나 성인물 광고가 연동된 게임이 많은 만큼 유해 정보를 접할 가능성이 높은 것도 사실입니다.

하지만 분명 시대가 바뀌었습니다. 부모 세대가 자라오던 시야로 세상을 바라보고 그 기준으로 아이를 대한다면, 아이와의 소통이 어려울 수밖에 없습니다. 오히려 온라인 세상에 대해 잘 모르는 부모라면, 자녀에게 적극적으로 도움을 청하여 배워야 하는 시대가 되었습니다.

온라인 세상은 부모 세대가 생각하는 것보다 훨씬 더 다양합니다. 그저 게임만 하는 공간이 아니라 새로운 세상을 만드는 정도가 되었죠. 각종 전염병으로 사회적 거리두기를 해야 하는 때에도 우리는 온라인 주문으로 생필품을 구매하고 온라인 미팅과 온라인 보고로 재택근무를 무리 없이 해냅니다. 온라인으로 세계 곳곳을 둘러볼 수 있고, 세계 어느 곳에 있는 누구와도 언제든 대화할 수 있습니다. 온라인 편지, 온라인 강의, 온라인 상담, 온라인 쇼핑, 온라인 회의 등 사회가 앞으로 나아가는 데 있어 온라인 세상은 새로운 비전을 보여 주는 무한한 가능성의 영역이기도 합니다. 어떻게 보면 온라인 세상은 청소년기 아이들이 배우고 개척해야 할 영역이고, 미래의 직장이기도 합니다.

온라인 속 가상세계는 더 화려합니다. 가상 공간cyber space은 우리가 현실에서 이루지 못한 시공간을 경험하게 합니다. 시간과 공간의 제한이 없기 때문에 우리가 생각하는 것을 구현해 낼 수 있는 굉장한 가능성의 공간입니다. 디지털 세대인 우리 아이들에게 온라인 세상은 매우 중요합니다. 부모 세대가 그동안 경험하지 못한, 현실적으로도 엄청난 경제적 이득을 줄 가능성의 세계입니다.

그럼에도 우리는 왜 온라인에 접속하는 자녀들을 걱정하는 것일까요? 청소년기의 특성과 맞물리기 때문입니다. 온라인 세상은 화려하고 가능성이 무한한 만큼, 자극적이고 유해한 콘텐츠로 아이들을 유혹합니다. 그러한 콘텐츠에 중독되면, 특히 게임에 중독되면 한창 뇌 발달 중인 청소년기 아이들에게 미치는 손해, 후유증이 큽니다. 정상 발달을 방해할 수 있고, 기능에 이상이 생긴 정도라면 회복되는 데 오래 걸릴 수도 있습니다.

전두엽이 취약해지는 10대의 뇌, 중독에 위험

10대의 뇌, 특히 전두엽이 열심히 가지치기하고 있다는 내용을 기억하나요? 10대는 인지적 기능이 향상되는 동시에 정서 조절에 취약성이 드러나는 시기입니다. 이러한 전두엽의 가지치기 시기가 상대적으로 조절 능력을 떨어뜨리면서, 어떤 자극을 받아들이는 데 있어서 '중독'에 빠질 수 있는 위험도를 높입니다. 일반적인 뇌, 성인의 뇌라면 아무리 재밌는 놀이라고 해도 반복하면 지루해합니다. 다음날의 업무나 할 일, 세워 둔 계획이 생각나면서 스스로 제어하려 합니다. 하지만 조절 능력이 떨어진 10대의 뇌는 해당 자극을 계속 받고 싶어 합니다. 정도가 지나칠 만큼 반복하는 중독 상태에 빠지는 것입니다.

게임은 충동성이 높아진 10대의 뇌에 매우 강한 자극으로 전달됩니다. 청소년기의 뇌는 충동적이어서 자극적이고 감각적인 것을 좋아합니다. 그래서 텍스트보다 이미지, 새로운 것, 자극적인 요소가 많은 게임에 쉽게 빠져들게 됩니다.

게임을 통해 하위문화를 만드는 분위기도 10대 아이들이 빠져드는 요인입니다. 'MMORPG'라고 들어 보았나요? MMORPG는 '대규모 다중 사용자 온라인 롤 플레잉 게임Massive Multiplayer Online Role Playing Game'의 줄임말입니다. 오늘날의 게임은 혼자 잘해서 높은 랭킹을 차지하는 형식이 아니라, 여러 사람이 함께 그룹을 만들고 역할을 나누고 그 역할을 각자 수행하면서 공동의 목표를 이루는 형식으로 진행됩니다. 전혀 모르는 사람들이 모여서 그룹을 이루죠. 그래서 자기 팀에 능력치가 높은 게이머가 들어오면, 사람들은 그 게이머를 우대하고 그의 명령에 잘 따릅니다. 인정받고 높은 대접을 받는 게이머를 보면서 청소년들은 게이머를 선망하게 됩니다. 프로

게이머가 엄청난 돈을 버는 모습을 본 유저들은 대부분 자신도 게임 세상에서 그런 위치에 오르고 싶어 합니다.

이처럼 게임 세상은 조직화되어 있고, 위계질서와 위상이 있습니다. 높은 위치에 오르려면 그만큼 시간을 투자해야 하지만, 때로는 아이템을 구매해서 단번에 등급을 올릴 수도 있습니다. 돈으로 위상의 차이를 만드는 것입니다. 이러한 게임 속 유저들을 중심으로 하위문화가 만들어질 수 있습니다. 해당 게임을 하는 친구들끼리 모이고, 특히 능력치가 높은 유저일수록 현실 세계에서도 인기가 높아집니다. 반면 아예 게임을 하지 않는다면 모를까, 능력치가 낮은 유저라면 오프라인 세계에서도 자존감이 낮아지고 위축되는 모습을 보이기도 합니다. 온라인 속에서 자기만의 세계를 만드는 것을 넘어서, 온라인 세상에서의 모습이 오프라인 세상에서도 영향을 미치는 것입니다.

이러한 게임의 특성은 특히 힘, 위계에 집착하는 10대 남자아이들이 빠지기 쉽습니다. 위계보다 정서, 관계에 관심을 둔 여학생, 혹은 위계에 흥미를 못 느끼는 남학생은 게임보다 소셜네트워크서비스, 즉 SNS에 빠지기 쉽습니다. SNS는 게임과 마찬가지로 가상의 세계에서 자기를 표현하고 모르는 사람들과 친구를 맺고 네트워크를 형성하게 합니다. 대놓고 랭킹을 매기지는 않지만 팔로워 수, 좋아요 수를 통해 자기 영향력이 커졌다거나 중요한 사람이 되었다고 착각하게 만드는 효과가 있습니다. 그러나 자기 생활을 드러내고 자랑하는 것을 기반으로 하는 이 SNS 활동에는 열등감을 느끼게 하거나 무차별적으로 정서적 공격을 하는 등 복잡한 이슈가 있습니다.

게임과 SNS 모두 10대가 빠질 만한 요소를 가진 새로운 문화입니다.

온라인 중독에 빠지기 쉬운 네 가지 요인

모든 청소년이 온라인 세상에 '중독'적으로 빠지지는 않습니다. 대부분 적당히 하고 빠져나오거나 조절합니다. 한동안 확 몰입했다가 뻔한 구조를 보고 흥미를 잃고 그만두기도 합니다. 게임에는 일정한 패턴이 있기 때문에 어떤 게임을 끝까지 깨 본 친구라면 다른 게임에 쉽게 빠지지 않는 것도 비슷한 이유입니다.

그렇다면 어떤 아이들이 쉽게 중독될까요? 이는 온라인게임 중독을 정신질환으로 볼 것인가에 대한 최근 논의와 연관이 되어 있습니다.

온라인에 중독된 아이들의 특성을 먼저 살펴보겠습니다. 시간 통제를 못 할 정도로 오래합니다. 부모의 눈을 피해서 하다 보니 밤낮이 바뀐 경우가 많습니다. 밤낮이 바뀌어서 낮에 학교생활에 집중하지 못합니다. 게임을 하지 않는 친구와는 대화를 나누지 못할 만큼 친구 관계가 게임 중심으로 바뀝니다. 부모가 자녀의 게임 중독을 심각한 문제로 여기고 병원에 데리고 왔을 때는 대부분 성적이 하락되고 학교생활에 문제가 있는 시점입니다. 이때는 이미 앞의 특성들이 진행된 경우입니다. 이후 식사량이 줄고 체중이 감소되기도 합니다.

서울대학교병원에서 연구한 결과, 온라인 중독에 빠진 아이들에게서 몇 가지 공통 요인이 발견되었습니다. 따라서 다음과 같은 네 가지 성향이 있는 아이라면 온라인 중독을 더욱 경계해야 합니다.

첫째, 사회적 활동의 기회가 결여되었거나 위축된 아이들이 온라인 중독에 빠지기 쉽습니다. 어려서부터 외로움을 많이 타거나 정서적 결핍이 있는 경우 그렇습니다. 친구 관계가 빈약했거나 따돌림을 당한 경험이 있으면 친구 사귀기를 두려워합니다. 관계는 신뢰를 바탕으로 이루어지는데, 관계에서 상처를 받아 본 적이 있다면 새로운 관계 맺기에 서툴거나 거부적입니다.

사회 활동을 통해 성취감을 느껴보지 못하거나 부족하다는 평가를 자주 받은 아이도 온라인 중독에 빠지기 쉽습니다. 성적이 낮거나 특별한 재주가 없다는 등의 이유로 사회적 인정과 관심을 받아 본 경험이 부족한 경우 게임을 통해 인정 욕구를 대신 채우려 하고, 그것이 중독으로 빠지게 하는 요인이 됩니다.

둘째, 적응 문제가 있는 아이들의 경우 온라인 중독에 빠지기 쉽습니다. 학교에서 교사와 친구 관계뿐 아니라 가정에서 부모와 형제 관계가 좋지 않은 아이들이 있습니다. 학교생활에 재미를 못 느끼고 적응하지 못하는데, 가정에서도 적응하지 못하는 경우입니다. 그래서 소통이 부족하고, 낮 동안의 활동이 매우 제한되면서 황폐해집니다.

차후에 다루겠지만, 온라인 중독 문제를 해결하는 방법 중 '낮에

할 수 있는 활동 계획하기'가 있습니다. 그런데 적응에 어려움을 겪는 아이들의 경우 대체 활동을 제안해 주고 싶어도 적용하기가 어렵습니다. 그래서 다시 게임에 빠지기 쉽습니다. 이 아이들에게 자신이 의지할 수 있는 곳은 게임 세상뿐이기 때문입니다.

셋째, 낮은 자존감도 온라인 중독에 빠지기 쉬운 요인입니다. 자신이 할 줄 아는 것은 게임밖에 없고, 적어도 게임 속에서는 인정받는다고 말하는 아이들이 있습니다. 정체성을 찾아가는 10대 시기에, 게임에서 정체성을 발견하려는 경우입니다.

게임을 통해 정체성을 찾으려고 프로게이머를 꿈꾸는 아이들이 많아졌습니다. 자기에 대한 성찰과 다른 분야에 대한 충분한 관찰 없이, 낮은 자존감을 보상받기 위해 빠져든 게임이라는 분야를 인생 목표로 삼는 것입니다. 그렇게 게임에 몰두하면서, 자신은 미래의 꿈을 위해 열정을 다하고 있다고 말합니다. 일종의 환상을 갖는 것입니다. 낮은 자존감으로 인해 시작된 게임 중독이 정체성의 혼란과 맞물린 결과입니다.

넷째, 과거에 발달 문제나 정신 건강 문제를 경험했던 적이 있다면 온라인 중독에 빠지기 쉽습니다. 아이의 기저에 문제가 있어서 게임 중독까지 가게 되었다고 보는 것입니다. 예를 들어 우울이나 불안 문제가 있었거나 ADHD와 충동 조절에 문제가 있었던 아이들이 온라인 중독에 빠질 확률이 높았습니다.

게임 중독을 병으로 진단하나?

게임 중독을 병으로 진단할 수 있을까요? 세계보건기구WHO에서는 그렇다고 보았습니다. 게임 중독을 질병으로 분류할 수 있는가의 문제는 게임 중독이 ADHD·우울과 불안·충동 등의 문제를 불러오는 것인가, 아니면 ADHD·우울과 불안·충동 등의 문제가 게임 중독을 불러오는 것인가에 대한 논의로 이어집니다.

게임 중독을 우려하는 측면에서는, 게임에 과도하게 몰입하고 시간을 쏟으면 전두엽 기능이 손상되고 ADHD 양상을 보이며, 관계가 나빠지고 우울해지고 공격성이 높아진다고 봅니다. 즉, 게임 중독이 원인이고, 그에 따라 부차적인 문제들이 발생하기 때문에 게임 중독을 질병으로 볼 수 있다는 것입니다.

반면 아동기·청소년기 발달을 연구하는 사람들은 게임 중독을 아이가 가지고 있던 기존의 ADHD, 우울과 불안 등의 결과라고 봅니다. 단일 질환이 아닌 합병증complication으로 보는 것입니다. 치료의 목표도 게임 중독이 핵심이 아니라 중독을 일으킨 원인 질환(ADHD, 우울과 불안)이라고 봅니다. 건강한 발달을 보이는 청소년이라면 게임을 좋아하고 몰입했다가도, 게임 중독으로 가기 전에 스스로 문제를 제어할 수 있다고 보는 것입니다.

게임회사 입장에서는 물론 게임 중독을 결과라고 보는 입장에 더 동조합니다. 하지만 많은 정신건강의학과 전문의는 게임 시간을 통제해야 하며, 초기부터 치료해야 할 질환이라고 봅니다. 그런데 결국은 두 문제가 상호작용을 한다고 보아야 할 것입니다. 발달 문제 및 심리 문제가 게임 중독을 부르기도 하고, 게임 중독이 심리 문제를 부르기도 하는 등 서로 악순환의 고리를 만드는 것입니다. 앞서 살펴보았듯 중독에 빠진 아이들은 정서적 취약성을 가지고 있고, 중독으로 인해 정서적 취약성이 더 악화되기도 합니다. 따라서 원인과 결과를 구분하기보다 무엇이든 중독에 대한 치료가 진행되어야 하고, 이어서 집중적인 원인 질환의 치료가 이어져야 합니다.

제 개인적인 소견으로는 청소년기에 일반적인 아이들에게서 나타나는 게임 문제와, 정서적 취약성이 높은 아이들에게서 나타나는 중독 문제를 구분해서 봐야 한다고 생각합니다. 일반적인 청소년기 아이들에게 온라인 게임, SNS는 일면 시대적 요구와 맞물려 있기 때문에 무작정 막고 피하게 하는 것이 능사가 아니라고 봅니다. 그럴 수 있는 시대도 아니고요.

정서적 취약성이 높은 아이들에게서 나타나는 중독 문제의 경우, 보상결핍증후군으로 인한 요인도 검토할 수 있습니다. 보상은 무언가를 잘했을 때 칭찬받고 싶어 하는 욕구입니다. 보상결핍증후군은 칭찬에 늘 결핍을 느끼는 것입니다. 어느 정도로 칭찬해야 만족하느냐에 대한 기준은 아이마다 다릅니다. 누군가는 머리를 쓰다듬어 주거나 칭찬 한마디만 들어도 만족합니다. 누군가는 금전적, 물질적 보상을 받아야 마음이 충족됩니다. 혹은 다른 보상을 요구하기도 하죠.

우리 뇌에서 보상에 대한 만족감을 담당하는 보상회로는 다양합니다. 보상결핍증후군은 특히 편도체에서 만들어 내는 도파민에 문제가 있어서 편도체에서 전두엽으로 연결되는 보상회로에 이상이 생긴 것이기 때문에, 더 강한 보상(자극)을 요구합니다. 물질이나 게임에서 보이는 정도의 즉각적이고 강한 자극이 와야 만족하므로, 계속해서 그것을 추구하고 몰두하려는 것입니다.

편도체와 전두엽은 청소년기에 가장 주목해야 할 뇌의 두 곳입니다. 온라인 게임 중독은 이 두 곳을 연결하는 회로에 문제가 생기는 것입니다. 제가 이 문제를 연구했을 때, 이 보상회로는 특히 남학생에게 취약하다는 것과 이 회로가 취약한 아이가 게임에 더 의존적임을 확인했습니다.

뇌의 전두엽 중에서 '대상회cingulate gyrus'에 문제가 있는 경우에도 보상 욕구의 문제가 발생할 수 있습니다. 우리 뇌에서 전두엽은 가장 고차원적인 사고를 담당합니다. 그러한 전두엽 중에서도 대상회는 생각과 감정을 코디네이션하는 역할, 즉 이성적 사고와 감성적 사고의 균형을 맞추는 역할을 담당합니다. 이 부위가 제 기능을 못하면 어떤 문제가 생길까요?

우리는 이성과 감성 사이에 갈등이 생기면 고뇌합니다. 대상회는 그 사이에서 적절한 균형을 찾게끔 돕는데, 대상회에 문제가 생겼을 때 발생하는 여러 문제 중 하나가 바로 보상 욕구의 문제입니다. 전두엽, 특히 대상회는 보상과 자극을 지연시키고 현실의 문제에 집중하도록 돕습니다.

예를 들어 시험 기간이면 당장 텔레비전을 보고 싶은 욕구를 누르고 책을 펴게 만듭니다. 그런데 대상회에 문제가 생기면 보상과 자극을 지연하는 것을 견디지 못합니다. 보상(자극)받을 수 있는 행동을 당장 실행해야 하고, 그것을 막으면 못 견딥니다. 텔레비전을 보고 싶으면 봐야 하고, 게임을 하고 싶은데 게임을 못 하게 하면 감정이 폭발하는 것입니다. 보상회로의 문제가 중독을 일으키기 쉬운 구조로 이어지는 것입니다.

뇌는 기질과 환경이 상호작용하면서 바뀝니다. 뇌의 보상회로가 처음부터 좀 취약하여 어려서부터 강한 보상과 자극을 요구해 왔다면, 점점 더 그 회로를 강화하도록 강한 보상과 자극을 받는 행동을 반복해 왔을 수 있습니다. 또는 처음부터 양육자로부터 강한 보상과 자극을 제공받아서 이후에도 그만큼의 보상과 자극을 요구하게 되었을 수도 있습니다. 기질에서 시작했든 환경 요인이든 간에, 두 요소의 상호작용으로 주의력결핍장애, 의존장애를 일으킬 위험성이 있는 뇌, 보상회로에 문제가 있는 뇌가 만들어지게 된 것입니다.

10대의 뇌는 한계를 시험하고 새로운 것에 도전하고자 합니다. 만약 어려서부터 이러한 이유들로 뇌의 구조적 취약성을 가지고 있다면, 10대가 되었을 때 중독 문제에 대한 위험성이 올라갈 수밖에 없습니다. 아이가 어릴 때 보상 욕구가 강했다면, 10대가 되었을 때 더 면밀하게 살펴야 합니다.

온라인 게임이 보편적이지 않았던 과거에는 10대의 뇌가 화학 중독에 빠질 위험이 컸다면, 이제는 온라인 게임 중독으로 옮겨졌습니다. 참고로, 게임 중독률이 상승하면서 약물 남용, 본드 중독과 같은 화학 중독의 비율은 줄었습니다. 중독의 문제가 화학 물질에서 게임 행동으로 이동한 것입니다. 어떤 학자들은 게임 중독이 화학 중독보다 건강하다고 말하기도 합니다. 화학 중독은 몸과 뇌를 완전히 망가뜨리기 때문입니다. 신체적으로 심한 의존성을 갖게 하고, 세포 손상을 일으키고, 뇌피질 손상을 일으켜서 2차적 후유증을 불러오고 오래 지속됩니다. 그에 비해 게임 중독은 게임 행동에 대한 변화를 가져오게 하면 상대적으로 회복이 빠릅니다. 화학 중독에 비해 문제가 가볍다고 볼 수 있습니다.

물론 그렇다고 게임 중독이 다루기 쉬운 문제는 아닙니다. 다만 중독의 문제는 뇌에서 비롯되므로, 게임에 빠진 자녀를 다그치기만 할 것이 아니라 보다 전문적인 도움이 필요할 수 있다는 것을 알아야 합니다. 과거의 화학 중독에 비하면 치료 효과가 좋은 만큼 다각적인 도움이 필요합니다.

활동 시간이 너무 부족한 아이들

게임에 빠진 아이들을 치료하는 과정에 꼭 들어가는 프로그램이 있습니다. 낮에 할 수 있는 일상 활동 또는 대안 활동을 적극 추천하여 즐거움을 다양하게 경험하도록 하는 것입니다.

만약 내 아이가 낮에 할 수 있는 활동에 대한 계획을 세워 준다면 무엇을 적을 수 있을까요? 99.9%의 부모가 공부와 관련한 활동으로 대부분을 계획합니다. 학원이든 온라인 강의든, 예체능이 아닌 국·

영·수 위주의 공부를 제시하고, 아이가 공부로 이 시간을 활용하길 바랍니다.

아이에게 같은 질문을 하면 어떨까요? 게임 중독으로 뇌 구조의 취약성이 높아진 아이일수록 대안을 내지 못합니다. 축구나 야구를 적거나 좋아하는 특정 과목 하나를 간신히 적는 정도입니다. 이런 아이들에게 부모가 요구하는 대로 학원과 학업 일정을 제시한다면 어떨까요? 아이는 결국 다시 회피하게 될 것입니다. 10대의 아이가 스스로 선택해서 움직이게 만들도록 동기가 될 만한 활동을 제시해 주어야 하는데, 그 활동이 우리에게는 매우 제한적인 것이 현실입니다.

가족과 함께하는 시간을 제안하는 것이 가장 좋지만, 쉽지 않습니다. 안타깝게도 게임 중독 등의 취약성을 보이는 아이들의 경우 가족이 함께하는 시간이 절대적으로 부족하거나 경제적 어려움으로 아이에게 어떤 대안을 제시하기 어려운 경우가 많습니다. 게다가 10대의 성향상 갑자기 부모와 함께 시간을 보내라고 제시하면 좋아하지도 않습니다. 어려서부터 가족이 함께 시간을 보내고 활동해 오지 않았다면, 다 자란 아이에게 그런 프로그램을 적용하기가 쉽지 않습니다.

대안 활동을 제안하는 것과 별개로 부모로서 알아두어야 할 정보가 있습니다. 바로 적정 수면 시간입니다. 10대의 몸은 24시간 중 9시간의 수면을 원합니다. 24시간 중 9시간의 수면 시간을 빼고, 남은 15시간 중 식사나 위생 관리 등 생활에 필수적인 시간을 빼면 12시간 정도 됩니다. 이 12시간에서 절반, 즉 6시간은 활동적인 행동을 해야 합니다. 우리 몸이 그렇게 만들어졌습니다.

우리 자녀의 하루와 비교하면 어떤가요? 남은 12시간을 꼬박 학업에 매달리는 것도 모자라 수면 시간을 줄여서까지 책상 앞에 있습니다. 수면 시간 부족이 첫 번째 문제고, 활동 시간 부족이 두 번째 문제입니다. 그만큼 이상과 현실의 거리가 엄청납니다.

10대는 에너지가 높고 신체적으로 급성장하는 만큼 필요한 활동의 양도 많은 시기입니다. 그만큼 에너지를 써야 몸과 정신의 균형이 이루어집니다. 여기서 말하는 '활동'은 운동과 같은 신체 활동만 뜻하지 않습니다. 문학, 예술, 체육 활동을 함께할 수 있도록 돕는 것이 필요합니다. 기타 활동으로 가족 일을 돕거나 자기관리도 포함됩니다. 에너지를 소진하고 건강한 균형을 맞출 수 있는 활동이 다양하지만, 우리의 현실은 10대 아이들에게 균형 잡힌 활동을 할 여유를 제공하지 못하고 있습니다.

에너지를 소진하지 못하고 활동 욕구가 충족되지 않으면 뇌 발달에도 좋지 않습니다. 이성적이고 논리적인 학습량은 엄청나게 많은데 정서적이고 신체적 욕구와 관련된 활동은 적으니, 앞에서 다룬 대상회가 아이를 억지로 지탱하기 위해 엄청나게 혹사당하며 일하게 됩니다.

이렇게 균형 잡히지 않은 일상생활에서, 스마트폰을 통해 자연스럽게 접하게 되는 게임은 매우 큰 유혹입니다. 최근에 출시되는 게임은 자투리 시간만 활용해도 이어나갈 수 있게 만들어졌습니다. 아이들은 게임을 하면서 자극 욕구, 에너지 분출 욕구를 쉽게 해소하는 느낌을 받게 됩니다. 그래서 게임을 못 하게 막으면 아이들은 아무것도 못 하게 제한당하는 것처럼 느낍니다. 극단적인 경우, 스마트폰을 뺏으면 매우 거친 반응을 보이는 아이들이 있기도 하죠. 그만큼 스마트폰, 그 속의 미디어, 게임 자극에 빠져들기 쉽습니다.

10대의 게임 욕구, 어디까지 수용할까?

한국은 PC방 수가 세계 1위, 온라인 게임 인구 증가율이 세계 1위, 프로게이머 랭킹도 세계 1위인 나라입니다. 진로를 프로게이머로 정하고 일찍부터 직업훈련으로 게임을 시키는 경우도 많아졌습니다. 게임에 빠진 아이를 위해 나름의 대안을 찾는 것이죠. 그러면 이렇게 게임에 빠진 아이들은 모두 위험한 걸까요? 모두 중독으로 빠질 위험이 큰 것일까요?

일상생활이 불균형하고 게임이라는 위험 요인에 노출되었다고 해도, 대부분의 아이는 놀라운 회복 능력을 발휘합니다. 자기 욕구 충족을 지연시킬 수 있습니다. 지연 시기는 대부분 대학 입시까지로 잡죠. 본인이 '대학 입시'라는 과업을 받아들여서 욕구 충족을 최대한 지연시키는 것입니다. 일부 아이들은 시간을 쪼개서 게임을 하는 것으로 욕구를 조금씩, 단시간에 해소시키려 합니다. 큰 욕구는 지연시키되, 잠깐씩이나마 해소할 출구를 찾으려는 모습입니다. 게임의 내용과 구성도 그러한 10대의 성향에 맞게 나오는 양상입니다.

욕구 지연이 부정적이라고 할 수만은 없습니다. 타협일 수도 있죠. 전두엽의 대상회에서 균형을 잡기 위해 나름의 기능을 발휘하는 것일 수도 있습니다. 욕구를 지연시키고 억제시키는 것만이 아니라 '이 시기를 참으면 큰 보상이 온다'는 합리화로 자기 스스로와 타협점을 만들어가는 것입니다. 그런 식으로 자기 욕구를 잠깐씩이나마 해소시키는 것이 일상화되었다면, 현실적으로 그 정도는 아이가 스스로 만족 지연 능력을 발휘하고 남은 1%의 선택이므로, 무조건 막을 필요는 없다는 것이 제 생각입니다. 다만, 게임의 종류와 게임 시간을 아이가 부모와 공유하고, 과하다고 생각될 경우 부모가 통제할 수 있고, 아이가 이를 수용하도록 충분히 대화해야 할 것입니다.

무한한 가능성과 위험성이 공존하는 온라인 세상

인터넷과 스마트폰은 만들어진 지 20년이 채 되지 않았습니다. 그런데 현재 우리의 삶을 완전히 바꾸어 놓았죠. 인터넷과 스마트폰으로 상징되는 온라인 세계가 없는 일상은 이제 상상할 수도 없습니다. 온라인 세상은 자기 욕구와 욕망을 마음껏 투사할 수 있는 공간을 제공한다는 매력이 있습니다. 10대 청소년뿐 아니라 모든 사람의 감정, 판타지를 마음껏 투사할 수 있는 공간이죠. 다만 청소년기에 온라인상에서의 투사가 좀 더 강력한 힘을 발휘하고 있을 뿐입니다.

아동기에는 너무 어려서 자기 탐색에 대한 욕구가 적고, 성인기에는 기본적으로 자기 정체성이 확립된 만큼 일정한 한계를 벗어나지 않습니다. 그러나 청소년기는 한계를 계속 시험하는 시기입니다. 자기 정체성도 아직 단단하게 세워지지 않았습니다. 그래서 계속해서 새로운 것을 시도하면서 자기를 알고 싶어 합니다. 그때그때의 다양한 자극을 이용하여 마음에 드는 것을 온라인상에 투사해 보려 합니다. 그런 시도가 실제 새로운 자아를 찾을 기회가 되기도 하고요.

우리가 잘 아는 포털사이트의 검색 정보에 댓글을 다는 사람 중 상당수가 10대입니다. 10대 아이들은 정보 검색력이 탁월한 만큼 누군가가 원하는 정보를 검색을 통해 끌어와 제공할 수 있습니다. 또는 정보를 모아서 '위키피디아wikipedia.org'나 '나무위키 namu.wiki'와 같은 사이트에 올리기도 합니다. 그 정보의 수준이 결코 낮지 않습니다. 온라인 세계가 아이들에게 기회의 장이 되는 것입니다.

온라인 세상은 현실과 달리 모든 한계를 초월할 수 있습니다. 언제 어디서든 접속할 수 있습니다. 시간과 물리적 제한 없이 지구 반대편에 있는 사람을 만날 수도 있습니다. 한계를 시험하고 싶은 10대 아이들에게 이러한 공간이 얼마나 이상적으로 느껴지겠습니까?

재미있는 연구가 있습니다. 연구진이 아주 복잡한 기기를 만든 후, 11세, 15세, 25세, 35세, 45세, 55세, 65세의 대상자에게 각각 주었습니다. 그랬더니 55세 이상의 대상자들은 기기를 아예 안 썼습니다. 그냥 포기하는 것이죠. 11세 아이들은 부모를 찾아가 도와달라고 요청했습니다. 어려운 문제를 스스로 해결하기에는 지적 수준이 아직 덜 발달한 것입니다. 결국 15세, 25세의 경쟁이 되었는데, 10대가 기기를 잘 다루게 되기까지 압도적으로 더 빨랐습니다. 이유가 무엇일까요? 실수를 두려워하지 않아서입니다. 20대만 되어도 뭔가를 잘못 만졌다가 기기가 고장 날까 봐 선뜻 시도하지 못했습니다. 그러나 10대는 아무거나 누르고 원하는 대로 시도했습니다. 시도한 만큼 빠르게 익혔고요. 10대는 실수를 통해 새로운 도구를 훨씬 더 빠르게 익힙니다.

10대 아이들은 이러한 도전의식, 적응 능력으로 새롭게 출시되는 앱, 소프트웨어를 매우 빠르게 받아들입니다. 아이들은 쉽게 시도하고, 노하우가 생기면 그 프로그램을 빠르게 습득합니다. 그리고 이것을 주변 친구들에게 퍼뜨립니다. 10대는 인지와 정서 능력이 정점이 되는 시기이기 때문에, 순간순간의 적응 능력(순발력)은 생애 중 가장 높다고 할 수 있습니다. 그렇게 좋은 인지와 정서 능력이 있지만 아직 균형 잡히게 통합되지 못하고 목표지향적인 일관성을 가지지 못했을 뿐입니다.

가상공간이 10대의 능력을 돋보이게 할 좋은 공간이 되었고, 실제로 새로운 것에 두려움이 없는 10대 아이들은 자발적으로 로직을 만들어 내기도 합니다. 자기가 알아낸 정보를 개발자에게 제공하고, 해당 앱이나 소프트웨어를 사용한 리뷰를 전달하기도 합니다. 이러한 10대 리뷰어가 개발자들에게는 큰 도움이 되기도 합니다.

하지만 게임이나 온라인상에서의 판타지 투사는 청소년의 현실감각을 손상시킬 수도 있습니다. 온라인 세상에서 지지받던 아이가 현실에서는 그렇지 않을 때, 가상 세계에서의 자신이 진짜 나였으면 좋겠다는 바람이 커질수록 아이는 현실을 등지게 될 수 있습니다. 이것이 온라인 중독으로 가게 하는 하나의 요인이 될 수 있죠.

익명성으로 인해 자기통제를 일시적으로 상실하게 만들기도 합니다. 이는 온라인 게임 중독을 질병으로 분류할 때 가장 많이 주장하는 요인이기도 합니다. 게임 자체가 워낙 중독적이기도 하지만, 게임 속 익명성으로 자기 욕구를 마음대로 분출하게 되고, 그렇게 분출하고 나면 다음에는 더 큰 욕구를 분출하고 싶어 하게 되어 오프라인에서도 그만큼의 분노 감정 등을 직설적으로 표현하게 될 수 있다고 봅니다. 10대의 아이들에게 내재된 공격성이 온라인의 익명성을 만나 더 심해질 수 있다고 보기도 합니다.

온라인 세상에서처럼 최고의 위계를 차지하고, 자신이 다 통제하고 이끌어야 한다고 생각하는 유아독존적 특성을 갖게 될 수도 있습니다. 사람들이 레벨이 높은 나를 추켜세우거나 또는 게임상에서 나를 비난할 때의 모습을 현실의 나와 구분해서 생각하지 못하는 것입니다.

낮은 자존감을 게임으로 보상받으려는 아이들

자녀의 게임 문제를 지도하고자 한다면 두 가지 범주로 나누어서 보아야 할 것입니다. 중독이라 할 만큼 게임에 빠진 아이와, 일상에서 게임을 좀 하는 정도의 아이입니다.

중독 수준의 문제를 보이는 아이는 전문가의 도움을 받아야 합니다. 대표적인 예가 잠을 안 자면서, 또는 학교에 가지 않으면서까지 게임을 하고 싶어 하는 경우겠지요. 이런 아이라면 가장 먼저, 아이가 스스로 게임과 생활의 균형을 찾아야겠다는 마음을 갖게 해야 합니다. 아이에게 바뀌어야겠다는 의지가 있느냐의 여부에 따라 다음 단계의 성공 여부가 크게 좌우됩니다. 특히 게임 중독 증상과 동반되어 나타나는 우울, 불안, 충동의 문제를 잘 다루어 준다면, 아이 스스로 긍정적 방향으로 전환하겠다는 의지가 생깁니다.

많은 아이가 처음에는 치료에 별다른 마음이 없다가도, 상담을 통해 마음을 열기 시작하면 치료에 적극적인 의지를 보이기 시작합니다. 일부 아이들은 인터넷을 통해 자신의 증상을 검색하고, 관련 자료를 공부해 와서 제게 건네기도 합니다. 저는 그런 아이의 적극적인 자세를 매우 칭찬하고, 아이가 가져온 자료를 관심 있게 살피면서 어떻게 증상을 바로잡을지 함께 토론합니다. 차후에는 조금 다른 방향의 관련 자료를 검색해 보라는 숙제를 주기도 합니다. 이렇게 개선하겠다는 적극적 의지가 있는 아이는 치료 경과가 빠르고 좋은 편입니다. 환자가 낫고자 하는 의지가 있는지는 정신건강의학과뿐 아니라 대다수의 진료에서 아주 중요합니다.

아이에게 개선하려는 의지가 있다면, 인지 결함을 바로잡아 주어야 합니다. 게임을 몰입적으로 하는 아이들에게서 인지가 왜곡된 모습을 쉽게 볼 수 있습니다. 낮은 자존감을 게임으로 보상받으려는 아이들입니다. 이런 아이들은 자신이 잘하는 게 없는 바보같은 존재인데, 게임에서만큼은 대접받고 인정받는다고 말하고는 합니다. 이럴 때는 자존감을 북돋아 주는 방식으로 도와야 합니다. 아이가 다른 가능성을 배제하고 하나의 시각으로만 자신을 왜곡해서 바라보기 때문에 인지 결함을 교정하는 심리 치료적 접근으로 매우 꾸준하게 아이 마음을 다루어 주어야 합니다. 온라인 중독 문제에서는 이러한 인지 취약성에 대한 치료가 함께 이루어져야 아이들이 변화할 수 있는 틈이 생깁니다.

마지막으로 사회적 지지를 강화해야 합니다. 핵심은 가족입니다. 아이가 변화하겠다는 의지를 가지더라도 주변 환경이 바뀌지 않는다면 다시 게임 세상에 빠져들 위험이 있습니다. 이럴 때는 주로 부모와 함께할 수 있는 대안 활동을 공유하게 합니다. 학교에서나 집에서 할 수 있는 활동을 부모와 아이가 각각 쓰고 나누는 것입니다. 그리고 제일 중요한 것은, 이 대안 활동들을 부모와 아이가 '함께' 실천하는 것입니다

이러한 방법들로 아이가 금방 극적으로 변하진 않습니다. 하지만 이 문제에 꾸준하고 적극적으로 개입해 주면, 아이는 밤새 게임하던 중독적 패턴에서 점차 벗어납니다. 낮에 대안적으로 제시한 활동을 통해 성취감을 느끼게 해 주세요. 다른 활동을 통해 성취감을 느낀 아이는 자연스럽게 시간 통제에 대한 관념이 생기면서 게임 세상에서 조금씩 벗어나게 됩니다.

게임 중독은 특정 시기, 특히 소아·청소년기에는 적응·발달·관계·기능 문제를 함께 일으킬 수 있는 복잡한 문제이지만, 예후는 좋은

편입니다. 뇌 손상을 직접적으로 일으키는 물질 중독이 아니므로 담배, 본드와 같은 화학 물질 중독과는 다른 경로를 보입니다. 따라서 적극적인 개입이 필요합니다.

디지털 세대에게 있어 온라인 공간은 자아정체성을 갖게 하는 새로운 공간입니다. 일상이고요. 10대 아이들에게 이 공간이 주는 자극이 크고 위험할 수 있는 만큼 취약성을 잘 관리해 주고, 필요하다면 적극적으로 개입하고 도움을 주어야 합니다. 하지만 지나치지 않은 정도라면 시간이 약이라는 것을 부모가 먼저 이해해 주었으면 합니다.

사실 게임 문제에 있어서는 중독의 문제보다 게임으로 인해 부모와 자녀의 갈등으로 일어나는 2차적 문제가 더 고치기 어려운 문제이기도 합니다. 대안적 활동을 함께 고민하고 제안하여 온라인과 오프라인의 삶에 균형을 맞추려는 노력이 필요합니다. 저는 무엇보다 부모도 함께 배웠으면 합니다. 부모도 온라인 세상을 경험하고 아이들에게서 배웠으면 합니다. 부모가 함께 참여하면, 아이가 게임 중독으로 빠질 여지가 덜합니다.

그리고 부모 자신에게도 좋습니다. 앞서 새로운 디바이스를 건네받은 55세, 65세가 그 기기를 외면했다는 내용을 기억하나요? 이는 바람직하지 않습니다. 중년 이후의 부모도 새로운 세상에 대해 알려는 노력이 필요합니다. 새로운 세상이 이미 보편화됐는데, 위험하다고 무조건 막는다면 새로운 세대는 부모를 그저 '분위기에 뒤처진 세대'로 보고 멀어지려 할 뿐입니다. 적응 못 하는 중년 세대가 오히려 나중에는 사회적 낙오자가 될 수도 있습니다.

자녀가 10대가 되면서부터 부모는 중년에 접어듭니다. 중년 어른은 청소년과 가장 왕성하게 교류해야 하는 시기입니다. 중년은 그동안 살아온 삶의 모델이 더는 유용하지 않음을 몸소 느끼게 되는 시기입니다. 온라인뿐 아니라 모든 세상 지식이 그렇습니다. 업데이트되는 지식을 계속해서 활용하고 적용하지 않으면 도태될 수밖에 없을 만큼 세상은 빨리 변화합니다. 저와 같은 의사도 30대 초반에 전문의를 따고 나서도 계속 공부해야 합니다. 그렇지 않으면 50대가 되었을 때 진짜 의사로 제대로 기능할 수 없습니다. 의학 연구는 나날이 발전하기 때문에 기존의 지식 체계 중의 일부는 완전히 뒤집히기도 하므로 늘 배우려는 자세를 갖습니다.

다음 세대에게 배우는 자세를 가졌으면 합니다. 아이를 바꾸려 하기 전에, 부모가 먼저 배우고 나서 아이와 조율하는 것은 어떨까요?

'좋아요' 인정 욕구가 커질수록 외로워지는 가상공간

남녀별 차이가 존재하는가에는 이견이 있지만, 임상에서 관찰한 결과 10대 남학생이 게임에 빠져들기 쉽다면, 10대 여학생은 소셜네트워크서비스SNS에 좀 더 쉽게 빠집니다. 게임 세상은 오프라인과 구분된 가상의 공간이 별도로 존재하지만, SNS는 현실과 가상의 공간이 뒤섞인 곳입니다. 내가 만나고 잘 아는 사람과, 내가 전혀 모르는 사람이 서로 연결되어서 관계를 맺는 세상입니다. 온라인 공간에서 새로운 자아를 찾고 싶은 욕구를 충족하는 측면에서는 게임과 SNS가 비슷하지만, SNS는 '관계'와 '인정'에 좀 더 집중되었다고 볼 수 있습니다.

SNS를 왜 할까요? 부모 중에서도 인스타그램이나 페이스북 등을 이용하고 있거나 이용해 본 경험이 있다면 스스로에게 질문해 보았으면 합니다. 사람들은 이 공간에서 전에 없던 사회적 관계를 경험하게 됩니다. 지지 욕구와 인정 욕구가 뒤섞인, 상호 욕구가 충족되기도 하고 충돌하기도 하는 공간이 SNS입니다. '좋아요'를 바라는 마음은 인정 욕구와 연결되는데, 연구결과를 통해 보면 아이러니하게도 이러한 욕구를 요구할수록 점점 더 외로워진다고 합니다. 더 많은 인정을 받고 싶어지기 때문입니다.

다른 사람의 일상이 내게 허탈감을 키울 수도 있습니다. 우리는 일상의 수많은 단편 중에서 가장 멋지고 아름답고 화려한 순간을 사진으로 남기고 올립니다. 그러한 순간들이 모인 SNS의 세상은 나의 처지와 다른 별천지로 보일 수 있습니다. 그러면 상대적 박탈감이 생깁니다. 자기를 더 과장되게 드러내고 싶은 경쟁적인 마음도 생기죠. 그래서 자기 일상을 더 선택적으로, 왜곡되게 드러내고, 가짜 스토리를 만들어 내기도 합니다. 비교우위를 확보하고 싶은 것입니다. '나도 이 정도는 한다', '이건 내가 더 낫다'는 마음을 갖는 것입니다.

물론 이러한 모습은 기존 세대들도 계속 가져왔던 태도입니다. 우리 부모 세대의 '동창회'를 떠올려 보면 알 것입니다. '동창회'가 오프라인에서 보이던 비교우위의 장이었다면, 그러한 비교가 더 많은 대상과 불특정 다수 속에서 이루어지는 온라인 공간이 SNS입니다. SNS를 통한 소통에서 만족감보다는 부족함을 느끼고 외로움을 느끼기 시작한다면, 상대적 박탈감은 훨씬 더 크게 느껴질 것입니다.

저도 SNS를 해볼까 생각했던 적이 있습니다. 그런데 생각보다 부지런해야 하더라고요. 누군가는 다른 사람의 모습을 보면서 더 열심히 살기 위한 동기부여가 된다고도 하는데, 저는 그것이 개인적으로 '포장'을 열심히 하게 만든다는 생각이 들었습니다. SNS에서 한 다리 건너 만나는 사람에게 '좋아요'를 누르고 지지할 수 있는 에너지가 있다면, 오프라인에서 만나는 가족, 지인, 동료들에게 더 충분한 시간을 쏟는 것이 좋지 않을까 생각했습니다.

성인은 어느 정도가 되면 적당히 하고 멈출 수 있는 억제 능력이 성숙해져 있습니다. 그런데 10대는 멈춤, 자기통제가 어렵습니다. 또한 성인이 만나는 사람들이 만족하는 친밀도가 10이라면, 10대는 그보다 10배는 더 강한 친밀도를 서로에게 요구합니다. 그래서 SNS를 하는 아이들은 '좋아요'를 더 많이 받기를 바라고, 더 빨리 반응해 주기를 바라고, 자신의 글에 대해 더 강하고 긍정적인 피드백을 받기를 요구합니다. 그러나 그런 반응을 매번 받기 어려워서 그만큼 좌절감도 자주 느낍니다. 일상에서 매 순간 상실감을 느끼는 것입니다.

10대 아이들은 의존성의 강도도 높은 편입니다. 인플루언서나 SNS 롤모델의 영향을 어른보다 더 많이 받는 것으로 조사되었습니다. 자기가 동경하는 누군가의 말에 자기판단을 맡길 정도로 크게 의지합니다. 새로운 만남이 쉽고, 또한 10대의 취약성을 이용하려는 성인들의 의도적 접근에 노출될 위험성이 있습니다. 현실에서 자존감이 낮고 의존 욕구가 높은 아이들이 이러한 의도적 접근에 쉽게 넘어갑니다. 이성에 대한 관심이 많아지는 시기이기에 이러한 접근에 쉽게 넘어가게 만드는 취약성이 있습니다.

제가 SNS를 하는 아이들에게서 우려하는 것은 상실감, 열등감, 자괴감을 넘어서 더 과격해지는 모습들에 있습니다. 최근 학교폭력과 집단따돌림이 SNS로 옮겨오고 있는 문제입니다. 온라인에서 따돌림을 당해 자살을 생각하는 아이들의 수가 많아졌습니다. 싫고 좋음을 쉽게 표현하는 온라인 공간에서 따돌림을 당하면 아이들은 매우 크게 충격을 받습니다. SNS에서의 따돌림은 시간과 공간을 초월하기 때문에 더 집요하고, 글자로 남기 때문에 따돌림 당한 아이들은 그것을 보고 또 보고 곱씹으며 2차, 3차 피해를 받기 쉽습니다.

온라인 공간과 SNS에 긍정적 부분이 많은 만큼 장점은 취하고 단점은 버리면 좋겠지만, 10대의 뇌 발달이 온라인 세상과 만나면 그렇게 간단한 문제가 되지 않습니다. 게다가 SNS로 인한 문제는 부모가 알아차리기가 쉽지 않습니다.

SNS로 인한 문제가 일어나지 않으려면 부모와 자녀 간에 솔직하고 정서적인 대화가 필요합니다. 기본이고 당연한 이야기이지만, 매우 중요하면서도 10대 자녀와의 관계에서 아주 쉽게 놓치는 부분입니다. 자녀에게 정서적 충족감을 주어야 아이의 마음 건강, 특히 자존감을 북돋아 줄 수 있습니다. 아이와의 대화가 평소에 충분해야 아이가 자기 문제도 쉽게 터놓을 수 있습니다. 무엇보다 엉뚱한 곳에서 엉뚱한 사람에게 정서적 충족감을 메우려고 하는 모습이 많이 줄고, SNS를 안전하고 즐겁게 활용할 수 있게 됩니다.

'덕질', 내 아이가 팬심에 빠져 산다면

연예인, 특히 아이돌에 빠져 사는 아이들이 있습니다(어른들도 있지요^^). 때로는 수업까지 빼먹으면서 아이돌의 콘서트를 가겠다고 조르기도 합니다. 온갖 굿즈(연예인 관련 상품)를 모으고, 브이로그나 라이브방송에 열성을 보입니다. 이처럼 자신이 좋아하는 분야, 특히 연예인과 관련된 정보를 살피고 모으며 그에 빠져드는 것을 '덕질'이라고 합니다. 10대 자녀의 '덕질', 괜찮은 걸까요?

부모 중에 청소년이었을 때 연예인을 좋아하지 않았던 사람이 있을까요? 서태지와 아이들, H.O.T, 젝스키스 등등을 안 좋아했던 30, 40대 부모가 있을까요? 게임 중독처럼 시간 활용을 전혀 못 하거나 다른 활동은 까마득하게 잊는다거나 친구들을 안 만나면서 연예인만 쫓아다닌다면 문제겠지만, 그렇지 않은 정도라면 괜찮다고 봅니다. 게다가 BTS와 같은 연예인들은 나름 건강한 '세계관'을 만들어서 건강한 메시지를 전달하기도 하고, 연예인이 좋은 책이나 문화를 권장하여 팬들이 그 책을 따라 읽거나 공부하는 등 좋은 영향을 받기도 합니다.

청소년기의 특징 중 하나는 한계를 시험하는 것입니다. 극단으로 가 보는 것이죠. 어른은 브레이크가 있습니다. 아무리 좋거나 아무리 싫어도, 적당한 선을 지키도록 컨트롤합니다. 하지만 10대 아이들에게는 브레이크가 없습니다. 어떻게 보면 아동기일 때보다 더 제한을 못 합니다. 그래서 가끔은 브레이크를 걸어 줄 사람이 필요합니다.

그런 역할을 하는 사람이 꼭 부모일 필요는 없습니다. 아이와 평소 관계가 좋은 어른이면 됩니다. 교사, 아이를 잘 아는 학원이나 종교단체, 동호회에서 만난 어른이어도 좋습니다. 만약 아이가 '덕질' 하는 연예인이 '건강 덕질 지침'을 준다면, 좋은 소통의 방법을 알려주고 과도하게 몰입하지 않도록 안내한다면, 그것도 좋을 것입니다.

관계가 좋은 부모는 10대 자녀와 '잘 싸우는' 부모입니다

아이가 밤새 게임을 하고 학교에 안 간다고 하는데 이건 분명 게임 중독 문제인 듯해서 부모가 병원에 데려온 중학생이 있었습니다. 그런데 개별 상담 과정에서 아이는 학교에서 급우들과의 갈등, 따돌림 문제로 인한 괴로움을 표현했고, 학교에 대한 심한 거부감을 드러냈습니다. 자식에게 큰 기대를 걸고 있는 부모님께는 말씀을 못 드리겠다고 하면서, 자신의 소원은 학교를 자퇴하고 편하게 지내는 것이라고 했습니다. 이 아이는 게임 중독이 아닌, 따돌림과 연관된 우울 증상이 핵심이었습니다. 부모는 아이의 속마음을 모르겠다고 애태웠고, 게임이라는 눈앞의 문제를 치료하는 것에만 관심을 두었기에 진짜 문제를 놓치고 있었던 것입니다.

많은 부모가 10대 자녀와의 갈등을 피하려 하고, 아이를 자극하지 않는 것이 최선이라고 생각합니다. 그 결과 아이의 잘못된 생활 태도를 지적조차 못 하기도 합니다. 10대 자녀의 의견을 존중하는 것이 좋다고 말씀드리면, 자녀와 싸우지 않는 것이 최선이라고 오해해 뭐든지 다 들어주어야 한다고 잘못 받아들이기도 합니다.

자녀의 사춘기는 부모와 자녀가 '잘 싸워야' 하는 시기입니다. 단, '이기려고' '찍어 누르려고' 싸우지 않아야 합니다. '어떻게 도와줘야 하지?' 이 질문에 대한 답을 찾기 위해 싸우세요. 그리고 동등한 위치에서 싸워야 합니다. '까불지 마'라는 식의 압제형, 독재형으로 싸움을 시작하면 아이와 '잘 싸울' 수 없습니다.

아이와 잘 싸우면 아이가 평소에 말하지 못했던 솔직한 고민이나 불만을 듣게 됩니다. 아이가 자기 문제를 털어놓고 나면 문제를 제대로 파악하고 해결할 수 있는 실마리가 보입니다. 10대 자녀를 혼내기란 좀 우려되는 것이 사실이죠. 사사건건 잘못을 지적하는 것도 바람직하지 않고요. 하지만 아이의 생활 리듬이 완전히 깨졌거나 학교 거부와 같은 중요한 문제를 앞두고 있다면 아이와 싸워서라도 내면의 문제를 수면 위로 끌어내야 합니다. 아이가 문제를 꺼내 놓는다면, 전학을 가거나 새로운 교육 방안이나 환경을 제공하는 등의 대안을 제시할 수 있죠. 하지만 아이가 끝내 말하지 않고 부모도 이를 더 묻지 않는다면, 그 문제는 해결 단계 쪽으로 한 걸음도 나아갈 수 없습니다.

잘 싸우세요. 단, 앞서 말했던 것처럼 아이를 이기기 위해서가 아니라 아이를 어떻게 도와줘야 하는가를 알기 위해 싸운다는 사실을 명심했으면 합니다.

05

기분장애, 불안장애 등 10대의 정서 문제

빠른 속도로 증가하는 10대 우울증과 자살 시도, 자해 문제

전체 인구 중 25~30%의 사람들은 인생의 어느 순간에 우울증 등의 기분장애를 경험한다고 합니다. 우리가 생각하는 것보다 굉장히 흔한 문제라는 뜻이죠. 그런데 기분장애는 주로 성인기에 나타나는 질병이라고 생각합니다. 10대는 '낙엽이 굴러가는 것만 봐도 깔깔댈 시기'라고 생각해서입니다. 10대에게 '우울'이라는 말은 어울리지 않다고 생각하지요.

그런데 20대에 기분장애를 겪는 사람들을 역추적해 보니, 이들 중 상당수가 청소년기에 증상이 발현되었습니다. 10대 중반 혹은 10대 후반에 한 번 이상의 증상을 보였던 경우가 절반 이상이었습니다.

기분장애는 다른 정신 건강 문제에 비해서 '에피소딕'합니다. '에피소딕'하다는 것은 특정 기간 동안 힘들고 그 기간이 지나면 괜찮아 보인다는 것입니다. 일정 기간에 힘들다가도 자연스레 괜찮아지고, 일정 기간 외에는 건강하게 활동하기 때문에 해당 증상에 대한 경고를 알아채기가 어려울 수 있습니다. 일시적인 기분 저하 정도로 보는 것입니다. 문제는, 자연회복된 사람 중 일부는 다시 우울 증상이 나타나고, 기간도 길어지고 우울감도 깊어져 더 힘들어한다는 것입니다. 당연히 치료도 그만큼 어려워집니다. 하지만 아직 우리 사회의 분위기는 정신 건강에 문제가 있다고 느껴도 그것을 인정하기가 어려워 병원을 찾지 않는 경우가 많습니다.

이전에 우울감을 경험해 봤으니 다시 우울감이 느껴지면 '의지'로 극복할 수 있다고 오해하기도 하지만, 전혀 아닙니다. 오히려 우울 증상이 지속되는 기간이 다시 찾아오면 처음보다 더 힘들고, 두 번째 이후부터는 양극성장애(조울증)가 나타나거나 자살에 대해 생각하는 자살사고 빈도도 급격하게 증가합니다. 청소년기 기분장애를 중요하게 다루어야 하는 이유는 바로 이 '자살사고' 때문입니다.

청소년 이전, 소아기 아이들에게도 우울증이 있을까요? 과거에는 소아기 우울증을 인정하지 않았습니다. 하지만 연구를 통해 소아기에도 우울증이 발병할 수 있다는 것을 알게 되었습니다. 발병 수는 적은 편입니다. 6세 이하의 유아에게서 1% 남짓합니다. 그런데 소아기 때 발현되는 우울증은 우리가 아는 '우울'의 모습과 다르게 나타납니다. 과잉행동이나 공격행동 등으로 표현되는데, 이를 '가면성 우울'이라고 말합니다. 슬픔, 불안의 감정을 다른 감정으로 표현하는 것입니다.

소아기 우울증에서 나타나는 '가면성 우울'의 모습은 청소년기 우울증과도 비슷합니다. 우리가 일반적으로 알고 있는 우울증의 증상과 달라서 놓치기 쉽습니다. 대표적인 예가 술, 담배 등을 하는 아이들입니다. 이런 아이들을 두고 우리는 품행 문제가 있다고 보고 행동을 제한하고 혼내는 것으로 접근하죠. 아이 속에 우울증이라는 병이 있는데, 이 병에 대한 치료가 아니라 비행 문제, 품행 문제에 대한 접근만으로 아이를 대한다면 어떨까요? 아이의 뇌는 더 큰 스트레스

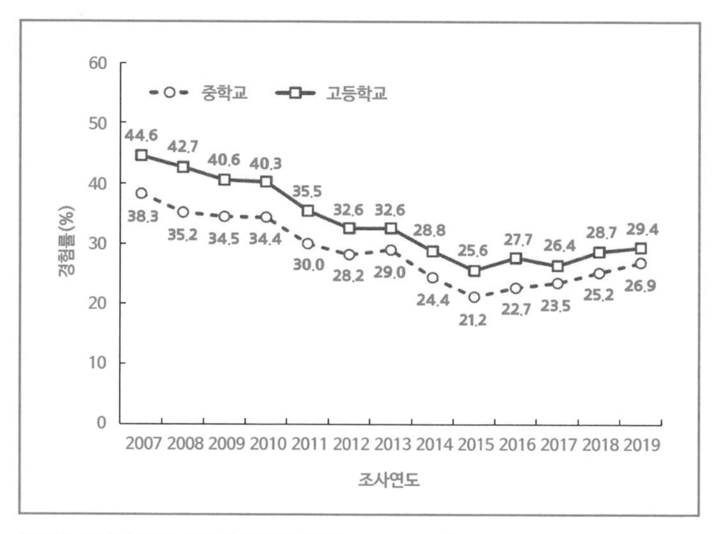

[그림3-2] 청소년의 우울감 경험률 추이(2007~2019)
출처: 제15차(2019년) 청소년건강행태조사 통계(http://yhs.cdc.go.kr/)

를 받아 질병이 악화될 수 있습니다. 그러면 아이의 우울증 발현 기간이 다시 올 수 있고, 이 시기가 한 번이 아닌 두 번 이상 온다면 그때부터는 더 위험한 단계로 표현될 수 있습니다.

사춘기를 지나는 10대 여학생에게서 우울증은 급속도로 증가하는 양상입니다. 2019년 발표된 질병관리본부의 청소년건강행태조사에 따르면 청소년기에 우울감을 경험한 비율은 중학생 26.9%, 고등학생 29.4%에 이릅니다. 중학생 4명 중 1명, 고등학생 3명 중 1명 정도가 우울감을 가지고 있다는 뜻입니다.

유전적 요인이든 환경적 요인이든 간에 우울증이 처음 발현되고 나서 일정 기간 후 잘 끝나는 경우가 있습니다. 자연치료가 된 경우입니다. 처음 우울증이 발현되었을 때 잘 치료받으면 우울증이 다시 발현되지 않을 확률도 마찬가지로 높습니다.

문제는 우울증을 제때 치료받지 않아서 두 번째, 세 번째 경험이 추가되는 데 있습니다. 그럴수록 다른 문제가 동반되어 나타납니다. 즉, 합병증이 유발될 가능성이 큽니다. 청소년기에는 특히 알코올 남용, 약물 중독, 게임 중독, 자살 시도와 같은 합병증이 동반되기 쉬운데, 그만큼 뇌의 감정 회로에 더 많은 문제가 생겼다는 이야기입니다.

미국에서는 청소년의 사망 이유를 10대 초반부터 후반까지 매년 비교해서 발표하는데, 미국과 우리나라의 청소년 사망 이유를 비교해 보면 다음과 같습니다.

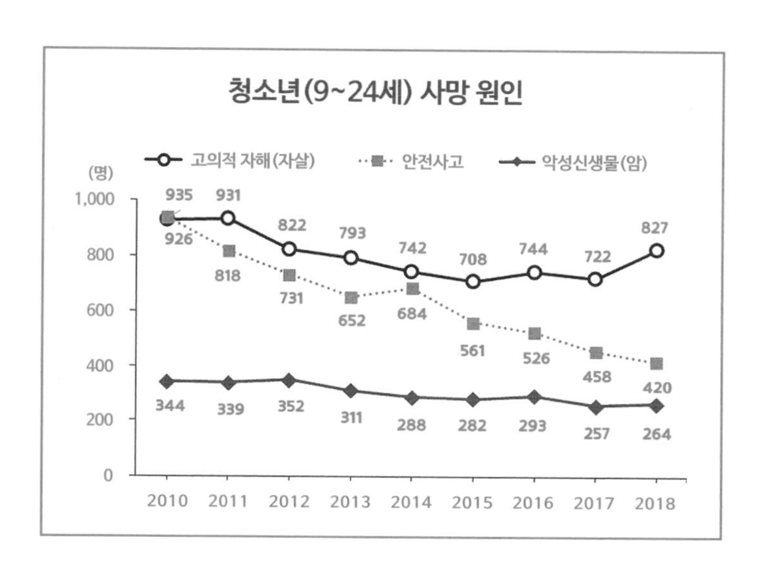

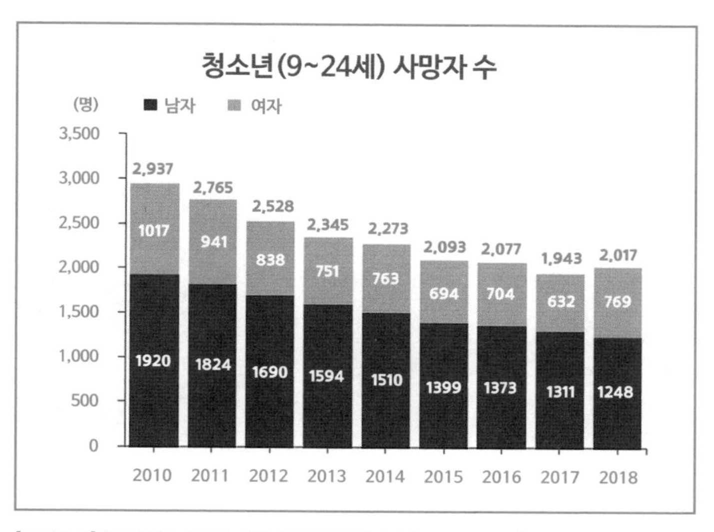

[그림3-3] 청소년(9~24세) 사망원인 및 사망자수(2010~2018)

자료: 통계청 인구동향조사 및 사망원인통계(통계청, 여성가족부 보도자료 〈2020 청소년통계〉)

- 미국: 1위 사고, 2위 중독, 3위 자살
- 한국: 1위 자살, 2위 사고, 3위 질병 관련

저도 2018년에 청소년들을 직접 대면인터뷰하고 설문조사를 실시했는데 이때도 비슷한 수치가 나왔습니다. 지난 5년 사이에 성인 자살률은 줄었지만 청소년 자살률은 줄지 않았습니다. 우리나라가 청소년 자살 위험성에 대해 얼마나 경각심을 가져야 하는지 보여 주는 지표입니다.

10대의 우울증, 어떻게 알 수 있을까?

성인의 우울증과 10대의 우울증은 어떻게 다를까요?

먼저, 2주 동안 다음과 같은 증상들이 다섯 가지 이상 보인다면 성인기 우울증으로 볼 수 있습니다.

- 이전보다 명백하게 기능 저하가 나타남
- 우울한 기분이 들거나 즐거움을 느끼지 못함
- 우울한 모습이 스스로 또는 타인에 의해 관찰됨
- 다이어트를 하지 않는데도 의미 있는 만큼의 체중 저하(한 달 기준 5% 이상 변화)
- 과식을 하지 않는데도 뚜렷한 체중 증가(단, 소아우울증의 경우 체중

증가의 폭이 별로 없음)

- 현저한 식욕 증가 또는 감소
- 불면 또는 지나치게 많이 잠
- 과도하게 초조해하거나 일상의 사고가 많이 지체됨
- 피로감이 크거나 에너지가 저하됨
- 자신을 무가치하다고 느낌
- 부적절할 만큼 지나친 죄책감
- 죽음에 대한 반복적 생각, 특별한 계획이 없지만 반복적으로 자살에 대해 생각함
- 자살을 계획하거나 시도함

다음은 청소년기 우울증의 특성입니다.

- 즐거움이 없음
- 희망이 없음
- 자존감이 낮음
- 기분 변덕이 심함
- 쉽게 분노함
- 성적 저하
- 또래 관계 위축
- 너무 많이 자고 너무 많이 먹음
- 비행, 약물남용, 성적으로 문란해짐

- 자살 시도(청소년기 자살 시도는 성공하는 확률이 높아지고 있어 주의)
- 원인 불명의 과장된 신체적 고통 호소

청소년기 우울증은 성인기 우울증의 모습과 비슷한 면도 있지만, 어떤 부분은 전혀 다른 형태로 나타납니다. 우리가 우울증으로 대표되는 기분장애를 생각했을 때 우울감, 무기력감을 떠올리지만, 청소년기 우울증은 짜증, 일탈, 감정 기복 등의 문제가 주로 나타납니다.

청소년기 우울증의 양상은 10대의 뇌 발달로 인한 사춘기 행동과도 유사한 면이 있어서 놓치기 쉽습니다. 그래서 아이와 함께 지내는 부모조차 아이가 우울증을 언제 처음 겪었는지 모르는 채 지나는 경우도 많습니다. 아이가 힘들어서 일시적으로 그렇다고 생각하는 것입니다. 친구 관계나 성적 저하, 교사나 부모와의 갈등이 사춘기라서 그런 것이니 모르는 척 지나가자고 생각해, 묻지도 말고 건드리지도 말자는 부모도 많습니다. 문제는, 기분장애가 어린 나이에 발병할수록 만성화되는 경향이 높다는 것입니다.

기분장애 문제로 병원에 입원하는 아이들이 있습니다. 아이들의 부모를 대상으로 면담해 보면, 부모는 대부분 아이의 증상 발현 시기를 입원 시기 몇 개월 전쯤으로 추정합니다. 하지만 아이와 면담하면서 아이 감정의 히스토리를 살펴보면 몇 년 전으로 거슬러 올라가는 경우가 있습니다. 거의 1~2년 동안 아이의 우울증이 몇 번에 걸쳐 나타났는데 모르고 지나쳐서 입원이 필요할 만큼 증상이 심해진 경우입니다.

앞서 말한 대로 청소년기 우울증은 성인기 우울증과 달라서 혼란이 생깁니다. 성인의 우울증은 우울한 기분이 주가 되지만, 소아·청소년 우울증은 짜증을 내고 반항적인 행동을 하는 모습으로 나타납니다. 가장 쉽게 구별할 수 있는 청소년 우울증의 증상이 있습니다. 바로 무쾌감증입니다. 무쾌감증이란 즐거움을 느낄 줄 아는 능력을 우울증으로 인해 잃어버리는 것입니다. 만약 내 아이가 기분 저하를 보이거나 불쾌감을 토로한다고 해도, 평소 즐겨 하던 활동과 대상에 대해서는 여전히 열정을 보이고 재미있어하고 즐거워한다면 우울증은 아니라고 볼 여지가 있습니다. 그러나 그 어느 것에도 쾌감을 느끼지 못하는 증상이 명확하게 보인다면, 우울증을 의심해야 합니다.

"네가 힘들기 전에 즐거워했던 일이 뭐야? 그 일이 지금은 어때?"

저희가 기분장애가 의심되는 아이들을 만날 때 던지는 질문입니다. 아이가 좋아했던 것조차 더는 즐거워하지 않는다면, 예를 들어 그토록 빠져들던 게임이나 연예인마저 재미없다고 하는 무쾌감-무의욕 상태가 되었다면, 우울증으로 인해 대뇌 쾌락 중추와 연관된 회로에 결함이 생겼다고 보는 것입니다.

우울증은 뇌의 쾌락 중추와 보상회로 등과 연관된 회로에 문제가 생기는 병입니다. 여기서 '쾌락'은 영어로 'pleasure'인데, 우리가 일반적으로 느끼는 동기, 욕구, 즐거운 기분, 행복감 등을 말합니다. 이러한 감정을 주고받는 기관에 문제가 생기는 것이죠.

우울증은 쾌감 중추의 문제와 동시에 인지적 왜곡도 일으키는데, 이 두 가지 요인이 서로 영향을 주면서 병이 더 깊어집니다. 인지적 왜곡이란, 어떤 상황을 잘못 해석하는 것입니다. 부정적인 생각이 많아져서 시야가 좁아집니다. 다른 사람들이 나를 싫어한다고 생각하거나, 매사를 불만족스럽고 부정적으로 봅니다. 특히 부모와 자녀 관계가 안 좋아지면서 부모에 대해 비판적입니다. 부모의 지지와 지원은 보이지 않고, 간섭과 통제, 지시만 보이는 것입니다. 스스로 부모와의 갈등을 일으키면서, 그런 자기 모습에 자책감도 커집니다. 사람들이 다 자신을 싫어한다고 생각해서 자존감도 낮아집니다. 지금의 우울이 벌을 받는 것이라고도 생각합니다. 그러면서 더 우울해집니다. 우울 악화의 연쇄반응chain reaction이 생기는 것입니다.

쾌락 중추에 병이 생겨서 감정이 가라앉아 있는데, 생각의 회로에도 오류가 생겨서 부정적 생각을 많이 하게 되면, 뇌에서 부정적 감정과 왜곡된 생각을 전달하는 길이 점점 더 넓어집니다. 이 두 요인이 서로 부정적 영향을 강화시키는 것입니다.

어른도 우울증이 있으면 자신의 병을 털어놓거나 도움을 요청하기 어려워합니다. 청소년기의 아이들은 더더욱 그렇습니다. 마음을 터놓더라도 가족보다는 주로 친구에게 말하는 편입니다. 그러나 친구도 미성숙하기 때문에 바른 조언을 주고받기가 어렵습니다. 그렇게 아이가 자기에게 우울증이 있다는 것을 알아차리더라도 부모와의 관계가 좋지 않은 사춘기여서 문제를 쉽게 꺼낼 수 없고, 혼자서 정신건강의학과를 찾는 용기를 내기도 쉽지 않습니다.

저는 아이들을 만나면 자주 이렇게 조언합니다.

"도움을 바라면 어른들에게 청해라. 선생님도 좋고 부모님도 좋고 친척이어도 좋다. 아니면 정신건강센터나 온라인상담센터를 이용해도 좋다. 그러면 훨씬 빠르게 도움을 얻을 수 있다."

청소년기 우울증을 조기 예방하는 데 필요한 조언 중 하나입니다. 우울증 교육이나 생명 사랑 교육(자살 예방 교육)을 받은 소수의 또래를 제외하고 일반적인 친구들은 우울감을 별일 아니라고 생각하기도 하고, 잘못된 해결 방법을 조언하기도 합니다. 어느 쪽이든 도움이 되지 않습니다.

가장 좋은 것은 엄마나 아빠가, 아이가 속마음을 터놓을 수 있는 좋은 어른으로 곁에 있어 주는 것이지만, 혹 다른 누군가를 통해 아이의 속마음을 전해 들었다면 이후에 가져야 할 부모의 태도도 중요합니다. 아픈 아이에게 쓸데없는 생각 말라며 다그치는 것은, 아이가 힘든 마음을 더 숨기게 만듭니다. 아이의 마음에 우울감을 추가하는 것이고, 아이의 뇌에 상처를 주는 것이죠. 아이가 누군가에게 마음을 털어놓았고 그 마음을 전해 들었다면, 아이가 아프다는 것을 일찍 발견했음을 다행으로 여기고 빠르게 전문의의 도움을 받으세요. 청소년기 우울증은 생각보다 흔하다는 것, 아이가 아픈 것은 야단맞아야 할 일이 아니라 치료받아야 할 일이라는 것을 기억하세요.

10대 우울증의 2차적 문제

제가 만난 한 학생은 고등학생이었습니다. 이 아이에 대한 교사나 상담사의 기록을 보니 품행장애의 문제로 상담과 진료를 요한다고 되어 있었습니다. 품행장애는 도덕적 결핍이 있다고 판단한다는 의미입니다. 도덕적 결핍이 있는 아이에게는 행동 수정 및 인지 치료, 그리고 법적 문제를 일으킨 행위에 대해서는 결과에 책임을 지게 하는 일련의 과정이 이어집니다. 가장 단편적으로는 부모와 학교, 사법적 시스템 등을 통해서 행동 제한, 시간 관리 제한을 하게 됩니다. 최근에는 분노 조절, 공감 증진, 평화적 의사소통방법 등에 대한 훈련 프로그램 등이 개발되어 효과를 보이고 있습니다.

그런데 이 아이와 상담해 보니 아이의 비행과 약물 남용 등의 품행장애는 합병증이었습니다. 1차적 장애가 아니었던 것입니다. 아이의 감정, 정서 문제는 심각해 보였고 자존감도 매우 낮았습니다. 아이는 중학교 때 부모와 갈등을 겪으면서 정서 결핍을 넘어 심한 우울 증상을 보이기 시작했고, 이후 담배와 술, 가출 등의 문제로 우울감을 표출하려고 했습니다. 아이의 내면에 있는 우울증을 치료하지 않는다면, 품행장애에 대한 프로그램만 접목한다고 해서 개선될 수 없을 것입니다. 품행장애 문제는 일시적으로 회복되는 것처럼 보일 수 있어도 우울증으로 인한 다른 합병증을 일으킬 수 있겠죠.

청소년기에는 우울 상태로 들어가면 계속 위축되고 고립되는 쪽으로만 가지 않습니다. 청소년기 뇌 발달의 특성, 또래 관계 특성 등이 있어서 자신의 우울감을 극복하려는 충동적 행동들이 툭툭 튀어나와 다양한 문제를 일으킵니다. 즉, 우울감에서 벗어나려고 자극이 될 만한 것들을 찾아 나서는 것입니다. 약물, 담배, 술과 같은 행동 문제나, 이성과의 성적 관계를 통해 정서적 보상을 받고 싶어 합니다.

여자 청소년이 우울증에 빠지면 성적 일탈로 연결되는 취약성이 커지기 때문에, 이 시기에는 SNS를 통한 잘못된 성적 접근에 대해 매우 경계해야 합니다. 과거에는 설사 잘못된 욕구를 가지고 있다고 하더라도 그런 비행을 저지르기가 쉽지 않았습니다. 비행 그룹과 연결되어야 했고, 적극적으로 나서야 실제 행동으로 이어졌지만, 이제는 SNS나 랜덤채팅과 같은 손쉬운 접근 방법이 더해지면서 전혀 모르는 사람을 쉽게 만나고, 이용당하기도 쉬워졌습니다. 과거와 비교하면 훨씬 더 많은 위험 요소가 생긴 것입니다. 그래서 이에 대한 교육과 돌봄이 매우 중요합니다.

자살 시도와 자해도 우울증의 가장 큰 합병증입니다. 청소년은 충동적인 시기이기 때문에 자살 생각의 빈도가 높고, 자살 시도도 깊게 생각하지 않고 저지르는 경우가 많습니다. 청소년기 우울증 발병 비율이 성인기 우울증 발병 비율만큼 높지 않아서 청소년기 자살 시도의 양이 상대적으로 눈에 띄지 않을 수 있습니다. 그러나 청소년기 우울증을 겪고 있는 아이들 중 자살 시도를 하는 아이들의 비율을 보면 성인기 우울증의 자살 시도율보다 높다고 볼 수 있습니다.

우울증은 치료 성과가 좋은 편입니다. 단, 만성화되고, 인격 발달에 문제가 생기기 전이라면 말입니다. 그럼에도 여러 오해로 조기에 발견하지 못해 적절한 치료 시기를 놓치는 것이 가장 안타깝습니다.

오해되기도 하는 애도 반응과 우울증

산후우울증을 심하게 앓던 한 엄마가 제대로 치료를 받지 못하였습니다. 아이를 키우면서 우울증은 심해졌고, 그것이 병이라는 것을 알았을 때는 만성화된 뒤였습니다. 안타깝게도 이 엄마는 스스로 세상을 떠났습니다.

저는 세상을 떠난 엄마의 아들을 만났습니다. 아이의 아빠가 아이의 공격성 문제가 심해져서 저에게 데려왔습니다. 먼저 아빠와 면담하면서 아이의 엄마 일을 알게 되었습니다. 그런데 아이는 엄마 이야기를 하려 하지 않았습니다. 엄마와의 일, 감정에 관해서는 어떤 표현도 하지 않으려는 아이를 보면서 저는 아이의 정서에 문제가 있다는 것을 알게 되었습니다. 정서의 문제가 공격성의 문제로 이어지고 있는 듯했습니다.

그런데 아빠도 아내의 부재에 대한 슬픔을 애써 억누르려는 모습을 보였습니다. 아이를 혼자 키우고 감당해야 할 책임감이 커서, 슬퍼할 겨를이 없다는 모습이었습니다. 저는 슬픔을 슬픔으로 표현하지 않는 것이 위험하다는 것을 알기에 아이와 아빠에게 엄마의 부재를 인정하고 슬퍼해도 된다고 말해 주었습니다. 오히려 슬픔을 적절하게 표출하지 않으면 속에서 곪아 터질 수 있다고 말입니다.

사랑하는 가족을 떠나보냈을 때, 큰 상실감이 드는 일을 겪었을 때, 우리는 슬픔을 느낍니다. 그리고 그 슬픔이 꽤 오래 지속되기도 합니다. 이를 애도 반응이라고 합니다. 이러한 반응은 매우 정상적인 심리 반응입니다. 슬픔을 억지로 과하게 참는 것보다 표현하는 것이 더 건강합니다. 애도 반응을 충분히 겪어야 그 감정을 흘려보내고 벗어날 수 있게 됩니다.

감정을 억제하면 나중에는 그 감정에서 벗어나지 못하고, 상실의 고통이 더 증가될 수 있습니다. 내면에 고여 있던 고통과 슬픔이 행동 문제나 중독 문제로 나타나기도 합니다. 애도와 슬픔이라는 감정은 충분히 겪고, 표현하고, 소통하면서 소화시켜야, 그 감정에서 천천히 벗어나게 됩니다. 그 감정을 밖으로 털어내지 않으면, 오랜 시간이 흐른 후에라도 반드시 곪아 터지게 되어 있습니다.

사랑하는 누군가를 떠나보내는 것은 슬픈 일이고, 슬퍼하는 반응을 보이는 것은 부끄럽거나 참아야 하는 일이 아닙니다. 그것이 어른스러운 일이라고 생각해서도 안 됩니다. 애도 반응을 하지 않으려 버티는 것은, 상한 음식을 먹어서 배탈이 났는데 그것을 배출하지 않고 배 안에 놔두고 있는 것입니다. 그래서 뱃속이 부글부글 끓고 아프고 신호를 보내는데, 그것을 내보내지 않고 그냥 배 안에 두어서 자신을 고통스럽게 하는 것입니다.

간혹 애도 반응을 우울증으로 혼동하기도 합니다. 애도 반응에도 슬픔으로 인한 불면, 식욕 저하, 체중 감소 등이 동반되기 때문입니다. 정상적인 애도 반응이라면 2개월을 넘지 않습니다. 그런데 만약 3개월 이상, 일상의 기능이 저하될 만큼 우울해하거나 힘들어한다면, 정말 도움이 필요한 상태일 수 있습니다. 특히 자기 존재를 부인하는 무가치감, 무쾌감증, 자살 생각을 하거나 환청을 경험하는 등의 증상이 더해지면 애도 반응이 아니라 우울증으로 보고 주변에서 빨리 전문의의 도움을 받게 해야 합니다.

우울증의 히스토리를 따질 때 어려운 경우가 바로 이러한 촉발 요인이 있는 경우입니다. 슬픈 일을 경험했으니 애도 반응을 하는 것이라고 생각해 우울증이 시작된 초기 증상들을 놓치는 것입니다. 일정 기간을 넘어서고 2차적 위험 요인이 뒤따른다면, 시작은 애도 반응이었다고 해도 우울증이라고 보아야 합니다.

우울증도 유전될까?

정답은 Yes 그리고 No입니다. 감정을 조절하는 뇌의 쾌락 중추가 태어날 때부터 취약할 수 있고, 그러한 취약성이 다음 세대로 유전될 수 있습니다. 그러나 ADHD, 조현병과 같은 질환보다는 유전적 요인의 영향이 상대적으로 적은 편입니다. 유전적 요인이 크게 드러나는 가족력을 보이는 경우도 있지만, 가족력과 무관한 경우가 많습니다. 그래서 유전적 요인은 우울증이 발현되는 데 영향을 미치기는 하지만 소인으로 봅니다. 소인이라는 것은, 뇌에 질병을 일으킬 취약성이 있지만(유전적), 그것을 건드리는 환경(위험 요인)이 크게 자극되지 않도록 주의한다면 해당 질병이 발현될 확률이 적다는 의미입니다. 환경 요인에는 가족의 경험과 애착 등 부모 관계도 포함됩니다.

그렇다면 우울증 위험 요인은 무엇일까요? 이 위험 요인을 줄일 수 있다면 유전적 소인이 있더라도 극복할 수 있을 것입니다. 우울증의 위험 요인에는 '인지적 표상'과 '대인 관계 능력'이 있습니다.

인지적 표상이란 나와 주변의 세계를 어떻게 보고 해석하는가를 뜻합니다. 자기 비하와 죄책감이 크고, 타인에 대해 부정적인 사람일수록 우울증에 취약합니다. 건강하지 않은 프레임으로 자신과 주변을 바라보는 것입니다. 검은 선글라스를 끼면 세상이 온통 회색빛으로 보이듯이 부정적 프레임으로 자신과 세상을 바라봅니다.

우리는 자라면서 수많은 경험을 하게 됩니다. 좋은 경험도 하고 나쁜 경험도 합니다. 주어지는 환경이나 경험은 내가 원하는 대로 선택할 수 있는 것이 별로 없습니다. 그러나 그 수많은 경험을 어떻게 해석할 것인가는 나의 선택입니다.

예를 들어 가정형편이 넉넉하지 않을 때, 인지적 표상이 건강한 사람은 어려운 상황을 극복하기 위해 더 노력하고 더 성숙해지는 계기로 삼습니다. 독립심 있게 자라서 부모님께 빨리 도움을 드리고 싶다고 생각하기도 합니다. 그러나 인지적 표상이 건강하지 않다면 남들에 비해 자신이 초라하다고 생각하며 우울해하거나 반항하는 모습을 보일 수 있습니다. 어려움을 극복하기 위해 성장하기보다 지금의 문제에 매몰되어 버리는 것입니다. 똑같은 상황이어도 누군가는 긍정 프레임으로, 누군가는 부정 프레임으로 해석하고 어떤 행동을 취할지 선택합니다.

그러한 선택이 쌓이면 인지적 표상의 기틀이 마련됩니다. 즉, 단단한 뇌의 회로가 만들어지는 것입니다. 따라서 좋은 경험을 하느냐

나쁜 경험을 하느냐보다, 주어진 상황을 어떻게 해석할 것인가의 프레임을 잘 만들도록 훈련시키는 것이 중요합니다.

육아를 할 때 아이가 한 행동의 결과가 아니라 과정을 칭찬하라는 이야기를 많이 나눕니다. 결과 중심의 대화는 아이에게 좋은 경험과 나쁜 경험에 따르는 평가에 집착하게 만듭니다. 하지만 과정 중심의 대화는 아이에게 맥락을 해석하게 만듭니다. 더 긍정적으로 사고할 수 있는 여지가 있습니다. 어려서부터 부모와 자녀가 나누는 대화의 훈련이 인지적 표상의 기틀이 될 수 있습니다.

우울증 위험 요인의 두 번째는 대인 관계 능력입니다. 이는 활동성과 관련됩니다. 활동성이 낮을수록 대인 관계가 위축되고, 대인 관계가 위축되어 불안정할수록 우울증이 발현될 위험성이 올라갑니다. 청소년기는 또래 관계가 매우 중요합니다. 이 시기에 대인 관계에 문제가 생기면 우울증의 발병 위험성이 올라갑니다.

참고로 간혹 대인 관계 능력을 말할 때 내향적인 성격을 부정적으로 오해하기도 합니다. 내향적이더라도 자아정체성이 분명하고 자존감이 높으면 대인 관계를 원만히 해냅니다. 내향적인 아이에게 좀 더 적극적으로 참여하도록 유도하는 것이 좋겠지만, 그렇다고 부정적으로 바라보아서는 안 됩니다. 그건 그저 타고난 기질입니다. 내향적인 사람이 외향적인 사람보다 대인 관계에 쏟는 에너지는 적지만, 그 에너지를 다른 부분에 사용하는 것입니다.

많은 사람을 자주 만난다고 해서 외향적이거나 대인 관계가 좋다고 볼 수 있는 것도 아닙니다. 양보다 질로 평가해야 합니다. 한 사람을 만나더라도 상대와 원만한 관계를 유지하고 있는가가 기준이 됩니다. 수많은 사람을 만나더라도 마음을 터놓지 못하고 누구와도 깊이 있는 대화를 나눌 수 없다면, 대인 관계가 좋다고 할 수 없습니다.

인지 표상과 대인 관계 능력이 우울증 발병에 중요한 영향을 미치는 중간 요인이라면, 우울증 발병을 촉발시키는 요인으로는 스트레스가 있습니다. 우울증을 일으키는 가장 가까운 요인으로 보이지만, 사실 스트레스는 원인이라기보다는 도화선 역할을 한다고 볼 수 있습니다. 탄창에 들어 있는 총알이 아니라 방아쇠 역할입니다. 살면서 스트레스를 받지 않을 수 있을까요? 불가능합니다. 결국 스트레스는 받느냐 아니냐보다, 스트레스를 받는 환경 속에서도 나를 어떻게 지켜내느냐, 어떤 관계를 맺느냐에 따라 우울증이 발현될 것인가가 결정된다고 볼 수 있습니다.

우울증 치료도 이 두 가지 차원에서 먼저 시작됩니다. 인지적 왜곡을 바로잡고 대인 관계 능력을 키울 수 있는 여러 가지 활동 프로그램을 적용하는 것입니다. 물론 생물학적 요인을 바로잡기 위한 항우울제 치료를 병행하거나 정서적 갈등 문제에서 가장 중요한 가족 치료를 진행하기도 합니다.

10대 우울증, 꼭 약을 먹어야 하나요?

핀란드는 행복지수가 높은 나라로 손꼽힙니다. 북유럽 육아는 부모들 사이에서 화제이지요. 그런데 불과 30년 전만 해도 핀란드는 자살률이 가장 높은 나라였습니다. 그것도 20년간 유지된, 매우 오래도록 우울한 나라였습니다. 놀랍게도 최근 30년 사이에 가장 우울한 나라에서 가장 행복한 나라로 변했습니다. 보건의학 통계에서 매우 극적인 자료를 보여 주는 나라로 손꼽히죠.

비결이 있을까요? 핀란드 자살 감소의 극적인 변화를 이야기할 때 빠지지 않는 것이 있습니다. 바로 부작용이 적은 항우울제 신약 개발과 활용 범위, 사용량의 증가입니다. 이전의 항우울제는 매우 고통스러운 약으로 인식되었습니다. 먹으면 입이 마르고 몸이 아프고 정신을 못 차릴 정도로 졸린 약이었습니다. 그런데 신경전달물질인 세로토닌 계열의 약이 개발되면서 부작용이 매우 적고 상대적으로 더 좋은 효과를 보이게 되었습니다. 그리고 이 약이 광범위하게 사용된 시기부터 점차 핀란드의 자살률이 감소하기 시작했습니다. 핀란드 국민의 항우울제 사용률은 전 세계적으로 가장 높은 편에 속합니다. 항우울제의 개발은 정신건강의학에서도 매우 결정적인 역할을 했다고 봅니다.

물론 항우울제만으로 핀란드의 극적인 변화를 다 설명할 수 없습니다. 핀란드는 국가 차원에서 전체 자살자의 심리 부검을 실시하여 사회경제·가족·지역사회의 영향을 자세히 파악하였고, 나라의 다운된 분위기를 고취시키기 위한 경제·문화적 노력을 혁신적으로 더했습니다. 항우울제를 통한 적극적인 교정치료뿐 아니라 삶의 안정감과 만족감을 높이는 변화를 주려는 사회적 노력이 병행된 것입니다.

"약을 먹는 것이 근본적인 치료가 되나요?"

기침이 너무 심하면 일을 할 수가 없습니다. 사람을 만날 수 없고 업무를 볼 수도 없습니다. 그래서 우리는 기침약을 먹습니다. 감기는 바이러스의 문제이므로 치료제가 없습니다. 다만 삶의 질을 개선하기 위해 기침을 유발하는 요인을 없애는 기침약을 감기약이라는 이름으로 복용하기도 합니다. 근본적인 치료가 아니어도 약을 써야 할 때가 있습니다. 깊어진 우울감으로 당장 일상생활을 할 수 없는 지경이라면, 우울감을 덜어내는 약을 통해 부정적 감정 회로의 악화를 막도록 교정해야 하지 않을까요? 잘못된 회로의 흐름을 교정해서 우울의 감정을 덜게 하는 것이 아픈 뇌를 회복시키는 데 가장 확실하고 안전한 도움이 되기도 합니다.

이처럼 약은 치료의 개념으로 접근하기도 하고 교정하는 데 도움을 주기 위한 개념으로 접근하기도 합니다. 정신건강의학과에서 사용하는 약은 주로 신경전달물질에 영향을 미쳐 감정이나 생각이 한쪽으로 치우친 사람들에게 균형을 맞추도록 돕는 역할을 합니다. 우리 뇌는 하나의 생각이나 하나의 감정을 습관적으로 반복하면 그 생각의 길, 회로가 넓고 깊게 파입니다. 수풀이 우거진 길이 있을 때, 그 길을 한 번 지나간다고 길이 생기지는 않지만, 여러 사람이 여러 번 드나들면 넓은 길이 생기듯 말입니다. 이처럼 한쪽으로 치우친 생각과 감정의 흐름이 넓고 깊어져서 뇌 기능에 문제가 생겼을 때, 정신건강의학과에서는 그 흐름을 막기 위해 약을 사용하고 잘못된 생각을 바로잡기 위한 정신 치료, 인지 치료 등을 병행합니다. 정상적으로 일상생활을 할 수 있는 기능이 손상된 상태라면, 상담을 통한 교정과 함께 일상 회복을 위해서 약을 사용하는 것이 불면, 불안, 공황 등의 고통을 줄이고 회복 과정을 촉진하는 데 도움이 됩니다.

우리는 정신건강의학과에서 사용하는 약에 대해 큰 두려움을 가지고 있는 것 같습니다. 가장 큰 오해는 약을 먹기 시작하면 평생 먹어야 한다는 것입니다. 그래서 그런지 증상이 조금 나아진 것 같으면 약을 끊게 해 달라는 부모들의 요구를 많이 받습니다. 그런데 효과가 있어 보여도 정상 기능을 회복할 수 있게 되기까지는 일정 기간 복용해야 한다는 근거가 있고, 그 근거에 따라 의사는 약을 처방하고 유지하기를 권합니다. 다만 의사의 권고량과 기간에 맞춰서 먹어야 합니다. 의사의 권고를 넘어서는 약물 남용은 매우 위험합니다.

우울증 약을 먹으면 아이의 뇌가 망가지지 않을까 부모들은 걱정합니다. 과거에는 약을 먹으면 멍해지거나 잠이 쏟아지는 등의 부작용이 큰 경우가 많았습니다. 하지만 의학도 발달했습니다. 요즈음의 치료 약물은 아이의 뇌를 망치는 것이 아니라 병으로 인한 뇌의 기능을 교정하기 위해 사용합니다.

그런데 참 아이러니하게도 꼭 필요하여 제안하는 약은 거부하면서, 약의 효능을 오해해서 오용하는 문제가 발생합니다. ADHD의 치료에 쓰이는 약을 머리가 좋아지는 약이라고 하여 아이들에게 복용시키는 학원, 부모가 있어서 문제가 된 적이 있습니다. ADHD 약을 먹으면 일시적으로 각성 효과가 있는데 이 약을 먹은 아이들이 피곤해하지 않는 것을 보고 머리가 좋아지는 약이라고 생각하여 복용시킨 사례입니다. 전문의약품은 일반 기능성 식품이나 처방전 없이 살 수 있는 일반의약품이 아닙니다. 몸에 영향을 미치기 때문에 신중하게 접근하고 전문가의 상담을 거쳐야 합니다. ADHD 치료제와 같은 항정신성 약을 사용하였을 때 아이의 뇌에 어떤 영향을 미칠지 충분히 고려한다면, 절대로 그 약을 내 아이에게 영양제처럼 줄 수는 없을 것입니다.

약은 조심스럽게 접근해야 하는 것이 맞지만, 의사에 대한 신뢰가 뒷받침되어야 합니다. 약을 사용하는 의사도 해당 환자의 상태와 반응을 자세히 살피고 충분한 소통과 함께 처방해야 하고, 약을 복용하는 환자와 보호자도 약을 처방하는 의사를 신뢰하고 치료 과정에 동참하여 함께 토론하고 논의해야 합니다.

10대 아이들의 불안장애

불안장애란 무엇일까요? 불안장애의 대부분은 공포증을 말합니다. 특정 대상을 무서워하는 것입니다. 예를 들어 어둠이나 주사기, 피와 같은 특정 대상을 보면 우리가 일반적으로 느끼는 두려움을 넘어서서 식은땀을 흘리거나 심장이 빠르게 뛰는 등 생리적인 반응이 동반되는 것입니다. 이러한 공포증은 주로 유년기에 많이 경험합니다. 그런데 청소년기가 되면서는 발병률이 6분의 1로 줄어듭니다. 청소년기에 지적 능력이 향상되면서 불안을 극복할 수 있는 능력이 생기기 때문입니다. '그거 별거 아니구나, 그냥 내가 통제할 수 있는 것이구나'를 깨닫게 되면서 공포를 상쇄시키는 것입니다.

별것 아니라는 것을 인지하는데도 불안함은 상당히 남는 경우가 있습니다. 특정 대상에 대해 불안해했던 것이 공포증이었다면, 일반적인 불안장애는 대상이 명확하지 않습니다. 공포증과 불안장애를 구분해서 볼 때 핵심적인 부분입니다. 내면에 남은 불안은 다른 불안으로 이어집니다. 사회불안으로 이어져서 타인의 시선을 걱정하게 되거나, 실패에 대한 불안, 죽음에 대한 불안 등으로 이어지기도 합니다.

기질적으로 불안을 잘 느끼는 아이들이 있습니다. 그런 아이들일수록 불안장애를 갖게 될 확률도 상대적으로 높겠죠. 어떤 시도를 하는 것에 대해 매우 소극적이거나, 회피적인 행동 특성을 보이는 아이들 중 행동이나 기분상의 불안뿐 아니라 생리적인 특성을 보이는 경우도 있습니다. 예를 들어 약간 놀랄 만한 인형이나 동영상 등을 보여 주었을 때 심박수, 땀의 분비량, 뇌파의 변화 등을 살펴보면 불안 기질을 가진 아이들은 일반적인 아이들에 비해 점수가 몇 배 높게 나타납니다. 생리적 취약 요소를 가지고 있다는 의미입니다.

자주 놀라는 과정이 오래 지속되면 불안 지수가 높다고 볼 수 있습니다. 대부분의 아이는 같은 자극을 두 번, 세 번 반복하면 더는 놀라지 않지만, 불안장애를 가진 아이들은 불안 조절에 적응하지 못하고 계속해서 동일하게 힘들어하거나 불안 정도가 더 올라갑니다.

기질적으로 불안 지수가 높을 수도 있지만, 모방하여 습득되는 경우도 있습니다. 부모가 자주 놀라거나 불안 정도가 높을 경우, 신체적 반응인 복통이나 두통을 자주 호소한다면 아이가 이를 모방, 학습하게 되는 것입니다. 그저 부모가 놀라고 불안해하는 외적인 반응만 아이가 모방하는 것이 아니라 신체적 반응인 복통, 두통의 증상까지 나타나기도 합니다.

신체적 반응인 복통, 두통과 같은 증세만 보고 다른 과를 찾아가는 경우가 많습니다. 내과에 가서 검사했는데 이상이 없으면 '스트레스성'이라는 진단을 받게 됩니다. 불안을 조절하는 기능에 문제가 생겨서 나타나는 생리적인 현상이기 때문에 이때는 심리적 문제로 접근해야 함에도 신체적 문제로 오인하는 경우입니다. 그래서 소아청소년과에서 이 문제를 가장 면밀하게 알고 살필 필요가 있습니다. 내과적 소인이 없는 신체적 증상의 경우, 심리적 지원이 필요하다는 것을 알아야 제대로 된 도움을 줄 수 있습니다.

소아·청소년기의 불안 문제는 발달을 저해하는 것이 가장 큰 문제입니다. 즐겁고 다양한 활동, 또래 관계에서의 경험, 학습할 기회를 빼앗을 수 있기 때문입니다. 특히 청소년기에는 신체적 그룹 활동, 새로운 탐험을 할 아이디어가 떠오르는 시기인데 그 모든 가능성을 두려움 때문에 차단해 버립니다. 자기 불안에 갇혀서 불안을 느끼지 않는 한계 속에서 행동하는 것으로 만족합니다. 모르는 것에 대한 불안도 있습니다. 죽음이나 위험한 것에 대한 불안입니다.

불안증의 대부분은 사회불안으로 이어집니다. 다른 사람이 나를 어떻게 볼 것인가에 대한 불안이 커지는 것입니다. 그러면서 공황장애와 같은 증상이 발현되기도 합니다. 사회불안은 지속적인 문제로 이어지는데, 사회 활동이 위축되고 대인 관계가 위축됩니다. 실패에 대한 불안도 큽니다. 못 하면 어떡하나, 실패해서 욕먹으면 어떡하나 하는 불안은 주로 시험 기간에 많이 드러납니다. 평소 잘하다가도 중요한 순간 실력 발휘를 못 해서 추가적인 문제들이 발생합니다. 이처럼 청소년기 아이들의 불안문제는 주로 대인불안, 시험불안, 생리적 측면의 문제로 많이 드러납니다.

나이가 들면 대부분 불안에 대한 조절 기능이 생깁니다. 웬만한 불안에 대해서는 나름의 해결책을 찾으면서 문제를 해소하는 것입니다. 성인기까지 지속되는 불안장애도 있는데 그중 하나가 전반적 불안장애입니다. 계속해서 떠오르는 다양한 걱정을 조절하지 못하는 병입니다. 이런 경우 모든 문제를 걱정합니다. 새로운 사람을 만나는 것을 불안해하고, 부모가 건강하지 않아서 세상을 떠날 것 같아 불안하고, 외출한 동생이 사고가 날 것 같아 불안해하는 등 일상의 사소한 일마다 지속적으로 과도하게 걱정합니다.

청소년기에 이러한 전반적 불안장애를 가지고 있다면, 그 시기에 거쳐야 할 과업을 수행하지 못하는 문제와 더불어 2차적인 신체 문제가 동반될 것입니다. 긴장감이 올라가서 집중력이 떨어지고, 잠을 깊이 못 자거나 감정 조절에 어려움을 겪는 등입니다.

이처럼 불안장애는 소아기에 생겨서 청소년기를 거쳐 성인기까지 이어지는 대표적 문제이고, 공황장애를 유발하기도 합니다. 공황장애는 불안이 극대화되어서 숨을 못 쉬겠고, 심장이 너무 빨리 뛰는 듯한 신체적 느낌으로 죽을 것 같은 공포감이 유발되는 것입니다. 발작적인 신체 증상과 죽음 공포로 인해 응급실로 가는 경우도 있습니다. 극단적 형태의 불안장애입니다.

참고로 최근 공황장애를 겪고 있는 연예인들의 고백이 잇따르면서 공황장애가 매우 일반적인 것처럼 이야기됩니다. 공황장애가 불안장애를 대표하는 것처럼 이야기되고 있지요. 정신질환에 대한 사회적 낙인을 덜 받고 이해가 빠른 소통의 방식일 수 있지만, 사실 우울증과 불안장애, 조울증과 불안장애인데 불안장애의 범주 안에 있는 일부인 공황장애만 떼어놓고 이야기하는 것일 수 있으므로 공황장애를 대표적인 병이라고 오해하지는 않았으면 합니다.

다른 불안장애의 유형으로 분리불안이나 강박장애 등도 있습니다. 청소년기에 드러나는 분리불안장애는 주로 가까운 사람이 죽거나 이민, 유학 등으로 분리되는 등 상실 경험이 동반되는 경우가 많습니다. 그래서 이후에도 그러한 동일한 문제가 반복될까 봐 가까운 사람들과 분리되는 것을 두려워하는 것입니다. 이렇게 불안지수가 높은 아이라면, 분리되어야 하는 이슈가 있을 때 이후 진행될 과정을 충분히 인지시킨 후 받아들일 준비가 되면 그때 실행하는 것이 좋습니다.

강박장애는 아동기나 청소년기에는 드물고 어른에게서 주로 발현됩니다. 강박증은 원하지 않는 생각과 욕구가 마음을 지배하는 것에 대한 두려움입니다. 아동기에는 강박증이 있어도 그것이 합리적이지 않다는 것을 몰라서 그저 특정 행동을 반복합니다. 예를 들어 손이 더럽다고 생각해서 계속 닦는다면, 그것이 비합리적이라는 것을 몰라서 반복하는 것입니다. 그런데 청소년기에는 이러한 반복 행동이 비합리적임을 압니다. 말이 안 되고 쓸데없는 걱정인데, 그럼에도 그 생각을 떨치지 못하는 자신을 알아차리게 됩니다. 문제는 그때부터 강박행동은 줄지만 강박불안이 생깁니다. 말도 안 되는 침투적인 생각이 떠오를까 봐, 강박행동을 하게 될까 봐 걱정하는 것입니다.

앞서 언급한 것처럼 불안장애는 대부분 기질적 영향이거나 가족이나 중요한 주변 관계에서의 경험을 통해 나타납니다. 아동기에는 공포증으로 나타났다가, 청소년기에는 공포증은 줄고 사회불안이나 전반적 불안장애로 증상의 패턴이 옮겨갑니다. 이러한 불안장애는 발달에 필요한 건강한 경험을 제한하게 하고, 생각을 위축시키고 사회적 관계를 피하게 만듭니다.

일반적으로는 불안 문제를 스스로 극복할 수 있는 능력을 터득합니다. 내가 어떤 문제를 만나면 유독 불안해한다는 것을 자각하는 것이죠. 그래서 그 문제를 해결할 방법을 모색합니다. 숨이 가빠지는 등의 생체적 반응도 심호흡, 복식호흡 등으로 컨트롤하는 방법을 습득하고 실행할 수 있게 되죠. 그러한 노력에도 불안의 정도를 감당할 수 없는 경우 불안장애에 대한 전문적인 치료를 받기를 권합니다.

종합해 보면, 청소년기 불안장애에 가장 효과적인 치료법은 평소 아이에게 심호흡, 복식호흡 같은 방법을 통해 신체적 증상의 발현을 줄이도록 알려주는 것입니다. 그리고 인지적으로 아이가 가지고 있는 불안 경험을 격려하여 피하지 말고 자꾸 시도하게 하면서, 그것이 별일 아니라는 것을 깨닫게 도와주는 행동 치료를 행해야 합니다. 대부분은 이러한 행동 치료로 극복됩니다. 공황장애가 있다면, 과호흡을 방지하는 방법을 알려주는 것과 더불어, 절대 과호흡 등으로는 죽지 않는다는 것을 알려주는 인지 교육도 매우 크게 도움이 됩니다. 약물치료로 치료 효과를 높일 수도 있습니다.

청소년기는 많은 불안 문제를 극복하는 데 긍정적인 시기라고 볼 수 있습니다. 학업에 대한 과도한 스트레스로 힘들어하는 아이에게 높은 기대치를 요구하는 것, 결과에 대해 무리하게 다그치는 것은 절대 피해야 합니다. 대부분의 불안은 미래를 걱정하거나 관계에서 긴장이 해소되지 않는 데서 나옵니다. 미래에 대한 걱정이 클 때는 현재에 집중하고, 오늘 내게 주어진 과업들을 차근차근 해나가면서 안정감과 자신감을 느끼게 하는 것이 도움이 됩니다.

06

'관리'라는 장기전에 들어서는 10대의 신경발달장애

유·소아기와 10대의 신경발달 문제의 차이

신경발달장애는 생의 초기부터 언어·감각·운동·애착 반응과 관련된 주요 신경회로의 발달이 지연되어 언어·감각·운동·사회성 발달 등에 문제를 보이는 질환입니다. 대표적인 질환이 ADHD, 지적장애, 자폐성장애 등이 있습니다.

신경발달장애는 뇌의 회로와 기능의 결함을 동반하는 문제이기 때문에 치료 기간이 길고, 지속적으로 관리해 주어야 하는 질환에 속합니다. 어려서 발병하여 청소년기까지 이어지는 질환이므로, 교육과 양육에 있어서 꾸준한 지원이 필요하고, 의학적 치료를 병행하는 경우가 많습니다. '완치'를 기대하기보다 꾸준히 '관리'하면서 최선의 성장·발달을 할 수 있게 도와야 하는 병입니다.

신경발달 문제를 가진 아이들도 많은 경우 일반 어린이집·유치원·초등학교에 다니면서 건강한 아이들과 함께 공부하고 함께 활동하면서 지냅니다. 이를 '통합교육'이라고 하는데, 우리나라에서는 대부분의 신경발달 문제를 가진 아이들이 통합교육을 받습니다. 내 아이가 현재 발달 문제를 겪고 있지 않더라도, 이 문제에 대해 관심을 가지고 바른 시각을 가질 필요가 있습니다. 그래서 10대 사춘기 자녀를 둔 일반 부모를 대상으로 한 책이지만 신경발달 문제에 대해 이야기하고자 합니다.

영·유아기, 아동기, 청소년기를 지나면서 시기마다 발달 과제가 있습니다. 인지·정서·조절 능력 등에서 일정 기준을 넘어야 하는 것입니다. 각 연령대에 맞는 키와 몸무게가 있듯이, 아이마다 개인차가 있지만 지적 이해 수준, 언어적 이해 수준, 행동이나 감정의 자기 조절 수준의 정상 발달 범위가 있습니다. 만약 정상 발달 범위에 비해서 현저하게 떨어진다면 그 아이에게 맞는 교육지원을 개별적으로 해 주어야 하기 때문에 주기적인 평가가 중요합니다.

신경발달 문제는 임신 초기부터 시작됩니다. 0~3개월까지를 임신 1기, 4~6개월까지를 임신 2기, 7개월부터 출산까지를 임신 3기로 보는데, 임신 2기에 뇌의 틀, 구조적 성숙이 이루어집니다. 이때 유전적 결함이나 손상으로 인해 발달에 지연이 생기면 신경발달장애, 즉 언어장애나 지적장애, 자폐와 같은 문제가 시작된다고 볼 수 있습니다.

우리가 아이의 언어 발달을 체크할 때 12개월 즈음 아이가 '엄마'를 인식하고, "엄마"라는 말을 정확한 의미로, 반복적으로 호명하는 데 활용할 수 있는가가 하나의 기준점이 됩니다. 하지만 12개월에 문제가 드러났을 뿐, 문제의 시작은 대부분 임신기에 언어 발달·감각 발달·애착 발달과 관련된 뇌 신경계가 충분하게 발달하지 못한 데서 비롯됩니다.

유·소아기에 신경발달에 문제가 발견되었다면, 상당수가 10대, 그리고 성인기까지 그 문제가 이어집니다. 그렇다면 유·소아기의 신경발달 문제와 청소년기의 신경발달 문제는 어떻게 다를까요? 유·소아기에는 언어 발달 문제, 지능 발달 문제, 자폐스펙트럼과 같은 발달 문제가 각각 구체적으로 드러나지만, 10대의 발달 문제는 그 이전에 이어져 오던 문제와 다른 문제가 복합되어 나타납니다.

우리가 앞에서 다룬 것처럼 아이가 10대에 접어들면 뇌의 발달에 큰 변화가 일어나는데, 신경발달장애가 있는 아이들도 마찬가지입니다. 신체적으로 청소년기의 특성이 드러나고, 그러면서 아이의 자율성·독립성이 올라가고, 조절 기능에 일시적으로 어려움을 겪으며, 가족보다 또래 관계 등에 예민한 시기가 되면서 본래 가지고 있던 신경발달 문제와 더불어 여러 가지 문제 행동이 추가되고, 그만큼 치료도 어려워집니다. 좋게 보면 아이가 그만큼 똑똑해지고 생각이 많아졌다는 것이고, 부정적으로 보면 그만큼 문제의 유형이 복잡해졌고, 아이나 부모에게 모두 힘든 시기가 되었다는 것입니다.

신장에 문제가 생기는 콩팥병이 소아기에 발병할 확률이 생각보다 높습니다. 소아기에 콩팥병을 심각하게 앓았을 경우 청소년기까지 지속되는 경우가 많습니다. 콩팥병이 청소년기에 완전히 낫기도 하지만, 성인기까지 이어지는 경우도 있습니다. 유·소아기에는 아이가 부모의 주도하에 치료를 잘 따라옵니다. 하지만 청소년이 되어 자율성이 생기면서 자기 몸에 대한 권리가 자신에게 있다고 생각하게 되고, 특히 만성질환처럼 오래도록 같은 질환으로 고생한 아이와 부모는 청소년기가 되었을 때 이미 많이 지쳐 있습니다. 그래서 상황에 대해 비관적이 되고, 자기 자신에 대해 혐오감을 보이는 아이도 있습니다. 결국 자기 병을 어떻게 인식하느냐의 문제, 인지적 문제로 인해 무너지게 됩니다. 치료를 거부하면서 눈에 띄게 상태가 나빠져 자포자기하기도 합니다. 우울증이 중첩되어 나타나기도 합니다. 부모도 지쳐서 아이의 마음을 충분히 다독일 여력이 없습니다. 서로 많이 부딪히게 되죠. 그러다 상태는 더 심각해지고 이식을 받아야 하는 상황까지 가는 경우도 있습니다.

신경발달 문제도 이와 비슷합니다. 어릴 적 ADHD, 자폐, 언어 발달·사회성 발달·인지 발달에 문제가 있었던 경우 부모가 적극적으로 치료받고 관리하려 합니다. 하지만 발달 문제는 상처가 난 부위를 봉합하면 끝나는 것과 같은 간단한 치료 과정이 아닙니다. 아이의 뇌는 계속 발달하고 변화하기 때문에 신경발달 문제는 장기전으로 이어지는 경우가 많습니다. 장기 치료에 지친 부모와 아이가 10대가 되었을 때 갈등이 더 커지고 많이 부딪히면서 어려운 시기가 됩니다.

새로운 길, 새로운 가능성을 찾아야 할 때

모든 만성질환 관리가 그렇겠지만, 10대는 임계기critical period입니다. 성인기를 앞두고 일생을 어떻게 살 것인가를 결정짓는 중요한 시기입니다. 발달 문제뿐 아니라 다른 정신 건강 문제가 장기화되었을 때에도 마찬가지입니다. 10대에 자신의 질환을 어떻게 받아들이는가가 평생의 건강과 삶의 자세를 결정짓는 게이트웨이가 됩니다.

발달 문제로 장기간 저를 만나는 부모들을 보면 안타까울 때가 많습니다. 아이를 키우는 일은 정말 힘든 일인데, 발달 문제를 가진 아이를 돌보는 일은 얼마나 더 힘들까요? 그럼에도 미성숙한 아이를 붙들어야 할 사람은 부모입니다. 그래서 부모의 정신 건강도 잘 다스려야 합니다. 이 시기 아이의 문제로 방문하는 부모의 정신 건강을 함께 챙겨야 하는 이유입니다.

장기화된 발달 문제를 치료하는 과정의 어려움과 청소년기의 특성이 맞물리면서 부모와 자녀의 갈등이 심해지는 경우가 많습니다. 소아·청소년의 치료 중 가장 어려운 경우가 부모와 자녀의 관계가 틀어졌을 때입니다. 소아·청소년기 아이들은 자진해서 치료를 받기보다는 대부분 부모에 의해 병원에 옵니다. 따라서 아이가 치료에 적극적이지 않고 자신의 상태를 잘 설명하기도 아직은 어렵습니다. 이때 아이를 가장 오랜 시간 지켜봐 온 부모가 아이의 치료 과정과 발달 과정을 의사와 잘 소통하는 것이 중요합니다. 그래서 청소년기까지는 치료 과정에 부모를 동반하게 하는 경우가 많습니다.

물론 환자는 아이이기 때문에 의사와 아이의 소통이 중요하지만, 아이들은 부모와의 관계가 어긋나면 어른에 대한 불신으로 생각을 확장시키는 경우가 많습니다. 그래서 소아·청소년의 정신 건강 문제를 관리하는 데 있어서 부모와 자녀의 관계가 중요한 요소가 됩니다. 부모와 자녀의 관계가 긍정적으로 유지되도록 하는 것, 정서적 충족감을 채우는 역할을 소홀히 하지 않아야 합니다.

여러 종류의 신경발달장애는 아이마다 독특한 궤도를 걷게 합니다. 진단상으로는 지적장애, 언어장애를 가지고 있다고 하더라도, 학령기이자 청소년기에 뇌 발달 자체가 엄청난 변화를 거치기 때문에 실제 뇌 기능에 변화가 일어나기도 하고, 또한 이 시기에 아이에게 어떤 경험을 제공하는가, 어떤 선택을 하느냐에 따라 성인기 이후의 삶이 달라집니다.

영화 〈말아톤〉을 기억하나요? 이 영화는 실제 사례를 바탕으로 만들어졌습니다. 주인공은 눈맞춤이 없고 타인과 소통이 불가하며 인지 발달이 제한적이고 지능도 초등학교 저학년 수준인 자폐성장애를 가지고 있습니다. 하지만 그 많은 장애물을 뚫고 희망을 발견하게 해 준 것이 달리기 즉, 마라톤입니다. 아이는 마라톤을 통해 자기가 가진 능력을 드러냈을 뿐 아니라 부모에게도 희망을 주었습니다. 발달장애아를 둔 많은 부모에게도 희망이 되었죠.

발달에 문제가 있는 아이들에게도 저마다 개성이 있습니다. 따라서 아이가 성취감을 느끼고 인생 전반에 걸쳐 사회와 소통할 수 있는 창구가 될 선택을 내릴 중요한 시기가 바로 10대, 청소년기입니다. 희망적인 사례는 많습니다. 수영으로 아시아선수권 대표가 되기도 하고, 첼로와 같은 악기 연주를 배워 앙상블을 맺고 공연하기도 합니다. 일러스트 디자이너가 되어 다양한 굿즈를 판매하기도 합니다. 이처럼 아이만의 독특한 개성을 발휘하고, 사회적으로도 능력을 인정받는 계기가 될 수 있는 길이 있음을 생각해야 합니다.

아이의 상태가 극적으로 좋아지지는 않습니다. 하지만 새로운 기회를 제공한다면 새로운 가능성을 발휘할 수 있는 시기입니다. 현실적으로 그러한 기회가 가족의 노력만으로 생기지는 않습니다. 국가적 차원의 개입과 지원이 필요한 부분이죠. 발달장애는 청소년기 이후의 성인기·노년기까지 장애인으로 살게 되고, 이들은 일반인들의 인지적·사회적 능력을 평생 따라갈 수 없습니다. 그래서 이들이 사회구성원으로 살아갈 수 있도록 하는 보완 체계를 정부 차원에서 지속적으로 검토해야 합니다.

물론 아직 많이 부족하지만, 다행히 최근 우리나라에서도 장애인 관련 법과 제도가 정비되고 있습니다. 2015년에는 발달장애인 지원법이 만들어졌습니다. 발달장애인에 대한 복지서비스도 다양해졌습니다. 직업 재활, 고용지원 등의 토대가 과거에 비해 활성화되었죠. 내 아이에게 맞는 기회를 제공하려는 가족의 노력, 사회적 지지가 결합되면 발달장애인들도 자신의 독특한 능력, 가치를 드러낼 기회가 일반 성인만큼 주어질 수 있을 것입니다. 사회도 그렇게 발전하고 있다고 믿습니다. 부모도 그 가능성을 놓치지 않길 바랍니다.

부모는 내 아이가 지능발달장애, 언어발달장애, 자폐증 등의 발달 문제가 있다고 할 때 희망이 없다고 생각합니다. 아이를 정상으로 만드는 것만이 유일한 희망이라고 생각하는 것입니다. 물론 아이가 어릴수록 언어치료, 사회성 발달 치료는 중요하고 치료의 효과가 좋습니다. 하지만 초등학교 3~4학년 이후가 되면 '정상화'라고 하는 꿈은 안타깝지만 접어야 할 수 있습니다. 신경발달 문제는 극적으로 상태가 좋아지기를 희망하기가 어렵습니다. 지금 아이의 상태에서 아이가 사회화를 잘 이룰 수 있는 대안을 찾아주는 것이 현실적이라고 조언드립니다.

국어, 영어, 수학 등 성적을 가지고 경쟁시키는 것만이 유일한 길이 아닙니다. 그런데 고기능 자폐증이 있는 아이의 경우 부모는 그 길을 포기하지 못합니다. 고기능 자폐증의 아이는 기본적인 학습 과정을 어느 정도 따라가고, 친구도 한두 명은 있고, 두드러진 공격성을 나타내는 등의 사회적 문제를 일으키지 않는 것처럼 보입니다. 그래서 부모가 학습에 대한 미련을 더 포기하지 못합니다. 아이가 그 과정을 완수할 수 있다고 기대합니다. 학업의 경쟁에서 다른 아이들과 같이 승부를 봐야만 한다고 생각하는 것입니다.

그런데 학업 능력을 발휘해야 하는 길을 따르게 한다면, 10대가 되어 자기 고집이 생기고 주장이 생기게 되었을 때 부모와 아이의 갈등이 깊어지는 경우가 많습니다. 일반 아이들도 그렇지만 발달에 문제가 있는 아이로서는 그 로드맵을 따르고 일정한 학업 수준을 유지하는 것이 매우 괴로운 일이기 때문입니다.

저는 아이가 어느 정도 학업을 따라가는 것 같다고 해도, 10대가 되면 과감하게 아이가 좋아할 만한 것들을 제공하여 아이에게 선택지를 주어도 된다고 봅니다. 아이가 사회인이 되었을 때 인정받을 수 있는 길을 마련해 주는 것입니다. 예를 들어 수학적 지능이 발달한 고기능 자폐아의 경우 데이터 사이언스 교육이나 C언어(시스템 프로그래밍 언어) 등 수학 관련 분야와 결합시킬 수도 있습니다. 게임언어, 코딩 능력을 학습시키면 이 아이들만의 독특한 아이디어, 독특한 시스템을 접목한 아이템을 만들 수도 있습니다. 게임 중독은 위험하지만, IT와 친숙해지게 하여 상당한 기회를 마련할 수도 있습니다.

일반 아이들과 똑같이 경쟁하여 좌절을 경험하게 하는 것보다, 청소년기 초기쯤 되면 새로운 길을 발견하도록 계속 시도해 보세요. 부모가 가 보지 않은 길을 자녀가 선택하게 하는 것이 두려울 수 있습니다. 하지만 찾아보면 생각보다 다양한 방법들이 열려 있습니다. 소프트웨어 과정을 배울 수 있도록 열어놓은 대학도 있고, 발달장애인의 사회적 교육을 제공하는 지역센터, 기업체에서 운영하는 연수 프로그램 등도 있습니다.

나라에서 제공하는 정보 서비스가 현재는 중증 발달장애인 위주로 되어 있습니다. 힘든 사람부터 우선 돕는 것이 맞습니다. 하지만 점차 고기능 발달장애가 있는 이들을 위한 지원까지 확대되어야 할 것입니다. 이들이 능력을 발휘할 장이 마련될 것이라 기대합니다.

ADHD를 가진 아이, 학업보다 소통을 선택하세요

주의력결핍과잉행동장애ADHD는 앞서 말한 지능발달장애나 언어발달장애, 자폐증과 같은 질환에 비하면 가볍게 인식됩니다. 하지만 내 아이의 개성을 파악하고 그에 맞게 접근해야 한다는 점은 동일합니다. ADHD를 가진 아이라도 일부는 건강한 아이들과의 경쟁을 통해 훌륭하게 성취를 이루어내는 경우가 있습니다. 하지만 ADHD 질환의 병명에서 알 수 있듯이, 이 질환을 가진 아이들은 오래 앉아 있는 것과 하나에 오래 집중하는 것을 어려워합니다. 그런 아이를 억지로 끌고 가려 한다면 마찰이 생기게 됩니다.

그래서 저는 ADHD 정도라면, 10대가 되었을 때 아이에게 선택권을 주라고 조언합니다. 이는 10대 청소년기 자녀를 둔 부모라면 누구나 생각해 볼 부분입니다. 청소년기 자녀를 둔 부모의 역할은 좋은 정보를 주고, 좋은 기회가 있다는 것을 알려주는 정도입니다. 자녀와의 충분한 상의를 거쳐야 하고 자녀의 의견이 존중되어야 하죠. 그런데 많은 부모가 유·소아기 때처럼 부모 주도하에 아이를 끌고 가려다 불필요한 갈등과 긴장을 만듭니다. 전문의 및 상담전문가와 상의하고 ADHD 교육 경험이 많은 교육전문가와도 상의하면서 얻은 정보를 아이와 공유하길 권합니다.

물론 청소년기 아이는 아직 시야가 좁고, 미래를 보는 눈도 부족합니다. 그런 아이를 위해 부모가 먼저 길게 보고, 사회 경험에 비추어 좋은 방향으로 안내하고자 하는 것은 너무나 바람직합니다. 하지만 거기서도 선택권은 아이에게 주어야 합니다. 많은 정보를 제공해 주세요. 많이 소통하세요. 그리고 아이의 입장에서 아이의 마음을 이해하고 아이의 욕구도 이해해 주세요. 소통이 잘되는 관계를 유지하는 것이 핵심입니다. 그러면 아이는 부모에 대한 신뢰를 바탕으로 좋은 정보에 관심을 갖게 되고, 그만큼 선택할 수 있는 토대가 넓어집니다.

우리나라 부모는 조급해하는 경우가 많습니다. 예를 들면 초등학교 4학년 즈음부터 선행학습을 시작해서 중학교 과정을 일찍이 끝낸 후, 이후의 대학 입시를 수월하게 지나도록 계획을 세워 놓고는 아이에게 그 과정대로 따르라고 닦달합니다. 아이가 ADHD를 가지고 있지만 학업 기능이 좋은 경우에 부모는 학업 성취 욕구를 내려놓지 못합니다. 그래서 초등학교 때는 약물치료에 소극적이던 부모도 아이가 중·고등학생이 되면 적극적으로 요구하기도 합니다. 물론 아이를 위해 치료를 적극적으로 요구하는 것은 긍정적입니다. 하지만 그 이면에, 아이의 주의력을 올려서 학업 과정을 일정 궤도에 올리겠다는 부모의 욕심이 개입되어 있다면, 그것은 결코 건강하지 않습니다. 아이가 지속적으로 스트레스를 받기 때문에 치료 성과가 좋지도 않습니다.

아이의 욕구도 부모의 욕구와 잘 맞아서, 그 과정을 잘 따른다면 괜찮습니다. 아이도 함께 선택한 것이니까요. 그런 경우는 아이 스스로도 치료에 적극적입니다. 그런데 아이가 학업 과정을 따르는 것을 힘들어한다면 아이는 치료를 거부하려 하고, 그러면 적극적인 치료를 통해 학업 실력을 최대로 끌어내겠다는 부모의 목표도 좌절됩니다.

10대 청소년기가 되었다면, 내 아이에게 선택권을 80%까지 주세요. 좋은 관계를 만들고 좋은 정보를 주면서 좋은 소통을 끊임없이 나누세요. 그래서 아이가 선택할 여지를 넓혀 주세요. 관계가 나쁘면 부모가 제안하는 모든 것이 싫어집니다. 그러니 정서적 관계를 잃지 마세요.

아이에게 선택권을 준다는 것은 부모의 책임을 내려놓으라는 의미가 아닙니다. 아이를 사랑하며 돕고 아이가 힘들 때 곁에 있어 주려는 노력은 항상 필수입니다. 부모니까요. 다만 아이가 미래에 무엇을 할지, 진로를 어떻게 결정할지, 무엇에 재미있어하고 관심을 가지는지 아이 스스로 찾을 기회를 부모가 빼앗아서는 안 됩니다. 내 아이에게 부모가 해 줄 수 있는 최고의 방법은 좋은 선택을 하도록 끊임없이 소통하면서 정서적 끈을 단단하게 유지하는 것입니다.

PART 4

폭풍 속 '10대의 뇌'를 건강하게 지키기 위한 부모의 역할

01

부모에게서 좌절감을 느끼지 않도록

문을 쾅 닫은 아이, 믿어 주세요

“아이가 문을 닫는 순간, 심장이 쿵 했습니다.”

‘올 것이 왔구나.’ 마음의 준비를 했음에도 아이의 사춘기 신호를 마주하는 순간 그리 의연하게 넘어가지지 않았다는 부모가 많습니다. 부모 눈에 아직 내 아이는 하나부터 열까지 다 케어해 주어야 하는 아기입니다. 하지만 아이는 혼자 있으려 하고 엄마아빠가 자기 방에 들어오는 것도 싫어합니다. 그러면 아이를 나무랄 것이 아니라 부모의 역할을 전환할 때가 온 것이라고 생각해야 합니다.

엄마 품에 쏙 안겨 토닥토닥해 달라던 아이, 혹은 아빠에게 매달려 까르르 장난을 치던 아이가 온데간데없어진 듯할 때, 부모는 상실감을 느낍니다. 어찌 보면 아이의 사춘기 행동보다 자녀를 내려놔야 한다는 마음의 준비가 힘든 것일 수도 있습니다.

아이의 사춘기는 묘하게도 부모의 중년 시기와 맞물립니다. 저는 이 시기를 현관에 비유하고는 합니다. 부모가 이제 많은 일을 마치고 집으로 돌아오려고 현관문을 열었는데, 외출하려는 아이를 마주하는 것이죠. 집에 와서 아이와 함께할 이런저런 계획을 세웠는데, 아이가 나가려 한다면 서운한 마음이 들 수 있습니다. 그러면 어떻게 해야 할까요? 보내 줘야 합니다. 아이가 나가려고 한다는 것은 아이에게도 계획이 있다는 것이고, 그것을 실행할 의지를 보이는 것이니까요.

그런데 아이를 아직 떠나보낼 준비가 되지 못한 많은 부모가 현관에서 마주친 아이를 붙잡아 둡니다. 나가고 싶어 하는 아이를 붙잡으려 합니다. 아이를 독립시키기 힘든 부모의 심정은 이해하지만, 10대 아이의 관심사는 가정이 아니라 밖이고 미래입니다. 자기만의 세상을 만들어 가려는 아이에게 부모의 조언은 아이에게 그저 간섭과 잔소리가 될 뿐입니다.

집으로 돌아오는 부모란, 인생을 추수할 시기가 되었다는 뜻입니다. 추수는 많은 것을 거두어들이기도 하지만, 정리하는 시기이기도 합니다. 물론 중년에도 많이 바쁩니다. 여전히 많은 에너지를 사회적 관계와 일에 쏟아야 합니다. 오랜 시간 일해 온 만큼 사회적으로 능숙하고 가정에서도 중심을 잡았을 시기입니다. 그리고 많이 벌여놓은 인생만사를 돌아보고 정리하는 시기입니다. 그동안 살아온

나, 많은 사람을 만나고 꿈꾸고 좋아했던 일이나 싫어했던 일 등 많은 것을 정리해 나가야 합니다. 그러면서 마음에서 이제는 바깥이 아닌, 안으로 들어와야 한다는 사인을 보내게 됩니다. 자기 한계를 생각하게 되는 것이죠.

무엇보다 상실을 준비하게 됩니다. 내가 가장 사랑하는 자녀를 독립시킬 준비를 시작하고, 노년이 된 부모님을 떠나보낼 준비, 나의 젊음에 대한 자랑을 내려놓을 준비 등 여러 모양의 상실을 준비합니다. 그 과정에서 드는 애잔하고도 장엄한 마음가짐이 아이와의 관계에도 모두 녹아들게 됩니다. 아이를 떠나보낼 준비를 하려니 더 아쉽기도 합니다.

이처럼 아이의 사춘기는 중년이 된 부모에게도 중요한 시기입니다. 그런데 현관에서 마주한 아이가 나가려 하니 서운하기도 하죠. 이제야 아이에게 관심을 좀 가지려는데, 아이와 함께하는 시간에 집중하려는데, 아이는 부모보다 다른 것에 더 관심을 둡니다. 그래서 이 시기에 부모와 자녀는 마음으로는 애틋한데 외적으로는 부딪힐 수 있습니다.

청소년기가 되면 자녀를 독립시켜 떠나보낼 준비를 하는 것이 맞습니다. 너무 이르다고 생각할지도 모르겠습니다만, 청소년기부터 아이가 선택할 수 있는 권리를 충분히 주려고 노력할 필요가 있습니다. 그 선택에 대한 책임에 대해서도 가르쳐 주고, 선택이 잘못되었다고 느끼면 수정하고 다른 선택을 할 기회도 많다는 것을 알려주어야 합니다. 이런 과정은 말로 되는 것이 아닙니다. 행동으로 보여 주고, 청소년이 된 내 아이와 함께 풀어 가야 합니다. 어느 때보다도 소통이 많이 필요한 때입니다. 이제 부모는 어른으로서 훈계만 하는 것이 아니라, 어느 정도는 자녀를 부모와 동등한 입장에서 존중해 주고, 협상하고, 타협하고, 함께 찾아보고, 공부하고, 토론하는 일련의 과정이 시작되어야 합니다. 분명한 것은 청소년이 된 아이를 독립적인 한 사람의 어른으로서 대하겠다는 자세가 필요합니다.

아이가 방문을 닫기 시작했나요? 문을 닫은 아이의 방문을 억지로 열려고 하지 마세요. 문을 열어달라고 애원하지도 마세요. 어릴 적 아무리 격 없이 지내던 형제라도, 다 커서 성인이 되면 형제의 집을 함부로 드나들 수 없는 것과 마찬가지라고 생각하세요. 자녀를 한 사람의 어른으로 대하는 것이, 현관에서 마주친 아이를 건강하게 응원하는 방법입니다. 혼자 있고 싶어 하는 아이, 친구들과의 관계를 더 즐기는 아이를 인정해 주세요. '새로운 발달 단계에 접어들어 이제는 뒤에서 지켜봐 줄 때가 되었구나.' 이렇게 아이의 성장을 지켜봐 주세요.

그렇다고 아이의 모든 행동을 다 받아주라는 것이 아닙니다. 과하게 버릇없고 밤늦은 시간까지 미디어를 보는 등 청소년기에 벌어질 수 있는 문제들에 있어서 부모는 제한 기준을 마련해야 합니다. 그러나 일정한 제한 안에서 아이가 행동하는 것이라면, 일일이 따라다니며 이야기하지 않아야 합니다. 그건 조언이 아니라 잔소리입니다. 아이는 이제 24시간 부모의 도움이 필요한 어린이가 아닙니다. 이때부터 아이는 믿어 주는 만큼 책임감과 함께 자라나야 합니다.

"내가 알아서 할게" 응원해 주세요

"내가 알아서 할게." 10대가 된 아이들이 많이 하는 말이죠. 하지만 정말 알아서 하도록 맡길 수는 없습니다. 먹이고, 입히고, 재우고, 학교 보내고, 학원 보내는 일이 여전히 부모의 몫인데 "내가 알아서 할게"라니, 참 서운하지 않을 수 없습니다.

부모의 역할은 무엇일까요? 크게 양육, 교육, 훈육의 세 가지로 볼 수 있습니다.

먹이고 사랑해 주고 돌봐주는 역할인 '양육'은 아이의 덕성과 인성의 측면을 담당합니다. 부모의 양육 태도는 사람과 세상을 대하는 기본적인 마음가짐을 만들고, 아이는 이를 통해 사회인으로서 어떻게 행동하고 어떤 가치관을 가질지 결정하게 됩니다. 어찌 보면 부모의 역할 중 가장 많고 가장 중요한 부분입니다.

부모의 두 번째 역할은 교육입니다. 예절을 가르치고, 규칙과 규범을 가르칩니다. 지성과 관련된 부분도 있습니다. 정보를 제공하고 지식을 쌓아 주기 위해 다양한 교육 기관을 활용합니다. 우리는 부모의 교육적인 역할을 학교와 사교육 기관을 잘 연결시켜 주는 것이라고 생각하지만, 가치관이나 규칙·규범과 같은 부분은 아이가 부모로부터 거울처럼 모델링합니다. 습자지처럼 흡수하는 것입니다. 그래서 부모 자신이 말로써가 아니라 생활 속에서 행동으로 보여지는 모습이 지식 전달보다 더 중요한 부모 교육이라고 볼 수 있습니다.

훈육은 부정적 감정이나 행동을 통제하고 조절할 수 있는 힘을 길러주는 것입니다. 과거에 제가 들은 말은 "컨디션이 나쁘다고 나쁘게 행동하면 안 된다"였는데, 요즈음 말로 하면 "기분이 태도가 되지 않도록 행동하자" 정도 되겠지요. 어린아이에게 훈육이 필요한 순간은 주로 감정 조절이 안 되어서 친구를 때리거나 형제자매 간 갈등이 빚어지고, 예의 없는 행동 등의 문제를 일으키는 순간들일 것입니다. 청소년기에도 어느 정도의 훈육은 필요한데, 이때부터는 일방적인 규칙이 아니라 청소년 자녀와 함께 논의하고 약속하는 과정이 필요합니다. 훈육을 위한 절차가 하나 생기는 것입니다.

청소년기에도 양육, 교육, 훈육 세 가지 역할이 여전히, 모두 중요합니다. 부모는 아이의 성장기에 따라 세 가지 부모 역할을 하나씩 전환해야 한다고 잘못 생각합니다. 아이의 유년기에는 양육에 중점을 두고, 학령기부터 교육에 중점을 두다가, 청소년기에는 훈육을 위주로 부모 역할을 전환하려는 것입니다. 특히 청소년기에는 반항하고 엇나가는 경우가 많기 때문에 아이가 일정 기준에서 벗어나지 않도록 부모가 자녀를 더 엄하게 훈육하는 분위기입니다. 그래서 10대 자녀와의 관계가 더 경직되고 멀어지기도 합니다. 하지만 부모의 세 가지 역할 중 어느 하나에만 무게를 두면 대부분 좋지 않은 결과를 가져옵니다. 청소년기에도 양육+교육+훈육 요소가 다 필요합니다.

특히, 청소년 자녀에게도 유아기에 들인 노력만큼의 '양육'이 필요합니다. 단, 유아기에는 아이가 자기의 필요를 몰라 부모가 하나부터 열까지 다 챙겨주는 양육 방식이었다면, 청소년기에는 아이의 표현을 받아 주는 방식이 되어야 합니다. 드라마틱한 뇌 발달이 일어나는 10대에는 아이 고유의 애착, 기질, 자존감이 민낯처럼 확연하게 드러납니다. 그래서 아이마다 자신의 내면에서 일어나는 다양한 불편함과 어색함을 표현하는 방식이 다릅니다. 이때 부모는, 과거에 아이의 필요를 대신 읽어 주고 제공해 주던 역할이었다면, 이제는 아이가 표현하는 필요를 인정하고 받아주는 역할로 옮겨오는 것입니다.

"내가 알아서 할게"라는 아이의 말은 그래서 응원해 줄 일입니다. '네가! 드디어! 어른이 되기 위한 첫발을 떼는구나!' 아이가 하나의 주체로, 어른으로, 스스로 대우받고 존중받고 있다고 생각하는 과정을 부단히 지나야 하는 시기로 성장했기 때문입니다.

"너는 공부만 해, 나머진 엄마가 다 해 줄게." 만약 10대 사춘기 아이를 어린아이처럼 대해서 다 수용해 주고, 판단도 부모가 대신해 주고, 필요한 것을 알아서 다 제공해 주는 과잉보호로 아이를 대한다면 아이는 자신이 인정받고 있다고 생각하지 못합니다. 그것을 사랑으로 받아들이는 것이 아니라 갑갑하고 부담스러워서 도망치려 할 수 있습니다. 스스로 결정하고 독립하고 싶은 마음, 기존의 질서에 반기를 들고 싶은 마음이 사춘기 뇌 발달에 따르는 자연스러운 욕구니까요.

간혹 아이가 부모의 과잉 돌봄에 익숙해져서, 자기 스스로 할 수 있는 능력과 의욕 없이 부모가 해 주는 것을 당연하게 생각하고, 어린아이처럼 욕구 통제를 못 하는 모습을 보이기도 합니다. 아이가 부모가 하라는 대로 다 따르는 것은, 아이가 잘 적응하는 것이 아니라 자아 발달이 더디다는 의미입니다.

10대의 뇌 발달 변화는 급격하고 성호르몬을 비롯한 신체 변화도 크지만, 심리·사회적 변화와 사고·인지의 발전 또한 놀랍게 크기 때문에 세상 누구보다 고민이 많고, 비판적이며, 기분의 기복이 크고, 친구 관계에서의 갈등이 자신의 삶을 들었다 놨다 하는 큰 문제라고 느끼기 쉽습니다. 사회에 대한 불만을 노골적으로 표현하거나 부모와 같은 기성세대를 공격하고 사회적 관행이나 가족 내 규칙에 대해서 숨막혀 합니다. 이 시기에는 그렇게 생각하는 것이 자연스러운 발달입니다. 오히려 불만을 품거나 고민하지 않는다면 더 큰 문제죠. 그런 자연스러운 발달 과정을 부모가 얼마나 받아주는가는 매우 중요합니다.

반복해서 말하는 이유는, 그런 아이의 태도를 받아들이기가 참 어렵기 때문입니다. 반항적인 생각, 날 선 말투, 삐딱한 태도가 거슬리지만, 그 시기 발달의 모습입니다. 이 글을 읽고 있는 부모님도 정도의 차이만 있을 뿐 그런 시기를 지났습니다.

아이가 알아서 하겠다고 해도, 아이가 제시하는 의견이나 수행하는 과정이 완전하지 않습니다. 아이의 요구를 '있는 그대로' '다' 수용해 주는 것이 부모 역할도 아닙니다. 많은 부모가 '아이의 감정을 공감하고 아이의 의견을 존중하세요'라는 말을 오해해서, 아이가 말하는 대로 다 들어주려 합니다. 그런데 아이는 미숙합니다. 당장의 쾌락과 재미만 좇는 매우 근시안적인 요구를 할 수도 있습니다. 그런 부탁은 들어줄 수 없죠. 알아서 하겠다고 선언하는 아이의 자세에 대해서는 긍정적으로 받아주되, 제안하는 내용에 대해서는 부모가 검토해서 같이 수정해 나가려는 노력이 필요합니다.

아이가 어릴 때는 부모가 결정 내린 후 아이가 그 과정을 잘 지날 수 있도록 응원했다면, 사춘기 이후부터는 아이에게 다양한 선택지를 제공하고 결정은 아이의 몫이 되도록 역할을 전환해야 합니다. 물론 그 선택지에 아이의 의견도 올려야 합니다.

선택하기 전에 다양한 선택지를 두고 부모와 자녀가 충분한 대화를 나누어야 합니다. 아이의 옵션과 부모의 옵션을 두고 서로 솔직하게 논의하고 토론하는 과정을 쌓으면서 아이는 자신의 의견이 존중받고 있고 무시당하지 않는다는 것, 부모가 내 생각을 들어주려 노력하고 있다는 것을 알게 됩니다. 그래서 아이가 원하는 방향으로 최종 결정이 되지 않더라도 그 과정에서 이해가 되고 납득이 되면, 아이는 자신의 의견이 당장은 좋아 보여도 결국 나중에는 불이익이 된다는 것, 방해가 된다는 것을 이해하고 큰 불만 없이 따릅니다. 자기 의견을 철회하더라도 불화가 없습니다. 오히려 이런 결정 과정에서 부모가 보여 준 인내와 지혜 그리고 사랑에 더 큰 감사의 마음이 생깁니다. 이것이 청소년기 교육이고 훈육입니다.

아이가 자신의 선택에 따르는 결과에 책임을 지게 하는 것도 훈육입니다. 충분히 논의했음에도 아이가 자기 의견을 선택하겠다고 한다면, 부모의 눈에는 그 결과가 눈에 빤하더라도 아이가 그 과정을 지나게 해야 합니다. 아이는 그 과정을 지나면서 부모가 했던 말을 깨닫고 차후 선택에 그 과정을 발판으로 삼아 점점 더 성숙한 결정을 내리게 될 것입니다.

"너 아빠가 그거 하면 힘들 거라고 했잖아." 이렇게 굳이 확인할 필요는 없습니다. 부모가 아픈 데를 콕콕 짚어주지 않아도 압니다. 굳이 아이가 부모와 대화하고 싶지 않게 만드는 요소들 즉, 모욕감이나 무시 등은 피해 주세요. 아이는 이미 자존심이 상해 있으니까요.

청소년기가 되면 부모의 손이 덜 갈 것 같나요? 그러면 좋겠지만, 아닙니다. 오히려 훨씬 더 손이 많이 갑니다. 부모가 더 바빠집니다. 시간을 안배해서 학원을 등록해 준 후 공부하라고 지시하면 끝이라고 생각하나요? 일상에서 부모가 일방적으로 주었던 것들에 대해 이제는 더 좋은, 더 많은 두세 개의 선택지를 제안하고 아이와 충분히 논의해야 합니다. 그러려면 부모가 더 바빠질 수밖에 없습니다. 아이에게 들이는 시간도 더 많아져야 합니다.

반항하는 아이, 계속 대화하세요

자존심이 세지고, 고집이 세지고, 자기주장이 세지는 '센' 사춘기가 시작되었습니다. 부모 입장에서 아이가 말대꾸하고 예의 없는 듯한 자세와 표정을 하면 솔직히 부모도 자존심이 상하고 싫습니다. 그래서 더 권위로 누르려고 하고, 아이를 이기려는 모습이 나오기도 합니다. 아이를 이기려고 하다니, 참 유치하지 않은가요? 그런데 그런 모습을 부모인 우리가 아이에게 쉽게 보입니다.

최근에는 딸아이가 월경을 시작하거나 아들이 첫 몽정을 했을 때 파티를 연다는 부모도 많습니다. 아이의 사춘기 신체적 변화를 기쁘게 받아들일 준비가 되어 있다면, 아이의 인지 발달, 자아 발달도 기쁘게 받아들일 준비를 해 보세요. 아이가 문을 쾅! 닫고 들어갈 때 '오! 너에게 드디어 사춘기가 왔구나!'라고 축하해 주는 마음을 갖자는 것입니다. 10대의 반항성은 첫 발달 과업입니다. 너무 당연한, 건강한 행동 레퍼토리입니다. 이것을 인정하는 것이 사춘기 부모의 첫 번째 과제입니다.

아이들은 부모를 무시하는 듯한 말투도 툭툭 내뱉습니다. 집에서 저녁을 먹고 가족끼리 잠깐 이야기를 나누는데, 아이가 "아빠는 바보같아"라고 한 적이 있습니다. 제가 이때 정색하며 "바보라니! 내가 나름 얼마나 공부를 잘했다고!"라고 했을까요? 제 아내가 "아빠한테 버릇없이!"라고 했을까요? 전 아이 앞에서 저의 부족함을 드러내는 것을 자연스럽게 생각합니다. 누구나 완벽할 수 없죠. 생활에서 부족한 모습을 가족끼리 공유하고 함께 나누는 것이니까요. '네가 그만큼 아빠가 편하구나!' 사춘기를 지나는 아이가 저에게 편하게 그런 말을 할 수 있는 사이라는 것이 좋았습니다.

때로는 제가 먼저 "아빠도 옛날에는 그런 거 잘했어! 근데 지금은 잘 모르겠다"라고 이야기하기도 합니다. 그러면 아이가 저를 놀리기도 하죠. 아이에게는 너무 쉬운 일을 제가 못하기도 하는데, 그런 부족함을 드러내는 것이 부끄럽지 않습니다. 그것 때문에 아이가 제게 실망하지 않을 것이라는 믿음도 있고요.

아이에게 강압적이지 않다는 것, 부족한 부분을 보여 줄 수 있다는 것, 그런 여지를 좀 남겨 주세요. 아이가 툭툭 들어올 수 있게 해 주세요. 부모가 단단할수록 아이가 세게 부딪힙니다. 부모가 둥글면 아이가 살살 부딪힙니다. 부모가 여지를 남겨 주면 아이는 덜 공격적으로 됩니다.

"앞이 캄캄해서 아무것도 보이지 않는 동굴 같아요. 저희 아이가 왜 이렇게 변한 거죠? 영영 이렇게 변하는 것인가요?"

착하고 말 잘 듣던 아이가 공격적이고 날카롭게 변하면, 부모도 상처받습니다. Part 2에서 다루었던 것처럼 어떤 아이들은 사춘기를 무난하게 지나는데, 어떤 아이들은 아주 세게 지납니다. 부모들은 아이의 '센' 사춘기를 정말 힘겨워합니다. 버거워합니다. 하지만 다행히 그 시기가 지납니다. 그래서 저는 아이가 사춘기가 지나고 다시 부모의 곁에 자연스럽게 설 수 있으려면 이 동굴 같은 시기를 잘 버티라고, 적어도 부모가 아이에게서 멀어지지는 말라고 이야기합니다.

건강한 반항성을 인정해 주세요. 계속 대화하세요. 잘못된 길을 가면 잘 싸우세요. 아이의 반항성을 감정적으로 받아들이지 마세요. 부모로서의 권위를 가지고 의연하게 대하면 아이도 부모처럼 자신의 발달에 좀 더 의연하게 적응해 나갑니다.

부딪히고 좌절하는 10대,
부모만은 완충 역할을

10대 초반, 즉 초등학교 고학년부터 중학생까지의 초기 청소년기 아이들을 보고 있자면 하루가 다르게 자랍니다. 아들 녀석 같은 경우 키가 훌쩍 자라고, 변성기가 찾아오고, 사내아이 냄새도 폴폴 나고, 에너지가 엄청나게 넘쳐서 눈에 띄게 달라집니다. 수염이 거뭇거뭇 나서 면도하는 방법을 알려 주노라면, 아이가 자랐다는 것을 정말 실감하게 됩니다.

아이의 두뇌에서는 시냅스 가지치기와 왕성한 호르몬 분비로 마음과 인지에도 변화가 일어납니다. 눈에 보이지 않지만, 신체 발달보다 더 빠른 속도로 발달하고 있죠. 10대 초반의 아이들은 이러한 자신의 몸·정서·인지 변화에 열심히 적응해 나갑니다. 그래서 이 시기 아이들을 보면 한편은 경이롭고, 한편으로는 불안합니다.

아이가 10대 후반, 즉 고등학생부터 대학생 초기까지의 후기 청소년기가 되면 변화의 속도가 더뎌지고, 자신의 몸·정서·인지 변화에 익숙해져 있습니다. 그래서 초기 청소년기보다는 차분해 보이고 덜 공격적으로 보입니다. 신체와 정서 면에서는 안정적으로 보이지만, 인지는 계속 발달하는 중이기 때문에 이 시기 아이들은 미래에 대한 계획, 진로에 대한 고민, 가정, 결혼, 친구, 비전 등 다양한 옵션을 두고 고민하게 됩니다.

자신의 바람과 생각만큼 현실이 완벽하게 진행되지 않기 때문에,

청소년 후기 아이들은 스트레스도 많고 좌절감도 쌓입니다. 특히 우리나라처럼 학업 중심의 모델이 주로 강요되는 경우, 성적이 일정 기준에 못 미치는 아이들은 열패감, 좌절감이 커지고 세상에 대해 부정적인 생각을 계속해서 키우는 모습을 보이게 됩니다. 때로 부모가 진로를 정해 놓고 그에 따르는 커리큘럼을 아이에게 강요하면, 아이가 고민과 판단을 유예하려는 모습을 보이기도 합니다. '내가 지금 이걸 고민할 때가 아니야, 당장의 모의고사 성적이 중요해.' 이렇게 생각해서 이 시기의 발달 과업인 자아정체성에 대한 고민을 미루려 합니다. 심지어 누군가 이 문제를 제시해 주어도 소통하려는 의지가 없습니다. 오히려 그러한 고민은 뜬구름 잡는 이야기라고 생각하죠. 그런 상태에서 성적에 맞추어 대학교를 결정하고 전공학과를 결정합니다.

다 그렇지는 않겠지만, 최상위권 자녀를 둔 부모들이 정해 놓은 학과 순위가 있는 것처럼 느껴집니다. 이과의 경우 성적이 우수하면 의과대학, 치과대학, 한의과대학 등의 전공을 선택하기를 바라는 것 같습니다. 만약 그렇게 선택된 전공이 아이의 적성과 딱 맞아서 부모에게도, 아이에게도, 사회에도 좋은 결과가 된다면 더없이 좋을 것입니다. 그런데 수험생 50만, 재수생을 포함하면 60만 수험생 중에서 자기가 원하는 과를 선택해서 가는 경우가 얼마나 될까요? 자기 전공에 대해서 진지하게 고민한 후 결정하는 경우가 얼마나 될까요?

청소년 후기에는 미래에 대해 꿈꾸고 기존 사회 관행과 질서에 의문을 가지면서 더욱 적극적으로 나는 무엇을 하고 어떤 직업을 가지고 살아갈 것인가를 고민해야 한다고 생각합니다. 하지만 현실은 아이들이 고민할 시간이 절대적으로 부족하고, 아이에게 목표를 일방적으로 주고 따르도록 하고 있습니다. 이상과 현실의 큰 차이 속에서 아이들의 마음 건강을 지켜보는 저의 고민은, 이런 현실을 당장 바꿀 수 없다면 차선으로 이 시기를 아이들이 어떻게 하면 잘 지나게 할까, 어떤 도움을 주어야 하는가에 있습니다.

학업과 성적이 가장 중요한 목표가 되어 버린 우리나라의 분위기를 바꿀 수 없다면, 이러한 상황에서 아이가 적어도 부모로부터는 큰 좌절감을 경험하지 않게 했으면 합니다. 밖에서 수없이 부딪힐 아이가 '부모마저도 나를 이해하지 못한다', '부모도 내 편이 아니다'라고 생각하도록 만들지 말자는 것입니다. 정서 발달상 이런 생각은 아이에게 매우 부정적인 영향을 미칩니다.

10대 자녀와 같은 편에 서라는 말이 이상적으로 들릴 수 있습니다. 부모는 아이를 위해서 아이의 욕구나 선호와 반대되는 요구를 해야 하고, 강압적으로라도 학원과 선행학습에 잘 따르게 해야 한다고 생각하는 부모라면 더욱 그럴 것입니다. 게다가 반항적이고 문을 쾅 닫고 들어가는 아이에게 계속해서 말을 거는 것 자체가 부모에게도 용기이고 숙제입니다. 저도 아이의 솔직한 마음의 소리를 듣기가 얼마나 어려웠는지 모릅니다.

그런데 부모가 아이의 고민과 생각에 관심이 없어서 질문조차 안 하는 것과, 관심이 있는데 조심스러워하는 것은 전혀 다릅니다. 아이가 더 잘 압니다. 그래서 부모는 아이에 대한 안테나를 꺼서는 안 됩니다. 관여는 덜하되 관심은 더해야 합니다.

아이가 부모에게서 좌절감을 느끼지 않게 해 주세요. 자녀의 학업 부담을 부모가 대신해 줄 수는 없지만 정서적 안정감으로 자녀를 응원해 줄 수는 있습니다.

02

자녀에 대한 기존 생각과 태도를 바꿔야

'또래문화'를 알아야 소통이 됩니다

아이가 청소년기를 잘 지나고 있다는 것은, 아이가 부모 말을 잘 듣고 차분하게 지나는가가 기준이 아닙니다. 아이가 자기의 감정과 기분을 부모에게 말로 잘 표현하고 있는가, 이것이 기준이 되어야 합니다.

하지만 감정을 언어로 잘 풀어서 표현하기가 쉽지 않습니다. 청소년기 아이들이 머리가 좋아지는 만큼 말도 잘하게 되면 좋은데, 언어 발달이 사고 발달만큼 폭발적으로 좋아지지 않습니다. 잘 생각해 보면, 자기 생각과 마음을 말로 조곤조곤 잘 표현하는 것이 그리 쉬운 일은 아닙니다. 그러니 아이가 사춘기가 되면서 겪게 되는 혼란과 어려움을 부모에게 잘 털어놓지 않는 이유가 말하기 싫어서가 아니라 뭐라고 표현해야 할지 몰라서이기도 하다는 점을 이해해 주면 좋겠습니다. 그런 아이를 두고 "너는 왜 엄마한테 말을 안 하니? 말을 안 하면 어떻게 아니?"라고 다그치면 아이는 자기 마음을 몰라주는 부모에게서 더 거리감을 느낄 것입니다.

말로 표현하는 것도 훈련이어서, 아이가 말을 떼고 부모와 대화하기 시작할 때부터 꾸준히 가르쳐 주면 매우 도움이 됩니다. 그러려면 부모부터 자신의 감정을 '분노 발작'이 아니라 '말'로 표현할 수 있어야겠지요. 부모가 화내고 소리 지르고 감정적으로 행동하는 대신, "나는 이런 부분이 서운해", "머리가 복잡해서 어떻게 말해야 할지 모르겠는데, 생각을 조금 정리한 다음 이야기할게"라는 식으로 감정을 말로 표현하는 것입니다. 감정을 말로 표현하는 데 미숙한 부모를 보고 자란 아이일수록, 아이도 감정을 말로 표현하기 어려워합니다.

아이가 이미 10대이고, 감정을 표현하는 부분에 미숙함이 드러났다면 포기해야 할까요? 아닙니다. 제가 이 책에서 다루는 10대의 애착과 기질의 관찰과 마찬가지로 감정 언어의 표현도 이르면 좋지만, 늦었다고 손을 못 댈 문제가 아닙니다. 부모가 먼저 바뀌려고 노력하고 계속해서 훈련하면, 한 번에 좋아지지는 않더라도 청소년기에도 상당히 발전하고 좋아질 수 있습니다

우리 사회에는 예술적 성향이나 관습 등을 공유하는 주류 문화가 있습니다. 그리고 주류 문화에 반하는 듯한, 특이한 성향이나 관습

을 만들고 공유하는 하위문화도 있습니다. 언어 습관도 마찬가지입니다. 청소년기는 자기 또래만의 하위문화를 만드는 것을 좋아하는 시기입니다. 자기들이 볼 때 기존 문화, 구세대의 못마땅한 모습들을 비판하고, '우리는 다르다'는 식의 자기표현을 위해 그 세대에서 공감할 수 있는 것들을 만들고 공유하면서 소속감을 느낍니다. 한동안 어떤 브랜드의 패딩을 유니폼처럼 입고 있는 아이들이나 특정 게임으로 대동단결하는 아이들이 이슈가 되었죠. 짤막한 영상을 찍어서 공유하는 밈meme 문화도 유행했습니다. 이처럼 하위문화에 대한 욕구가 큰 청소년기에 가장 흔하게 볼 수 있는 양상이 언어적 표현에서 나타나는 신조어라 할 수 있습니다.

신조어는 청소년 사이에서 가장 많이 만들어집니다. 청소년들은 새로운 표현을 만들고 이것이 팬시하다고 느껴지면 공유 범위가 확늘어납니다. 사실 신조어가 만들어지고 공유되는 과정에 어른들이 개입하기는 참 어렵죠. 그래서 은어, 속어, 약어 사전이라도 만들어서 적어도 그 말이 무슨 뜻인지는 알고 가자는 어른들의 노력, 분위기가 있습니다.

부모 세대인 우리도 중·고등학교 때 학교에서 '바른 말 고운 말' 쓰라고 계속해서 주의를 받았지만, 그때는 그 말이 귀에 들리지 않았던 경험이 있습니다. 우리만의 표현을 만들고, 단어를 줄여 쓰고, 또래끼리만 통하는 말이 재미있었죠. 그걸 몰라주는 어른들이 아이 눈에는 그저 '꼰대'처럼 보일 뿐입니다.

"그게 뭐냐? 말도 안 되는 말을 만들고 갖고 노는 게 재밌냐?" 신조어를 이렇게 깎아내렸다면 빵점짜리 대응입니다. 그건 그냥 그 또래 아이들의 놀이입니다. 이것이 꼭 나쁘다고 볼 수도 없습니다. 이는 일종의 청소년기 정체성을 세워 가는 여러 실험과도 같은 것입니다. 기존의 문화로는 설명할 수 없는 자기들만의 성향과 취향을 잘 드러내려는 시도입니다.

어른들은 신조어가 소통에 방해가 된다고 생각해서 못마땅하게 보기도 합니다. 하지만 저는 어른들이 아이들의 이런 표현을 알아야 할 필요가 있다고 생각합니다. 어른들도 이러한 표현을 쓰자는 것이 아니라, 그런 표현들을 알아 두면 소통에 도움이 되고 사춘기 아이들의 마음 변화나 어려움을 이해하기 쉽습니다. 아이들의 표현을 인정하고 그러한 모습을 자연스럽게 읽어 주면, 신조어는 부모와 자녀가 소통하는 데 교두보가 될 수 있습니다.

주류 문화에 익숙한 어른들이 아이들의 하위문화, 또래문화를 이해하려 노력하면 아이들에게 균형감각을 심어 줄 수도 있습니다. 이 시기 아이들은 새로운 경험을 하게 되면 끝까지 가 보고 싶어 합니다. 즉, '적당히'가 없이, 과하다 싶을 정도로 해 보는 것이죠. 그러면서 어디까지 허용되는지, 얼마나 더 자극적일 수 있는지 실험하고 싶어 합니다. 어른들이 아이들의 하위문화에 대해 비난하고 지적하는 것은 아이들의 이러한 욕구를 줄이는 것이 아니라 더 자극하는 요소가 될 수 있습니다. 그런데 아이들의 하위문화를 이해하고 장난을 장난으로 받아줄 줄 아는 여유 있는 어른이 한 사람이라도 개입되면, 아이들은 극단적으로 갔다가도 소통하는 어른에게서 긍정적인 영향을 받고 금세 균형 잡힌 생각과 행동을 합니다. 그러면서 다른 친구들에게도 포용성과 다양성을 인정할 줄 아는 자세를 자연스럽게 배워 나갑니다.

아이들의 말과 신조어에 대해 관심을 갖고 공부했으면 합니다. 결국 소통해야 아이의 마음을 읽을 수 있고, 어떻게 도와야 하는지도 찾을 수 있습니다.

'괴물이 된 듯한 아이'에게도 회복력이 있습니다

아이가 가지고 있는 감정, 행동의 특성에는 기복이 있습니다. 좋았다가 나빠지기도 하죠. 부모는 보통 자녀의 감정 상태가 안 좋다가도 어느 정도 시기가 지나면 다시 좋아진다는 일정 범위를 알고 있습니다. 예를 들어 어떤 아이는 버럭 화내고 방으로 들어갔다가도 저녁 식사 시간이 되면 아무 일 없던 듯 나오기도 하고, 어떤 아이는 스트레스를 받으면 이불을 푹 덮고 잠을 잔 뒤 털어내기도 하며, 어떤 아이는 3일을 꼬박 입을 내밀고 지내다가도 3일 후에 부모가 협상 카드를 내밀면 슬쩍 받아들이고 풀어지기도 합니다. 그래서 부모의 관찰이 자녀를 적기에 도울 수 있게 하는 중요한 판단 기준이 되기도 합니다. 부모는 자녀를 오래 키우고 소통하고 관찰하고 함께 생활하면서 아이의 감정 변화나 행동 변화에 대한 기준선이 세워집니다. 주관적이긴 하지만 허용 범위를 두며 그 범위 내에서는 짜증을 냈다가도 돌아오는 등의 사이클이 어느 정도인지 압니다.

그런데 그 기준을 넘어섰다고 하는 주관적인 생각이 들 때가 있습니다. 객관적으로는 설명하기 어려운 '감'이지요. 저는 부모의 그런 주관적인 생각을 최대한 존중하는 편입니다. 단, 부모의 판단을 수용하는 전제는 부모에게 심각한 기분장애나 불안장애가 없을 때, 그동안 부모가 자녀에 대한 상황을 적절하게 판단해 왔다는 기준을 전제로 해서입니다.

자녀가 이상해졌다고 말하는 부모의 기준이 주관적이므로 비전문적이고 비과학적인 것처럼 들릴 수도 있지만, 부모와 상담하면서 이전과 현재의 자녀 모습, 판단의 근거 등을 묻고 나눠 보면 실제로 부모의 관찰이 주요합니다. 그러한 부모의 의견을 토대로 검사해 보면 위험 신호가 발견되는 경우도 많습니다. 따라서 양적인 데이터를 먼저 활용하는 방법도 있지만, 부모가 느끼는 주관적 판단을 존중해서 조기, 적기에 개입하게 되는 것입니다.

아이의 행동과 감정은 일정 패턴으로 움직입니다. 그런데 그렇게 생각해 놓은 정도, 기준을 넘어서는 때가 바로 청소년기입니다. 부모가 자녀를 키우면서 처음이자 유일하게 전제가 깨지는 시기입니다. 아이들이 좋고 나쁨의 양극단을 오갑니다.

이러한 청소년기를 대하는 부모의 나쁜 예는 두 가지입니다. 첫 번째는 무던하다 못해 무심한 경우입니다. 심한 우울증이 발병되었는데도 사춘기라 그렇다고 오해하고 넘어갈 우려가 있습니다. 극단적인 경우지만, 친구들이 다 자신을 미워하는 것 같아서 힘들다고 부모에게 털어놓았을 때 잠깐 지나면 다 괜찮아진다고, 참으라고 하면서 아이의 마음 표현을 무시했는데, 그런 시간이 길어지고 안 좋은 사고의 흐름이 고착화되어서 조현병 진단을 받은 사례도 있습니다.

두 번째는 부모가 예민하다 못해 신경증적인 경우입니다. 부모가 자녀에 대한 기대가 너무 높고 완벽주의적이어서, 아이가 조금 실수하거나 한 번이라도 정도에서 벗어나면 큰일이 난 것처럼 행동하는 경우입니다. 아이의 청소년기 변화를 모르거나 인정하고 싶지 않아하기도 합니다. 부모가 너무 민감해서, 아이가 사소한 규칙을 어기거나 자연스러운 감정 기복을 보이거나 생리전증후군과 같은 신체적 변화에 반응한 것인데도 반항장애나 우울증이라고 넘겨짚기도 합니다. 너무 예민하고 비판적으로 아이의 행동 하나하나를 판단하면 아이와의 관계가 단절되어 진짜 병을 부르는 요인이 되기도 합니다. 아이의 뇌에 상처를 입히는 매우 안 좋은 예입니다.

청소년기의 자녀에 대한 생각과 태도를 바꿔야 하는 이유가 여기에 있습니다. 내 아이가 청소년기가 되었다고 해서 괴물이 되는 것은 아닙니다. 아이가 달라진 것처럼 보여도 기본적으로 부모에 대한 신뢰, 정서적 회복력을 가지고 있습니다. 그것을 믿어 주세요. 그러한 신뢰를 토대로 감정 기복, 생각의 극단화, 하위문화에 대해 이해하게 되면 아이도 부모도 극단으로 치닫지 않고 자연스럽게 그 문제를 인식하고 대응할 수 있게 됩니다.

사춘기 자녀와 중년의 부모가 만났을 때

앞에서도 말씀드렸던 것처럼 자녀의 청소년기는 민낯이 드러나는 시기입니다. 내 아이의 몰랐던 기질이 드러나고, 좋다고 생각했던 아이와의 관계에서 예상하지 못했던 문제가 부각되기도 합니다. 아이도 그렇지만 부모에게도 힘든 시기일 수 있습니다.

특히 15~20세의 아이가 정서, 신체, 인지적으로 가장 고양되는 시기라면, 그때의 부모는 발달 단계로 보면 정점에서 내려오는 시기입니다. 에너지도 줄고 인지적 능력도 축소되는 시기이죠. 감정적인 변이가 많아지기도 합니다. 우리가 흔히 '중년의 위기'라고 말하는 때가 시작되는 것입니다. 그래서 간혹 자녀의 청소년 시기를 부모와 자녀가 정면충돌하는 시기라고 보기도 합니다. 특히 아빠와 아들, 엄마와 딸 사이에서 보완되지 못한 갈등과 정서적 기복이 부딪히면서 서로 예민해지고 비난이 커진다는 것입니다.

하지만 저는 오히려 이 시기에 서로가 보완될 수 있다고 생각합니다. 부모에게 있어 정점에서 내려온다는 것은 사회 활동이 줄면서 점차 주변을 돌아보게 된다는 의미이기도 합니다. 이전까지 사회적 성취, 높은 연봉, 뛰어난 업적을 추구하며 살아왔다면 이제는 가족을 중요하게 생각하면서 삶의 의미를 돌아보게 되죠. 그러면서 자연스럽게 자녀에 대한 관심도 높아집니다. 이것이 부모의 관심이 필요한 사춘기 자녀와 맞물리면 좋은 시너지를 낼 수 있습니다.

물론 이전에 부모가 자녀와의 관계에 마일리지, 즉 긍정적 경험들을 쌓아놓지 않았다면, 아이가 부모의 갑작스러운 관심을 부정적으로 받아들일 수 있습니다. 특히 아이의 옷 스타일을 지적한다거나 말투에 관심을 가지고 잔소리를 한다거나 아이들의 하위문화를 못마땅하게 생각하는 의견을 가감 없이 말하는 것 등이 그 예입니다.

부정적인 접근 방식만 조금 고친다면, 부모가 가정으로 시선을 돌리는 중년의 시기와 자녀의 사춘기가 맞물리는 것은 장점이 됩니다. 위기 상황으로 갈 수 있는 아이를 부모가 상당히 포용해 줄 수 있게 됩니다. 부모가 가정으로 돌아오면서 어른답게 넓은 아량으로 자녀를 수용해 주는 태도가 아이들에게도 시야를 넓히는 계기가 됩니다.

이는 부모에게도 도움이 되는데, 청소년기의 아이를 통해 다양하고 새로운 문화를 듣고 접하면서 새로운 즐거움과 활력을 얻게 되기도 하니까요. 그것이 긍정적 에너지로도 작용합니다. 아이들 문화에도 유용하고 재미있는 요소가 많습니다. 그런 것들을 서로 주고받으면 상호 보완이 될 수 있습니다.

03

건강한 관계를 위해 부모를 돌아보아야

나는 왜 아이의 마음을 받아주지 못할까?

아이를 키운다는 것, 저는 이보다 더 위대한 일이 있을까 싶습니다. 아이를 키우는 일은 완전히 다른 시야를 갖게 합니다. '나'라는 세계에 또 하나의 세계가 펼쳐지고, 그 세계가 나 자신보다 더 소중한데도 일정 시간이 되면 그 세계를 떠나보내야 하는, 다양한 성숙의 기회를 경험하게 합니다. 절대 어떤 것으로도 대체 불가한, 엄청난 내공을 쌓아가는 과정이며, 그 하이라이트가 자녀의 청소년기입니다.

그런데 나보다 더 소중한 내 아이가 너무도 미워지는 순간이 있습니다. 내 아이가 성에 차지 않고 자꾸 거슬리는 모습이 눈에 띕니다.

아이에게서 그런 감정을 자주 느낀다면, 잠시 나의 감정 상태를 살펴보았으면 합니다. 그것이 내 마음의 어떤 부분을 건드린 것은 아닌지, 나의 취약한 부분은 아닌지 점검하자는 것입니다.

애착은 대물림된다는 이야기를 한 바 있습니다. 부모가 자신의 부모에게서 받은 애착의 방식대로 무의식적으로 내 아이에게도 그렇게 대한다는 것이죠. 애착은 자녀의 영·유아기에만 중요한 것이 아닙니다. '돌봄'과 '양육'이 중요해지는 청소년기에 애착, 기질과 같은 부분은 매우 민감하게 드러납니다. 아이가 받은 애착과 기질이 드러나고, 부모가 받은 애착과 기질이 드러납니다. 그리고 서로의 애착과 기질이 충돌하기도 합니다. 아이가 부모에게 바라는 기대치와 부모가 아이에게 바라는 기대치가 상충하기도 합니다.

이때 바뀌어야 하는 사람은 아이가 아니라 부모입니다. 아이가 보이는 불안정한 애착은 부모인 내가 준 영향과 관련된 부분이 있습니다. 아이의 기질은 아이의 특성이기에 그대로 받아 주어야 하고요. 내가 아이에게 불안정한 애착의 모습을 보였고, 아이가 부모에게 온전히 기대지 못하는 문제를 보이면, 부모는 적극적으로 아이와의 애착을 바로잡으려 노력해야 합니다. 온전히 믿어 주고 기댈 여지를 마련해 주는 것입니다.

혹시 그 과정이 불편하다면, 아이의 부족한 모습에 그저 화가 난다면, 부모 자신의 자존감과 애착, 기질을 점검해 보았으면 합니다. 나의 불안이 아이에게 전염된다는 것을 기억하고, 나의 마음 상태를 꾸준히 관리하려는 노력도 필요합니다.

부모의 애착과 기질, 그리고 자존감을 돌아볼 때

아이를 낳은 직후, 부모는 신체적 한계에 부딪힙니다. 두세 시간마다 깨서 우는 아이를 위해 젖을 먹이고 기저귀를 갈고 토닥여 재웁니다. 낮에는 버틸 만하지만 새벽에도 아기가 두세 시간마다 울면 부모도 울고 싶어집니다. 이때는 그저 버티는 것이 일이기도 합니다. 너무나 사랑하기에 버틸 수 있는 시간이기도 합니다.

그 시기가 지나 아이가 기고 걷고 뛰는 과정을 지켜보면서 신체적 피곤함은 줄지만 정서적 애착 관계를 위해 부모는 더 바빠집니다. 한시도 눈을 떼지 못하지만 그만큼 아이와의 유대감은 깊어집니다. 그런데 이때 많은 사람이 자신의 부모를 떠올립니다. 자신의 어린 시절을 떠올리고 부모의 양육 방식은 어떠했는지 생각합니다. 너무나 고생한 나의 부모에 대한 감사함, 때로는 이해할 수 없는 부모의 모습들이 떠올라 괴로워하기도 합니다.

이처럼 아이를 키우는 일은 나의 애착 경험을 건드리는 과정이 됩니다. 나의 애착 경험을 떠올리는 것이 상처처럼 아프다면 어떻게 할까요? 나를 키워 준 부모의 부족했던 모습을 떠올리는 데서 멈춘다면, 내 아이를 키우는 일도 불편하고 더 힘들 수 있습니다. 그 시절 내 부모님의 상황을 이해하고, 그 수고를 인정하고, 지금의 나처럼 모든 것이 불완전했던 나의 부모도 나름의 최선을 다해서 나를 그렇게 키웠겠구나, 라고 이해해 보세요. 그리고 나는 아이에게 어떤 부모로 기억되기를 바라는지 생각해 보세요. 부정적 애착이 대물림

되지 않으려면 상담과 정신치료 같은 전문적 도움을 받아야 하는 경우도 있습니다.

아이를 키우다 보면 정말 다양한 갈등과 위기를 맞게 되고, 그 시기를 지나면서 나의 내면이 좀 더 단단해지게 됩니다. 그리고 나의 부모를 이해하는 순간이 불현듯 오기도 합니다. 자연스럽게 용서도 하게 됩니다. 물론 모든 것을 용서하지 못할 수도 있습니다. 이해는 하지만 용서가 안 되는 일도 있고요. 그 과정이 자연스럽게 이루어지는 것, 아픔이 그냥 자연스럽게 수용되는 것, 그것은 그 어떤 것으로도 배울 수 없는 귀한 공부입니다. 어떤 상담으로도 못 얻을 위로가 아이를 키우면서 자연스럽게 이루어지는 것입니다.

아이가 다 자란 것 같은 사춘기에 오히려 내가 오래도록 마음속에 꼭꼭 숨겨 왔던 나의 부모에 대한 어떤 부분이 건드려질 수 있습니다. 그때 자신을 제대로 보지 않는다면 아이와의 문제가 풀리지 않을 수도 있습니다. 부모와 자신의 애착 관계를 돌아보세요. 자신의 부모를 무조건 좋게 받아들이라는 것이 아닙니다. 나의 애착을 점검하고, 내 아이에게 어떤 부모가 될 것인지를 생각하는 시간을 가져보길 권하는 것입니다.

두 번째로 기질을 점검해 보세요. 아이의 기질이 사춘기에도 다시 드러난다고 설명했는데, 아이의 기질을 있는 그대로 읽어 주고 받아줌과 동시에 이번에는 부모 자신의 기질을 돌아보길 바랍니다. 가끔 아이가 너무 느긋하고 못 미덥다고 생각하는 부모가 있다면, 혹시 부모 자신에게 완벽주의 기질이 있는 것은 아닌지 생각해 보세요. 혹시 부모 자신이 감각적으로 예민해서 아이의 작은 행동들, 문을 소리 나게 닫거나 잘 씻지 않거나 아이의 동영상 시청 음향이 더욱 거슬리는 것은 아닌지 생각해 보세요.

청소년 자녀가 있는 부모 중에서, 아이가 자기 것을 고집하고 부모가 개입하는 것을 거부하는 모습을 보면서 화가 난다면, 자신을 먼저 돌아보길 바랍니다. 애착과 기질, 그리고 자존감의 어떤 부분에 결핍이 있는 것은 아닌지 찬찬히 생각해 보아야 아이와의 관계가 건강해집니다.

04

아이의 '상처받은 뇌'에 개입해야 하는 순간

10대 자녀가 보내는 경고 신호

뇌에 '상처받다'라는 말을 쓰는 것에 대해서 고민했습니다. 우리가 사춘기 아이의 발달을 '이상한 뇌'와 '아픈 뇌'로 나누었을 때, 부모 입장에서 아이의 뇌가 아프다, 상처받았다는 것이 너무 부정적으로 느껴질까 걱정했기 때문입니다.

그럼에도 이 표현을 쓰는 이유는 '상처'는 치료되고 회복될 수 있기 때문입니다. 10대의 뇌는 특히 그렇습니다. 10대의 뇌를 두고 두 번째 기회라고 표현했던 이유도 그 변화와 회복 가능성 때문입니다. 10대의 뇌 발달이 활발하다는 것은, 그만큼 많은 가지치기로 시냅스 연결이 변화되고 네트워크가 강화된다는 것입니다. 많이 자극되고 활성화되는 만큼 아이가 이전과 다른 이상한 반응이 나올 수도 있지만, 또한 자연스럽게 나아지고 과거의 상처도 회복될 수 있습니다.

사춘기의 뇌는 분명히 이상한 뇌를 넘어서 상처받은 뇌로 갈 수 있습니다. 우울, 불안, 반항, 집중력 저하 정도가 심해져서 질환이 아닌가 의심되는 경계까지 갈 수 있죠. 하지만 돌아올 수 있습니다. 부모의 노력과 전문가의 도움이 만나 아이가 회복될 수 있습니다. 소수이지만 일정 기간이 지나 아이가 스스로의 힘으로 자연스럽게 치유되기도 합니다.

물론 우리의 몸에 완전히 고칠 수 없는 병이 존재하듯이, 뇌에도 완전히 회복되기 어려운 병이 생길 수 있습니다. 이럴 경우에는 고혈압·당뇨·신장질환 같은 만성질환처럼 꾸준히 관리해 주어야 합니다. 하지만 만성화되지 않은, 사춘기 시작과 더불어 나타난 문제라면 희망을 가져도 좋습니다.

문제는, 부모가 아이의 이상함과 아픔을 받아 줄 준비가 되어 있지 않다는 것입니다. 사실 아이는 이미 자신의 어려움을 충분히 표현하고 있을지도 모릅니다. 혹 부모가 알면서도 모르는 척하고 있지는 않은가요? 어떻게 해 줘야 할지 몰라서, 대안이 없다고 생각해서, 공부가 힘들어 스트레스를 많이 받는 것을 알지만 그렇다고 그만두라고 할 수 없으니까 등 이런저런 생각에 아이의 힘듦을 알면서도 모르는 척하고 있지는 않나요?

10대 자녀를 키우는 일은 참 어렵습니다. 10대의 생물학적 특성에, 하나의 정보나 한 권의 책으로는 적용하기 어려운 내 아이만의 기질, 거기에 변화무쌍한 환경의 영향이 더해져서 이러지도 저러지도 못합니다.

힘들어하는 아이, 부모는 어떻게 해 주어야 할까요? 사실 부모가 과도한 욕심만 조금 덜어도 부모와 아이 모두 괜찮아질 수 있습니다. 부모가 아이를 완벽하게 키우려고 하고 아이에게도 그만큼의 기대를 걸수록 부모가 해야 할 가장 중요한 본질, 정서 충족의 역할을 잃어버리게 될 때가 많기 때문입니다.

10대 자녀의 훌쩍 커 버린 모습을 보면 다 자란 것 같아서 유·소아기 때보다 정서 문제에 신경을 덜 쓰게 됩니다. 지시할 것도 많아졌고, 잔소리할 일도 많아졌기 때문에 다정한 대화가 이전보다 줄어든 상황도 있습니다. 그런데 이 시기 아이들이 가정 일에 관심이 많다는 것을 아나요? 친구로, 학교로, 연예인으로 관심이 쏠린 것 같지만, 사실 10대 아이들에게 가정은 매우 중요합니다. 아빠가 해 준 다정한 말 한마디를 흘려듣는 듯해도 아이의 정서는 맑음입니다. 엄마 아빠 사이의 분위기가 조금만 안 좋아져도, 아이는 관심이 없는 척하지만 속으로는 매우 예민하게 받아들이고 신경 씁니다. 실제로 부모의 이혼과 불화가 자녀에게 가장 크게 영향을 미치는 때가 자녀의 청소년기입니다. 독립하고 싶어 하지만 가정에 더 관심을 갖는 '가짜 독립성pseudo independence'의 시기인 것이죠.

감정의 교류가 강렬하고 예민한 시기이기 때문에 가정의 문제를 크게 받아들일 수 있습니다. 그래서 청소년기에 가족의 화목을 챙기기 위해 노력하는 것이 필요합니다. 이것이 청소년기에 상처 주지 않는 뇌를 만드는 중요 요인입니다.

정서 충족 외에 부모가 아이의 정신 건강을 위해 해 주어야 할 두 번째 역할이 있습니다. 바로 '알아차림'입니다. 아이가 보내는 경고 신호를 가장 잘 알아차릴 수 있어야 합니다. 일상을 제약하고 통제하라는 것이 아닙니다. 아이와 함께 생활하고 아이의 기질과 특성을 잘 아는 부모는 아이의 문제를 가장 잘 알아차릴 수 있는 위치에 있습니다.

누구나 상처받은 뇌가 될 수 있다

뭐든 조기 치료가 좋습니다. 만약 이상함을 넘어 아픔으로 갔는데도 부모가 내 아이의 아픔을 받아 주지 않는 것만큼 안타까운 일은 없습니다. '아픈 뇌'를 치료하는 것을 신체적 치료처럼 자연스럽게 받아들이지 않는 사람들의 시선 '낙인'도 잘못이지만, '낙인'이 두려워서 전문의의 도움을 요청하지 않는 부모도 잘못입니다.

아이의 돌발진을 한 번쯤 지나 보았을 것입니다. 돌발진은 돌 무렵의 유아들에게서 자주 일어나기는 하지만 '돌 무렵에 일어나는 발진'이라는 뜻은 아닙니다. '돌발 발진'의 줄임말로, 그야말로 갑작스러운 고열과 급격한 체력 저하를 동반하는 발진이 일어나는 것입니다. 흔히 2~3일 정도 열이 난 뒤에 몸에 피부발진이 돋으면 돌발진으로 확진합니다. 이 돌발진은 바이러스 질환이어서 열을 잡기 위해 해열제를 쓰기도 하지만, 돌발진 자체를 치료하기 위한 약은 없습니다. 아이가 그 시간을 오롯이 지나야 합니다. 그런데 이 돌발진이 왜 걸리는 것인지에 대해 아직 정확한 이유가 알려지지 않았습니다.

사실 뇌의 문제도 그렇습니다. 안타깝지만 정신질환도 병입니다. 병의 원인은 복합적입니다. 유전적 요인이 있을 수 있고, 청소년기에 새로 발현되는 유전자에서 사고나 감정 조절에 문제가 일어날 수 있습니다. 아이가 어릴 때부터 가지고 있던 발달 문제와 감정 통제의 어려움이 중독 문제로 이어지기도 합니다. 기질적으로 취약한 부분에 환경 요인이 겹치면서 병으로 발병하기도 하는데, 그 환경 요인에는 부모와 자녀 간의 소통 문제, 친구로부터의 따돌림 등이 포함됩니다. 안타깝지만 누구나 정신 건강의 어려움과 정신질환을 겪을 수 있습니다. 가족력이 뚜렷한 유전병이 아니고, 명백한 외상(외부 충격으로 인한 뇌 손상)에 의한 정신질환이 아니라면 사실 랜덤으로 발병한다고도 할 수 있습니다.

청소년기로 들어오면 뇌의 급격한 변화로 인해 보통과 이상한 뇌 사이를 오고가다 보니, 이상한 뇌를 넘어서 아픈 뇌로 갔는지를 판단하기가 쉽지 않습니다. 그래서 단일 원인이 아닌 여러 위험 요인을 다각도에서 살피고, 아이의 발달 불균형을 어떻게 균형 잡히게 할 것인가에 초점을 둡니다. 물론 그 과정에서 약이 필요하다면 약을 쓰고, 생각의 왜곡을 바로잡는 심리치료를 하기도 하고, 아이를 둘러싼 환경에 개입하여 개선하려는 노력을 취하기도 합니다.

청소년이 되는 10대 자녀를 키우는 일은 어렵습니다. 그런데 정신 건강 문제로 고통받는 10대 자녀를 키우는 일은 열 배는 더 힘들다고 할 수 있습니다. 마음이 아파서 행동·인지·정서에 문제를 드러내는 아이들 말입니다. 만약 청소년기에 정신 건강의 문제가 드러났고, 부모가 이를 조기에 발견해서 도움을 받겠다는 의지를 실천한다면, 내 아이의 고통도 조기에 호전되어 성인이 되기 전에 완전히 회복될 수 있습니다. 그래서 건강한 어른으로 자라는 데 중요한 게이트웨이에 있는 10대의 내 아이가 어떤 질환에 취약해질 수 있는지 알아두어야 합니다.

청소년기에 가장 취약한 정신 건강 문제가 앞에서 말한 것 같이 조현병과 기분장애(우울증)입니다. 우울증이 발병할 비율은 남녀 합해서 청소년 초·중기에 20%, 청소년기 전체로 보면 50%나 됩니다. 청소년기에 적극 개입하면 예방이 가능한 병이라는 연구결과도 있습니다. 감정의 업·다운에 의한 조울증도 마찬가지입니다. 성인기 조울증이 20대부터 시작되는 것처럼 보이지만 청소년기 우울증에서 시작되는 경우가 많습니다. 어떤 형태의 기분장애든 조현병 50%, 조울증 40% 정도가 청소년기에 시작한다고 볼 수 있습니다.

청소년기 조현병이나 기분장애(우울증) 등은 성인의 증상과는 조금 다릅니다(Part 3의 Chap 5 참고). 조현병, 조울증, 우울증, 불안장애, 반항장애의 증상이 뒤섞여서 나옵니다. 증상이 초기부터 완벽하게 구별되지 않습니다. 물론 유전적 요인도 있기 때문에 가족력이 뚜렷한 경우에 속한다면 일찍부터 고위험군으로 분류하고 집중 관찰하기도 합니다. 그래서 정답이 있다고 보기는 어렵지만, 그럼에도 부모가 내 아이의 아픈 뇌를 알아차릴 수 있는 신호들이 있습니다. 크게 두 가지 기준에서 바라보면 도움이 됩니다.

첫 번째는 '기능의 결함이 심각한가?'입니다. 우울감은 누구나 경험합니다. 내적으로 위축되고 혼란스러워하면서 우울과 불안을 경험할 수 있습니다. 그런데 그것 때문에 인간관계가 망가지고, 살아가면서 해내야 하는 일들인 학교생활, 수업 활동 등을 따라가지 못하고, 주변의 어른들과 심각한 갈등 상황을 유발할 만큼 기능 결함을 보인다면, 아픈 뇌의 신호일 수 있습니다.

모든 아이가 느끼는 일시적 불안정감, 낙담, 우울감, 좌절은 필연적이고 이는 모두가 공유하는 부분입니다. 이런 감정을 전혀 느끼지 않는다면 오히려 건강하지 않다고 보아야 하죠. 따라서 아이가 일시적으로 불안정한 모습을 보인다고 해도 일상의 기능을 해내는 데 문제가 없다면, 내 아이가 아픈 뇌를 가지게 된 것은 아닐까 염려하지 않아도 됩니다.

두 번째는 '성장과 발달에 손상을 주는가?'입니다. 아이의 감정이나 정서의 문제가 성장이나 발달에 손상을 입힐 정도라면 치료를 고려해야 합니다. 예를 들어서 아이가 다이어트를 하겠다고 할 수 있습니다. 외모, 연예인, 이성에 대한 관심이 커지면서 운동이나 다이어트에 빠지는 아이들이 있습니다. 건강한 식이 습관을 들이려고 하는 것은 아이의 건강에도 도움이 되죠. 그런데 이것이 과도해서 섭식에 문제가 생기거나, 나이에 맞지 않게 몸무게가 줄고, 건강지표들이 경고 사인을 보낸다면 그때는 부모가 개입해야 합니다.

위와 같은 두 가지의 기능 장애가 나타났다면, 적극적인 치료가 필요합니다.

그런데 두 가지 기준을 따로 말씀드리지 않아도, 아이를 잘 관찰해 온 부모라면 알아차릴 수 있습니다. 우울과 불안의 모습을 보인다고 다 문제는 아니지만 경고 사인으로는 보아야 합니다. 더 면밀히 관찰하고 소통해야 하는 시기라고 받아들이면 됩니다. 감정의 변화를 보이는데 아이의 행동 양상도 함께 변한다면 '청소년기 아이들은 다 그래'가 아니라 그 경고 사인에 맞게 아이의 힘듦을 돌아보고 도우려 해 보세요. 아이 스스로 할 수 있는 전환 활동, 이완 훈련, 불안 조절 연습 등 스트레스 관리 프로그램을 알려 주거나, 상담 연결 등의 지원을 제안할 수 있어야 합니다.

정도가 얼마나 심해지는지도 주의해서 살피세요. 위와 같은 기능 결함, 성장 손상의 문제가 보이는 정도라면, 부모가 용기 있게 도움을 청하고, 아이에게도 도움받을 것을 적극적으로 설득해야 합니다. '어떡하지' 고민만 하다가 전문가가 아닌 사람을 찾는 등 잘못된 선택을 하지 않았으면 합니다. 부모가 먼저 정신 건강 문제에 대한 부적절한 낙인감을 버리고 아픈 것을 아픈 것으로 받아들이면, 아이도 선입견 없이 자연스럽게 치료받을 수 있게 됩니다. 그래야 회복도 빠르고, 후유증도 적습니다.

생각의 오류를 잡아주는 조기 개입의 필요성

청소년기에는 인지적 사고의 오류만 잘 잡아주어도 도움이 될 수 있습니다. 스트레스 관리 프로그램에서도 가장 먼저 제공하는 방법입니다.

우리에게 어떤 일이 닥쳤을 때 머릿속에서 떠오르는 일련의 생각 흐름을 '자동적 사고'라고 합니다. 그런데 자동적으로 떠오르는 생각이 상황을 잘못 인식함으로써 감정을 더 상하게 하는 경우가 많습니다. 예를 들어 복도에서 마주 오던 옆 반 친구에게 손을 흔들었는데 그 친구가 반응 없이 지나갈 경우, 무시당했다고 생각하거나, 과거 일까지 반추하면서 나에게 삐진 것이라고 확장해서 해석하고, 앞으로 자기도 인사하지 않겠다고 작정하고 다른 친구에게 그 친구를 흉보는 등 작은 사건을 계속 곱씹어 크게 만드는 것입니다.

그럴 때는 그냥 다음에 그 친구를 만나 "어제 복도에서 왜 인사 안 했어?"라고 물어보면 됩니다. 그런 측면에서는 남학생들이 상대적으로 단순한 편입니다. 그럴 때 남학생들은 "뭐야?" 하고 넘기는 경우가 많거든요. 그 순간 기분은 나쁘지만, 문제를 오래 되새기지 않는 편입니다. 물론 모두가 그렇다는 것은 아닙니다. 상대적 경향성을 말하는 것입니다.

생각의 오류를 잡기 위한 일반적인 조기 개입의 방법으로는 인지행동치료가 대표적입니다. 자동적 사고의 흐름이 잘못된 방향으로 가지 않도록 '사건-생각-감정' 사이의 관계를 이해할 수 있게 하고,

왜곡된 판단과 전제를 줄여나가도록 훈련시키는 것입니다.

가벼운 우울, 인지적 오류, 피해의식이 가볍게 나타나면서도 일시적으로 보였다 사라지는 정도라면, 청소년기 일반적 문제로 보아도 괜찮습니다. 그러나 이러한 증상이 지속적이고 친구 관계 문제, 성적의 저하, 기분의 잦은 변동 등 일상생활의 기능을 방해하는 수준까지 간다면, 그때는 상담, 정밀검사, 진단평가 등 여러 경로를 통해 진단한 후 치료를 시작하는 것이 좋습니다.

뇌가 아프다는 것, 정신적 문제를 치료한다는 것

제가 전문의를 딴 지 얼마 안 되었을 때, 공중보건의로 지방에 내려간 적이 있습니다. 1990년대였는데 그때만 해도 시골에서는 정신과에서 치료하는 정신질환을 '귀신이 들어온 것'이라고 말하는 사람들이 많았습니다. 제대로 된 치료 연결을 도와주려고 해도 거부하는 경우가 많았죠.

제가 농촌 진료를 보러 나갔을 때 동네 분들이 한 아이를 제게 데리고 왔습니다. "얘한테 얼마 전 죽은 삼촌 귀신이 들어왔어요." 무슨 일인가 싶어서 아이를 검사하고 아이의 발달 과정에 대해서 자세히 문진하였습니다. 살펴보니 아이는 자폐증과 지적발달장애가 혼재되어 있었습니다. 비슷한 발달장애를 가지고 있던 삼촌이 며칠 전 돌아가셨다고 했습니다. 근거 없는 잘못된 미신으로 아이를 판단함으로써 아이와 아이 가족에게 또 다른 상처를 주고 있었습니다.

아이들의 정신 건강 문제를 바라보는 시각이 2000년대 초반이 되면서부터 많이 바뀌고 있습니다. 이제는 아이의 인지발달·사회성발달·정서발달 문제나 정신 건강의 문제를 "귀신의 빙의"나 "묫자리를 잘못 쓴 것"이라는 식의 미신적 해석을 하는 분들이 거의 없습니다.

정신 건강 연구에 뇌과학 연구가 접목되기 시작한 지난 20년 동안 현대 정신건강의학은 신뢰성 높은 '진단' 연구와 병인, 즉 병을 일으키는 주요 인자를 찾으려는 '원인' 연구, 병인과 관련된 뇌의 구조·기능의 이상을 해결하려는 '치료'에 대한 연구가 모두 발전하고 있습니다. 이제 정신 건강에 생기는 질환도 당뇨나 고혈압과 같은 질병이라는 인식이 확립되었습니다. 소아·청소년의 정신 건강 문제도 뇌의 발달 과정에서의 병인을 규명하고 과학적 치료 효과를 증명하는 연구결과들이 쏟아져 나오고 있습니다.

이처럼 뇌의 문제는 뇌영상과 신경 작용 치료법을 통해 병인을 찾아 본래 기능을 회복시키는 방식으로 접근하기도 하고, 증상을 토대로 증상을 낮출 수 있는 방식으로 치료에 접근하기도 합니다. 미지의 세계처럼 여겨지던 뇌와 신체의 상호작용에 관한 연구가 계속해서 이루어지고 있고, 이에 따라 뇌의 구조·기능을 신체의 여러 시스템과 연관해서 이해하는 부분도 크게 성장하고 있습니다. 장내 미생물과 뇌 발달 간의 연구, 호르몬 시스템과 뇌 구조·기능 간의 연구, 면역세포와 신경세포 간의 상호작용 연구 등 몸과 뇌가 서로 수많은 상호작용을 하고 있다는 것을 증명하는 연구들도 많이 나오고 있고,

치료법도 다양해지고 있습니다.

이제는 조기에 발견하여 치료하면 많은 정신 건강 문제나 발달장애가 훨씬 더 좋은 치료 결과를 보인다는 것을 알게 되었습니다. 조기에, 적기에 개입하지 못해서 아이가 아프다가 성인이 되어 문제가 만성화되어서야 병원을 찾는 모습을 보았을 때 드는 가장 큰 안타까움은, 이 아이가 너무 오랜 시간 아파해 왔다는 것, 자기 나이에 맞는 기술과 능력을 발전시킬 시기를 놓쳐 버렸다는 것입니다. 내 아이의 뇌가 아프다는 것을 인정하기 어려워하는 부모가 많습니다. 그래서 아이가 정신건강의학과에서 진료받는 것을 꺼리는 경우도 여전히 많습니다. 아직도 다른 질병들에 비해서는 정신 건강 문제를 돕는 병원의 문턱이 높게 여겨지는 것 같습니다. 일찍 발견하면 아픈 아이들의 문제를 일찍 바로잡아서 아이가 더 오래 행복하고 건강하게 지낼 수 있습니다.

지금 이상해 보이는 내 아이, 아픈 것이 아니라 그냥 청소년기의 특징 때문일 수도 있습니다. 괜한 걱정과 접근으로 아이와의 관계에 벽을 쌓지 않았으면 합니다. 하지만 뇌도 아플 수 있습니다. 마음이 아플 수 있습니다. 누구나 아플 수 있습니다. 그것은 부끄러운 것도 아니고 누구의 탓도 아닙니다. 뇌의 상처는 잘 치료받으면 회복될 수 있습니다. 치료받아야 합니다. 그러니 내 아이가 아프다면, 부모가 먼저 알아차려 주세요. 아픈 아이가 기댈 곳은 부모입니다.

05

내 아이 건강한 뇌를 위해 할 것, 하지 말아야 할 것

'자녀에게 하지 말아야 할 것'을 지키세요

자녀교육에 있어서 기본 원칙이 있습니다. 좋다고 하는 것을 이것저것 해 주는 것보다 '하지 말아야 할 것을 안 하는 것'이 더 중요하다는 것입니다.

청소년기는 정신의학적 관점에서 보면 위기의 측면이 있습니다. 아이가 예민해지고 반항하면서 독립에 대한 욕구가 올라가는데, 부모는 '공부해라, 학원가라, 숙제해라, TV 꺼라, 게임 줄여라' 등 아이 생활을 제약하는 지시가 많아지기 때문에 부모와 자녀 관계에 갈등이 올라가는 시기입니다.

아이가 해야 하는 과업은 할 수 있도록 돕거나 하도록 권유해야 합니다. 그러나 그것이 자녀를 통제하기 위해서가 아니라 아이 자신을 위한 일이라는 메시지를 전달하려고 노력하는 게 좋습니다. 내 자녀는 부모인 내가 어렸을 때보다 더 똑똑해졌습니다. 지적 수준이 올라갔고 수많은 정보 속에서 자기에게 필요한 정보를 습득할 능력과 환경도 충분합니다. 부모 입장에서는 왜 저런 행동들을 할까 싶지만, 아이 입장에서는 벽에 부딪혀 보고 자기 한계를 설정하면서 능력치를 올리는 중입니다. 그 과정이 불안해 보이고 못마땅해 보일지라도 성장발달 숙제를 하는 중이라고 생각하고 지켜보세요.

이 지침은 실제로 정서에 문제가 있는 아이들의 부모에게도 동일하게 적용됩니다. 인지장애, 정서장애, 기분장애의 질환이 있는 아이들도 일반 아이들처럼 동일하게 청소년기 특성을 보입니다. 그래서 부모들에게 전하는 대원칙은 같습니다. 부모가 아이를 평생 어린아이처럼 데리고 살 것이 아니라면 아이를 독립시킬 준비를 하는 것이 맞습니다.

또 하나 당부드릴 것은, 내 아이의 뇌가 아플 수 있다는 것을 인정해야 아이가 아플 때 부모가 치료받을 수 있도록 안내해 줄 수 있습니다. 우리나라 정서상 아직도 '정신적 문제'는 내 아이의 일이 절대 아니라고 생각하는 분위기가 있습니다. 그래서 아이가 아픔이 지속되어 치료가 필요한 상황에서도 이 문제를 수용하지 못합니다. 그래서 행동 교정에만 집중하다가 더 많은 갈등이 빚어지고는 합니다. 감기에 걸리는 아이가 따로 있는 것이 아니듯, 경중의 차이는 있을지 몰라도 누구나 정신 건강 문제를 경험할 수 있습니다.

아이에게도 그런 이야기를 일상에서 자연스럽게 나누어 주세요. "누구나 아플 수 있는 거야. 몸처럼 뇌도, 마음도." 아이들도 정보 습득량이 많아져서, 자신에게 문제가 생긴 것 같다면 검색을 해서 알아보기도 합니다. 이제는 그러한 활동을 숨어서, 몰래 할 필요가 없습니다. 부모가 가정에서 자연스럽게 다루어 주고, 학교 교육에서도 정서와 인지 발달에 생길 수 있는 문제 부분을 자연스럽게 녹여낸다면, 아이가 먼저 적극적으로 낫고자 하는 의지를 보일 수 있고, 아이들끼리의 낙인도 줄일 수 있습니다.

그런데 부모가 평소 그런 문제를 이야기하는 것에 배타적이고, 정신 건강 문제를 가진 아이나 부모에 대해 부정적으로 이야기한다면, 아이는 자기 내면에 문제가 있어도 자기 부모에게 털어놓을 수 없습니다. '누구나 뇌가 아플 수 있다'는 것을 염두에 두고 아이와 대화하세요. 내 아이도 아플 수 있습니다.

스트레스에 대항해 '멍 때리는 시간'의 여유를 주세요

우리나라 대학입시 진학률은 다른 나라에 비해 매우 높은 편입니다. 영국, 미국, 호주, 유럽 국가는 직업을 구하는 데 있어서 대학 진학 여부가 중요하지 않기 때문에 대학 진학률이 40% 이하인 경우가 많습니다. 하지만 우리나라는 어떨까요? 무려 80% 이상입니다. 게다가 대학이 서열화되어 있어서 더 높은 경쟁으로 청소년들에게 스트레스가 유발되고 있죠.

그래서 그런지 우리나라 아이들의 행복지수는 최하입니다. 유아기 행복지수는 중간 정도인데 청소년기에 들어서면서부터 학업 스트레스로 최하위권으로 내려갑니다. 스트레스 관리는 정신 건강 문제의 예방에서도 매우 중요하게 생각하는 부분 중 하나입니다.

스트레스란 무엇일까요? 보통 학업 스트레스, 업무 스트레스, 질병 스트레스라고 표현하지만, 사실 학업이나 업무, 질병 등은 스트레스를 일으키는 요인이지 스트레스 자체는 아닙니다. 스트레스는 '반응'을 말합니다. 우리에게 주어진 외부적 자극이나 심리적인 요구가 주어졌을 때 이를 해결하는 과정에서 나타나는 우리 몸의 반응입니다.

우리에게 주어지는 외부적 자극이나 심리적 요구는 다양합니다. 그러한 스트레스의 일부는 우리를 움직이게 만들어서 어떤 일을 해내게 하는 좋은 자극이 됩니다. 이러한 스트레스는 누구나 겪게 되는 좋은 스트레스입니다. 하지만 외부의 압력이나 심리적 요구가 너무 강하면 신체적으로나 내적으로 힘들어질 수 있습니다. 이는 나쁜 스트레스입니다. 결국 우리는 좋은 스트레스든, 나쁜 스트레스든 받을 수밖에 없습니다. 어린아이에게 발달 과업이 있듯이 자라면서 생애주기마다 해내야 하는 과업들이 주어집니다. 그 과업들은 스트레스가 될 수 있죠.

외부로부터 받는 스트레스에 대해 가장 좋은 대안은 스트레스를 주는 환경을 바꾸는 것이지만, 학업에 대한 스트레스는 오히려 열악

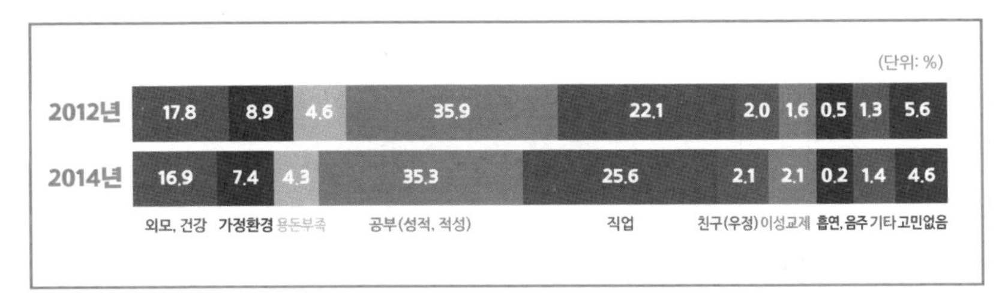

[그림4-1] 청소년이 흔히 받는 스트레스 요인
(자료: 2012, 2014 통계청 사회조사)

해지고 있습니다. 따라서 환경을 바꿀 수 없다면 스트레스를 안 받는 방법이 아니라 어떻게 관리하는가의 문제로 접근해야 합니다. 아이들이 자기의 정신 건강을 지켜내고 질환의 위험에 빠지지 않도록 안내하는 것입니다. 스트레스가 많은 환경에서도 행복감을 느낄 수 있는 여지를 마련하는 것이 차선이겠죠.

청소년의 70%가 성인들이 받는 정도와 비슷하게 스트레스를 느끼고 있었습니다. 예상했겠지만, 학업(성적, 적성)이 가장 큰 요인이고, 외모와 건강에 대한 염려, 친구관계, 부모관계 등 관계에 대한 고민이 이어졌습니다.

스트레스는 심리적 요인이지만 신체적 반응이 다양하게 나타납니다. 시험 기간만 되면 배가 아픈 아이들이 종종 있는데, 복통, 소화불량, 두통은 스트레스로 인한 흔한 증상입니다. 직장생활을 하면서 스트레스를 받았을 때 어떤 증상이 있었는지 떠올려 보면 아이들의 스트레스 증상에 좀 더 잘 대응해 줄 수 있을 것입니다.

스트레스에 대한 심리 반응도 특징적인 것들이 있습니다. 갑자기가슴이 답답하고 심장이 뛰는 공황발작과 같은 증상이 있을 수 있고, 때로는 물건을 반드시 제자리에 두어야 하거나 손을 과도하게 자주 씻거나 공부에 앞서 계획표를 꼭 세워야만 시작하는 등의 강박적인 증상도 있을 수 있습니다. 관계에 집착하거나 자신이 부정적으로 평가받을까 두려워서 사회적 상황을 회피하려는 사회불안 증상도 있습니다. 감정 통제가 어렵거나 불안한 마음으로 인한 불면증을 호소하기도 합니다.

인지적 스트레스만으로도 버거운데 신체적·정서적 스트레스까지 다양한 스트레스에 노출된 청소년기입니다. 하지만 사람은 이러한 스트레스에 잘 적응할 수 있게 만들어졌습니다. 그 스트레스에 잘 적응하기 위한 방법 중 하나가 바로 마음가짐입니다. 마음가짐이란, 결국 상황을 어떻게 해석하느냐 하는 것입니다. 똑같은 학업 과제가 주어졌어도 그것을 나의 진로를 위한 과정으로 해석하고 해낸다면 좋은 스트레스로 작용할 것이고, 인생에서 써먹지도 못할 지식을 또 외워야 한다는 불평으로 대한다면 나쁜 스트레스로 작용할 것입니다. 스트레스는 결국 주어진 외적, 내적 자극을 어떻게 다루느냐의 태도와 해석의 문제입니다.

아이들이 스트레스를 받는 것 같다면 몸의 긴장을 풀어주는 것이 도움됩니다. 스트레칭이나 유산소운동, 간단한 근육 강화 운동을 추천하지만, '운동'이라는 말이 부담스럽다면 그냥 아이를 데리고 밖에 나가 산책만 해도 좋습니다. 근육을 이완시키고 바람을 쐬면서 머리도 식히는 것입니다.

아이들이 일찍부터 커피 등의 카페인 음료에 익숙해지고 있는데, 스트레스 관리 차원에서 볼 때 커피는 결코 좋은 방법이 아닙니다. 방송에서 사람들이 맥주나 소주를 들이켜면서 스트레스를 푸는 장면이 흔히 연출되는데, 술도 결코 스트레스 해소에 도움이 되지 않습니다. 카페인이나 알코올이 들어간 음료는 일시적으로 기분전환이 되는 듯하지만, 결국 우리 몸과 마음에 더 자극을 주고 흥분 상태를 지속시키기 때문에 이완과 휴식이 필요한 몸과 마음을 더 힘들게 만들고 초조감과 불안감을 증폭시킵니다.

스트레스를 받았다면 잘 먹는 것이 도움이 됩니다. 가족이 함께 식단을 짜고, 맛있는 식사를 하세요. 고기, 채소, 맛있는 과일 등 자연 재료를 신선하게 요리하여 골고루 섭취하세요. 고기에 들어 있는 세로토닌과, 각종 채소와 과일에 들어있는 비타민과 무기질이 스트레스 해소에 도움을 줍니다.

복식호흡도 좋습니다. 공황장애의 가장 흔한 증상인 과호흡을 다룰 때처럼, 복식호흡을 하면 가장 쉽고 빠르게 신체를 이완시킬 수 있습니다. 복식호흡은 배에 공기를 가득 채운다 생각하고 코로 숨을 들이마신 뒤 천천히 내보내는 것입니다. 아주 간단한 방법이죠. 시험을 앞두고 긴장했을 때 좋습니다. 가끔 너무 화가 나서 한바탕 쏟아내고 싶을 때도 단 30초만 시간을 내서 천천히 복식호흡을 하면 마음이 조금 진정되는 것을 느낄 수 있습니다.

긴장을 풀고 가만히 눕거나 앉아서 '멍 때리는' 시간을 주세요. 아무 생각도 하지 않고 있는 시간은 낭비가 아닙니다. 신체뿐 아니라 두뇌에도 잠깐이나마 휴식시간을 주면 뇌는 더 창의적으로 움직일 준비를 합니다. 산책, 복식호흡, 자신의 감정을 차분히 들여다보는 시간도 몸과 마음을 이완시켜 두뇌를 쉬게 합니다. 몸의 긴장과 마음의 긴장을 풀고 그냥 쉬는 시간을 갖게 하세요. 가만히 누워서 복식호흡을 하면 더 좋습니다.

스트레칭을 자주 하는 것도 좋습니다. 걷기나 계단 오르기와 같은 가벼운 운동뿐 아니라 제자리에서 근육을 이완시키는 필라테스와 같은 이완 운동을 하면서 몸의 긴장을 풀어 주세요. 이러한 운동은 아이와 부모가 함께하면 더욱 좋습니다.

이 외에도 다음에 다룰 인지행동과 긍정심리, 수면 관리도 스트레스에 도움이 됩니다.

생각의 흐름을 잡아 주세요

우리가 갖는 스트레스의 많은 부분이 인지적 왜곡에서 비롯됩니다. 주어진 상황에 대한 잘못된 해석으로 없어도 될 스트레스를 내가 나에게 일으키는 것입니다.

사춘기의 뇌는 똑똑해집니다. 생각이 많아집니다. 복잡성이 증가하면서 다양한 판단을 내릴 수 있는 능력이 발달하지만, 인지적 유연성은 취약해져서 자기 생각이 틀릴 수 있다는 것을 받아들이지 못합니다. 내 생각이 맞고 남들은 틀린 것 같다고 생각하기 쉽습니다.

그래서 흑백논리와 같은 오류가 많아지기도 합니다.

아이가 인지적 오류로 인해 기분 나쁜 감정을 꼬리에 꼬리를 물고 이어나간다면, 부모가 자연스럽게 도움을 줄 수도 있습니다. 생각의 흐름이 부정적으로 흘러가는 것을 바로잡아 주는 것입니다. 이해를 위해 한 가지 상황을 예로 들겠습니다.

아이가 학교에서 돌아가면서 친구와 짝을 지어 구역 청소를 맡는데, 함께 짝이 된 친구가 매번 그냥 집에 가 버립니다. 아이가 혼자 청소하고 오는 날이 반복되고, 선생님에게 짝을 바꿔 달라고 요청했지만 받아들여지지 않았고, 결국 그 친구와 다툼이 일어났습니다. 선생님은 두 아이를 모두 혼냈습니다. 아이는 집에 돌아와 씩씩대면서 이건 공정하지 않다고 합니다. 그 친구가 잘못했는데 자기까지 혼이 나서 억울하고, 선생님이 자기를 미워해서 그 친구와 짝을 짓고 혼을 낸 것 같다고 합니다. 며칠 전 수업 시간에 졸아서 지적을 받았는데, 그때부터 선생님한테 '찍힌' 것 같다고 걱정이 이어집니다. 이렇게 꼬리에 꼬리를 무는 부정적인 연상은 관계없는 내용까지 확실한 증거라고 착각하게 만듭니다. 약간 '피해망상'적 상태까지 갈 수도 있습니다.

이때 부모는 공감적 대화를 통해 아이의 인지 왜곡 흐름을 잠시 막고 바르게 잡아줄 수 있습니다. 먼저 아이가 담임교사에게 혼이 나서 속상한 마음을 읽어 주세요. 혼자 청소했는데 야단까지 맞아 생긴 억울한 마음도 충분히 수용하고 위로해 주세요.

"OO아, 너 많이 속상했겠다. 엄마가 그 상황이었어도 많이 힘들었을 것 같아. 그런데 난 네가 혼자 남았는데도 맡은 일을 다 해내고 온 게 멋져 보여. 친구가 가 버리면 혼자 하기 싫었을 텐데 책임감 있게 해냈네! 그렇게 잘했는데도 결국 혼이 났으니 속상할 만해."

공감 후에는 잘못 흘러간 생각들을 짚어 주세요.

"엄마 생각엔 네가 짝꿍을 바꿔 달라고 요청한 것도 좋은 방법이었던 것 같아. 그런데 요청은 학급의 규칙상 받아들여질 수도 있고 안 받아들여질 수도 있어. 며칠만 지나면 어차피 청소 짝이랑 구역이 바뀌니까 선생님 입장에서는 조금 참으라고 하셨을 수도 있지. 그래도 네가 대안을 생각했다는 것이 엄마는 기특해!"

감정적인 오해와 기분 나쁜 감정의 흐름도 잡아 주세요.

"선생님이 네가 미워서 그 친구와 짝지어 주었다고 보는 건 좀 오버한 것 같은데? 선생님이 지난번 선행상에 네 이름도 올려 주셨잖아. 혼나서 속상하니까 이런저런 생각이 들 수는 있는데 미움받아서 그런 건 아닌 듯하니까 그건 빼고 속상해하자."

생각의 흐름을 바로잡는 인지행동치료는 정신건강의학의 다양한 질환에서 적용하는 기본적인 방법입니다. 생각의 흐름이 잘못되다 못해 지나치면, 피해의식, 자기비하를 거쳐 낮은 자존감과 우울증으로 이어질 수 있기 때문에 객관적이고 긍정적으로 생각하는 훈련은 정신 건강에 아주 중요한 도움이 됩니다. 이런 경험을 통해서 상황을 객관적으로 해석하게 되고, 왜곡 없이 사실을 사실로 받아들이고, 그에 맞는 대처와 문제 해결을 경험할 수 있게 한다면 아이의 자존감은 향상되고, 상황을 보는 수용성과 감수성은 올라갑니다.

부모는 평소 부정적이고 나쁘게 해석하면서 아이에게만 긍정 사고, 객관 사고를 하라고 하면 아이가 따를까요? 일상에서 아이에게 부모가 먼저 긍정 사고의 모습을 자주 보여 주세요. 가족은 서로에게 알게 모르게 가장 큰 영향을 미칩니다. 특히 아이는 부모 행동을 무의식적으로 따라 합니다. 아이가 했으면 하는 모습으로 행동해 보세요. 사고 훈련도 부모가 먼저 해 보세요. 아이는 부모의 훈계가 아니라, 부모의 평소 태도와 행동을 따라 합니다.

아이의 수면 시간을 확보하려 노력하세요

청소년기에 신체와 정신이 건강한지 확인하는 중요 지표가 있습니다. 성, 수면, 운동입니다. 청소년기 수면은 성인기 정신 건강의 바로미터가 됩니다. 수면은 한 사람의 데일리사이클로 보아야 합니다. 만약 청소년기에 수면 시간이 절대적으로 부족해 잘못된 생체리듬을 형성한다면, 이는 성인기에도 이어집니다. 물론 우리나라에는 특정 변수가 있긴 합니다. 예를 들면 군대죠. 군대는 강제로 생체리듬을 바꾸는 중요한 변수가 됩니다. 이러한 극적인 상황이 없으면 청소년기에 형성된 수면, 활동 사이클이 생애 전반에 영향을 미칩니다.

"죽도록 공부해도 죽지 않는다." 제가 본 가장 끔찍하고 비인간적인 광고 문구 중 하나입니다. 몇 년 전 어느 사설 입시 학원의 버스에 적혀 있더군요. 아이의 뇌와 정서 발달에 관심을 갖고 연구하는 저로서는 잠을 희생하라는 노골적인 이 문구가 충격적이었습니다. 이런 문구가 얼마나 많은 학생과 부모의 인식을 왜곡시킬지 생각하니 안타까웠습니다.

우리나라 학생들에게 '잠'은 참 하찮게 여겨집니다. 잠을 줄여서 공부하면 칭찬받는 분위기고 아이 스스로도 뿌듯해하죠. 그런데 잠을 줄인다는 것은 몸에 계속 빚을 지는 일입니다. 그저 잠시 피곤한 것이 아니라 두뇌가 가동할 에너지를 빼앗는 것이죠. 게다가 졸음을 피하려고 온갖 각성제가 들어간 음료를 마시기까지 하니, 각성제의 영향으로 잠을 잘 때조차 뇌는 제대로 쉬지 못하는 지경입니다.

연령대에 맞는 적정 수면 시간에 대해서 들어보았을 것입니다. 만 1세까지는 14~15시간, 만 3세까지는 12~14시간, 만 6세까지는 11~13시간, 초등학생까지는 10~11시간, 그리고 청소년은 9~10시간의 수면 시간이 필요합니다. 아이가 유·소아기 때만 해도 부모는 아이의 수면 시간을 지키려고 노력합니다. 충분히 잠을 자지 않으면 아이 발달에 영향을 미친다는 경고를 들어서일 것입니다. 그런데 학령기에 접어들고 특히 청소년이 되면, 잠보다 공부와 성적이 우선순위가 되면서 각종 과제와 숙제를 하기 위해서 어쩔 수 없이 잠을 줄이고 희생하는 게 당연하다는 인식이 생깁니다. 적정 수면 시간을 알더라도, 도저히 불가능한 지침이라고 생각하고 한 귀로 흘리죠.

아이의 수면 시간이 줄어도, 짧은 시간 동안 잘 자면 되는 것일까요? '수면 습관'은 '수면' 자체의 중요성도 있지만, 수면과 각성의 사이클로 생체리듬이 만들어지기 때문에 중요합니다. 우리 몸에는 시계가 존재합니다. 지구가 자전하면서 낮과 밤이 만들어지고, 하루 24시간 주기로 활동하게 됩니다. 우리 몸도 낮과 밤에 매우 익숙하게 만들어졌습니다. 아침이 되면 잠이 깨고 밤이 되면 잠이 오는 것은 물론, 우리 몸의 생리활동, 대사활동, 특히 아주 미세한 호르몬의 분비까지도 정교하게 짜인 것을 '생체리듬'이라고 합니다. 만약 생체리듬에 맞지 않게 움직인다면, 정교한 우리 몸의 시계가 엉키면서 컨디션이 떨어지고 스트레스가 올라가며, 수면이 절대적으로 부족한 경우에는 각종 질병을 유발하기도 합니다.

수면 리듬을 잘 맞추어야 생체리듬, 즉 아이가 하루 동안 생활하는 몸과 뇌의 컨디션을 잘 조절할 수 있습니다. 반대로 말하면, 아이의 몸과 뇌의 발달을 원활히 하기 위해서는 적절한 수면 리듬을 맞춰 주어야 합니다. 수면은 수면 습관을 만들기 시작하는 영·유아기 아이들은 물론, 청소년기·성인기 등 생애 전반에 있어서 모두에게 중요합니다. 우리 몸속에 각인된 '시계'이기 때문입니다. 이 시계를 무시하고 살면 각종 문제가 유발될 가능성이 매우 커집니다.

한창 성장 중인 10대 자녀의 수면 사이클을 바르게 잡아주어야 합니다. 아이가 잠을 자지 않고 더 놀고 싶어 해서, 또는 아이가 성장할수록 학업 비중이 커져서 취침 시간이 늦어지고 잠의 양도 줄어든다면, 생체리듬이 무시됩니다. 이러한 날이 반복되면 잘못된 '수면 습관'이 형성됩니다. 아이의 지능 발달을 위해 잠을 자지 않고 공부하게 한 행동이 오히려 지능을 저해하게 만드는 요소가 됩니다.

성인의 만성 피로로 인한 체력 저하에 대해서는 잘 알고 있을 것입니다. 그러나 수면 부족이 가져오는 문제는 성인보다 아이들에게서 더 심각합니다. 신체의 성장뿐 아니라 뇌의 발달에도 부정적입니다. 면역력이 떨어지면서 감염 위험이 높아지고, 사고 위험도 증가합니다. 10대는 원래 예민한 시기인데 수면 부족으로 아이들의 짜증이 늘기도 하죠. 주의력이 떨어지고 기억력도 떨어집니다. 이는 결국 학습 능력이 저하되는 결과로 나옵니다. 사교육에 열심히 투자해서 밤늦게까지 공부의 양을 늘리기보다, 적정 시간을 잠으로써 신체와 뇌의 기능을 최적화시키는 것이 비용 면에서나 효과 면에서 더 효율적입니다.

수면의 문제가 장기적으로는 뇌 발달에 결함을 불러올 수 있다는 연구 결과도 매우 일관되게 나옵니다. 우리가 앞에서 열심히 다루었던 것처럼, 영아기·유아기·소아기·청소년기에는 뇌 발달이 매우 활발하게 이루어집니다. 그런데 이러한 뇌의 가지치기, 시냅스 연결 등의 활동이 수면 시간에 가장 활발하게 일어납니다. 잠을 자는 동안 뇌는 '깨어 있을 때의 활동'을 대비해 불필요한 시냅스를 정리하고, 필요한 회로를 준비하면서 휴식을 취합니다.

그런데 수면 시간이 부족하면 휴식 과정이 줄어서 시냅스가 손상될 뿐 아니라 깨어 있을 때의 뇌 활동이 위축됩니다. 수면 시간을 빼앗으면 뇌의 구조 및 기능의 핵심을 이루는 신경 네트워크가 손상된다는 연구도 있습니다. 성장기에 잠을 충분히 재우지 않은 동물의 뇌를 관찰한 결과, 정보를 전달하는 중요 시냅스가 손상된 것으로 나타났죠.

수면 시간은 정서 발달에도 영향을 미칩니다. 우울증과 같은 증상을 확인하는 가장 기본적인 진단 기준이 바로 수면 시간입니다. 우울증은 잠들기 어렵고, 일찍 깨며, 다시 잠드는 데 어려움을 겪는 수면 문제를 유발합니다. 수면이 줄어서 우울감이 올라갈 수도 있고, 우울감이 올라가서 수면 시간이 줄어들 수도 있습니다. 상호 영향을 미치는 것이죠. 양극성 기분장애나 ADHD도 수면 욕구를 줄게 합니다. 이처럼 수면 시간과 수면의 질은 정신 건강 문제를 일찍 알아차리는 중요 지표가 됩니다. 수면장애 문제는 가벼운 고민 때문이든 우울증의 문제 때문이든, 정신 건강 문제의 스펙트럼 어딘가에 위치하고 있으니 잘 살펴야 한다는 경고음으로 알아차려야 합니다. 수면 시간을 줄이고 공부하는 것은 뇌 발달뿐 아니라 정서 안정을 해치는 것입니다.

건강한 수면 패턴을 위해 아이가 학령기에 접어들기 전부터 수면 일정을 관리해 주세요. 일정한 시간에 잠이 들고 일어나게 하는 것은 물론, 질이 좋은 수면이 되도록 잠자기 전 자극적인 내용의 이야기나 TV 프로그램은 지양해야 합니다. 잠자리에 들기 전에 TV나 인터넷, 게임 등을 하는 습관이 있다면, 이것도 뇌가 쉽게 수면에 들지 못하게 하는 요인이 됩니다. 깊은 잠을 자지 못하게 하고, 수면 시간에 이루어지는 발달이 정상적으로 이루어지지 못할 수 있습니다. 이 시기부터는 수면 방해물을 제거하는 것이 필요합니다.

커피는 물론이고 카페인이 많이 든 콜라나 청량음료를 저녁 시간에 마시지 않게 해 주세요. 잠자리에 드는 시간을 일정하게 지키게 하고, 잠자리에 들 때 아이와 편안한 이야기를 나누고, 팔다리를 꾹 꾹 누르고 가볍게 스트레칭을 하면서 신체를 이완시키는 것도 좋습니다. 아이에게 복식호흡을 시키는 것도 추천합니다. 물론 수면 환경이 조용하고 쾌적해야 합니다.

가끔 수면의 문제로 약을 복용하려는 경우가 있습니다. 수면제는 심리적 의존성을 키울 수 있어서 권하지 않습니다. 사실 일반적으로 청소년기 수면 문제는 수면제가 아니라 각성제의 문제가 심각합니다. 청소년기는 잠이 쏟아지는 시기입니다. 하지만 청소년들은 어른이 되고 싶어서 밤에 깨어 있으려 합니다. 밤에 깨어 있는 것을 어른들의 활동처럼 느끼는 것입니다.

에너지가 넘치는 만큼 잠도 많아지는 청소년기에는 수면제가 필요 없습니다. 만약 수면제가 필요할 만큼 잠들지 못하는 자녀가 있다면, 부정적인 생각이 많아 스트레스 지수가 높고, 우울감이 높은 것은 아닌지 점검해야 합니다. 만약 그렇다면 수면제를 먹으면 절대 안 됩니다. 우울증으로 인한 불면에는 항우울제가 필요합니다. 이때 수면 문제는 질환의 증상일 뿐이므로 근본적인 치료를 받아야 합니다.

특정한 기능을 높이기 위한 수단으로 약을 복용하지 마세요. 똑똑해지려고, 잘 자려고 등 일상의 기능을 잘하려고 약을 복용해서는 안 됩니다. 약은 치료나 교정을 위한 목적으로 사용해야 합니다. 수면에 심각한 문제가 있다면 전문의와의 상담을 통해 치료제로 수면제를 먹을 수 있지만, 그저 일시적인 수면 기능의 문제로 수면제를 먹는다면 자칫 중독의 문제로 갈 수 있습니다. 발달에도 문제가 생길 수 있습니다. 앞서 말한 것처럼 수면장애는 정신 건강에 부정적인 영향을 미치는 주요 도화선이므로, 청소년기 자녀가 수면 문제로 힘들어한다면 가볍게 접근할 문제가 아닙니다.

청소년기 수면 활동을 위한 지침은 잘 자기 위해 뭔가를 더하는 것이 아니라, 수면을 줄게 하고 각성시키는 것들을 빼는 것입니다. 일반적인 경우 수면의 질은 낮잠을 안 자고 낮에 충분히 활동하면 좋아지게 되어 있습니다. 청소년기는 잠을 잘 자는 시기입니다. 방학이라고 밤에 늦게 자고 늦잠을 자는 것도 생활리듬을 깨뜨립니다. 밤에 자고, 아침에 일어나 햇볕을 쬐며 움직이게 하세요. 이것이 생활리듬의 기본입니다.

수면은 인간 활동에서 열등하고 불필요한 부분이 아닙니다. 그저 쉬고 게으름을 피우는 시간이 아닙니다. 낮 동안 받은 수많은 자극을 정리하고, 필요한 기억을 저장하며, 불필요한 감정과 생각과 기억을 지우는 시간입니다. 게다가 아이의 뇌는 이 시간에 발달하기 때문에, 아이의 정서·인지·사회적 기능의 균형잡힌 발달을 원한다면 수면 시간과 환경을 지켜 주세요.

자녀의 성교육은 전문가에게 맡기세요

저는 청소년 아이에게 필요한 신체적·성적 발달에 대한 교육을 부모가 책임져야 한다는 부담을 부모들이 갖지 않았으면 합니다.

교육부·보건복지부·질병관리본부가 2018년 청소년 6만 40명을 대상으로 조사한 '제14차(2018년) 청소년 건강행태조사 통계'에 따르면 성관계 경험이 있다고 응답한 청소년은 전체의 5.7%였습니다. 하지만 성관계 시작 평균 연령은 만 13.6세였습니다. 청소년이 성에 대해서 눈뜨는 연령이 빨라지고 있는 것은 사실인데, 자녀에게 성교육을 시키는 것은 부모에게 가장 어려운 숙제이기도 합니다.

성교육은 매우 중요합니다. 자신의 성적 주체성, 자기 결정권에 대한 인식은 자아정체성과 자기존중감과 연결되기 때문에, 판단 능력이 취약한 아이일수록 성 문제로 어려움을 겪을 수 있습니다. 성착취를 당한 아이 중에는 정서적으로 취약한 부분을 파고들어서 교묘하게 이용당했을 확률이 높습니다. 소셜네트워크가 확산되면서 생긴 랜덤채팅도 정서적으로 취약한 아이들, 무관심으로 방치된 아이들에게는 위험 요소가 되고 있습니다.

청소년기는 사회적 욕구가 강한 시기입니다. 그런데 정서적으로 결핍이 있는 상태라면 나쁜 의도로 접근한 상대를 객관적으로 살피지 못할 수 있습니다. 처음에는 좋은 사람인 양 연락을 주고받은 뒤, 친밀한 관계가 되었다고 생각했을 때 교묘하게 정신적으로 길들인 뒤 성을 착취하는 그루밍 성범죄가 많아지는 이유입니다.

보수적인 가정일수록 성에 대한 정보에 접근하는 것을 아예 차단하기도 합니다. 꼭 필요한 성교육 영상조차 말입니다. 해외의 성교육 영상을 보면 충격받을 부모들이 많을 것입니다. 그래서 더더욱 경계하기도 합니다. 하지만 청소년 아이들에게 과거 부모가 받았던 방식대로 성교육을 시킨다면, 아이들은 듣지 않을 뿐만 아니라 오히려 반발심이 생기기도 합니다.

성교육은 성관계 자체에 대한 설명이 아닙니다. 단순히 성에 대한 지식을 알려주는 것도 아닙니다. 성적 주체성, 결정권이 각각 개인에게 주어져야 하고, 성관계는 민주적이어야 한다는 것을 전달하는 과정입니다. 성 문제로 인한 피해자뿐 아니라 가해자가 되지 않도록 하기 위한 교육입니다. 그래서 해외에서는 아이가 아주 어릴 때부터 아이의 발달 상태와 이해력에 맞춘 성교육을 시킵니다. 그것이 오히려 건강한 성적 자기 주체성을 키우는 방법이라고 생각하는 것입니다. 아이들이 몰래 접하고 배우던 정보를 오픈하고 각자 가진 생각을 터놓고 이야기해야 바른 방향으로 잡아줄 수 있다는 철학에 따른 것입니다.

성교육을 꼭 부모가 할 필요는 없습니다. 남편과 아내의 모습은 각 가정마다 다릅니다. 부부 간 사이가 좋을 수도 있고 나쁠 수도 있습니다. 성적 취향도 다를 수 있습니다. 부모의 가치관도 다를 수 있습니다. 이처럼 미묘하고 갈등적 상황이 드러날 수 있는 문제이기 때문에, 저는 성교육을 부모의 역할로 하기보다는 교육 전문가에게 맡기는 것이 좋다고 생각합니다.

특히 공교육과정에서 단계적으로 다루어야 한다고 봅니다. 유아원, 유치원에서의 유·소아 성교육부터 초등학교, 중학교, 고등학교에서 계속해서 업데이트되는 공인되고 공신력 있는 좋은 성교육 콘텐츠가 개발되어 국어나 영어를 가르치듯이 꾸준히 교육해야 합니다. 공교육에서의 성교육이 미흡하다고 느낀다면 공신력 있는 사회단체나 시민단체 전문가들이 진행하는 프로그램의 도움을 받을 수도 있습니다.

다만, 청소년기에 생기는 다양한 신체적·성적 변화에 대해서는 부모가 도움을 주는 것이 필요합니다. 아들에게는 아빠의 도움이 많이 필요하고, 딸에게는 엄마의 도움이 좀 더 많이 필요할 수 있습니다. 그리고 부끄럽겠지만 아이가 원한다면 성적 주제를 가지고 토론할 수도 있습니다.

아이들은 성적으로 문제가 생기면 부모에게 숨기고 더 거리를 두고 싶어 합니다. 이때 부모는 아이를 잘 관찰할 필요가 있습니다. 아이에게 엉뚱한 어른들에게서 계속 연락이 오고, SNS에서 이해 못 할 약속이 잡히고, 술을 마시고 오는 등의 경고 사인들을 알아차릴 수 있도록 관찰해야 합니다. 실제 위험단계라면, 치료-상담-보호기관 연계를 통해 우리 아이를 보호해 줄 수 있어야 합니다.

성적인 부분에서의 부모 역할은 전문적 지식 전달보다는, 돌봄과 정서 충족, 내 아이를 위험으로부터 관리하는 것입니다.

청소년이 된 우리 아이가 스스로 선택하고 책임지게 하세요

아이를 인간으로 존중한다는 것은, 아이에게 선택권을 준다는 것입니다. 아이가 제시하는 선택지와 부모가 제시하는 선택지를 두고 많은 논의를 하되, 결정은 결국 아이가 해야 합니다. 단, 그에 따르는 책임도 아이가 지게 해 주세요. 아이를 고생시켜서 잘못을 깨닫게 하자는 이야기가 아닙니다. 선택이 시작이라면 책임이 끝이기 때문에, 시작했으면 매듭을 짓는 훈련을 시키는 것입니다.

자기주도성과 자아정체성을 갖도록 도와야 할 청소년기에는 학습 방법, 진로 목표, 성적 관리 등에도 아이를 참여시켜 함께 토론하고 결정 과정에 아이의 의견을 반영하는 것이 좋습니다. 결국은 '하고 싶다'는 동기가 자발적으로 만들어지도록 격려하는 가장 좋은 것은 '선택권'입니다.

현재에 충실하다는 것은 현재 상황의 긍정적인 면과 부정적인 면을 모두 받아들이는 것입니다. 과거를 너무 곱씹으면서 매여 있어도 안 되지만, 미래만 보고 현재의 위기와 갈등은 일단 덮고 지나가는 태도도 좋지 않습니다. 현재에 충실하고 현실에 집중하는 것이 심리 성장과 발달에 도움이 됩니다.

부모 중에는 아이에게 다양한 선택지를 주는 것까지는 잘하는데, 결과까지 책임지게 하는 것은 잘 못하는 경우가 많습니다. 아이가 힘들어하는 것을 못 보는 부모입니다. 예를 들어 아이가 A라는 학교로 전학을 가고 싶다고 이야기했다면, 부모는 전학이라는 문제를 두고 아이와 충분하게 논의해야 합니다. 전학이 꼭 필요한지, 혹시 교우 관계나 교사와의 관계에 문제가 있는 것은 아닌지, 전학이 현재의 문제 해결에 필요하고 도움이 되는 것인지 아이와 충분히 대화해야 합니다. 만약 논의 후에 아이의 말이 타당하다고 생각되면 전학을 시켜줄 수 있습니다. 그런데 아이가 전학을 간 지 한 달도 안 되었는데 다시 학교를 옮기고 싶다고 한다면, 어떡해야 할까요? 그때는 아이가 결정한 것이므로 최소한 한 학기는 지내고 다시 이야기하는 것이 좋겠다는 방향으로 논의되는 것이 좋습니다. 부모가 선택한 것 때문에 아이가 힘들어진다면, 아이는 부모를 원망할 것입니다. 하지만 아이 스스로 내린 선택으로 힘든 결과가 나온다면 아이가 어느 정도 견딜 수 있도록 격려하고 책임을 다하게 해야 합니다. 선택 없이 결과만 밀어붙여서도 안 되고, 선택은 주고 결과는 책임지지 않는 것도 안 됩니다.

아이가 내린 선택의 결과가 조금 힘들고 어려워도 그것에 따른 결과를 책임지게 해 주세요. 아이가 힘들어할까 봐 장애물을 바로바로 제거해 주고 다시 다른 대안을 만들어 주는 것은 아이를 위한 길이 아닙니다. 힘든 아이를 다독여야 하지만, 힘든 상황을 다 제거해 주고 편한 길만 가게 하려는 것은 결국 아이의 미래를 어둡게 합니다.

선택과 책임에 대해서는 평소에 아주 작은 것부터 연습해 보면 좋습니다. 우리는 일상에서 생각보다 다양한 선택을 마주합니다. 매일의 식단, 수면 시간, 여가 시간, 놀이, 만남, 산책지, 의상, 휴가지 등 일상에서 모든 것이 선택의 연속이죠. 이러한 선택지에서 몇 가지는 아이의 선택지를 꼭 물어보고 아이에게 권한을 나눠 주는 연습을 해 보세요. 그러면 아이도 자신이 선택하고 그 결과에 책임을 지는 연습을 하게 될 것입니다.

10대는 사회 경험이 적다 보니 다소 자기중심적이고 순진한 판단을 할 위험성이 높기는 하지만, 에너지나 활동성, 실행력은 어른들을 뛰어넘는 시기입니다. 동기부여가 되어 있으면 많은 것을 선택하고 싶어 하고 실제로도 잘 해낼 수 있습니다. 선택을 통한 성취감이 자존감과 내적 동기의 비결입니다. 할 수 있게 해 주세요.

자신이 선택해서 나온 현재의 결과를 충실하게 잘 받아들일 수 있어야, 심사숙고해서 결정하고 책임지는 건강한 어른으로 훌쩍 성장합니다.

친구 같은 부모지만 권위는 지키세요

아이에게 쩔쩔매는 부모가 있습니다. 당연히 해야 하는 일인데도 아이에게 애원합니다. 아이와 친구 같은 부모가 되라는 것은, 아이와 대화할 수 있는 친근한 거리에 있으라는 것이지 부모의 권위를 내려놓으라는 것이 아닙니다.

사회에는 규칙과 질서가 있습니다. 규칙과 질서를 지켜야 하는 이유는, 서로의 편의를 위해서뿐 아니라 아이에게도 안전하고 좋은 방법이기 때문입니다. 규칙과 질서를 배우는 1차 공간이 가정입니다. 규칙과 질서를 지키도록 제약해야 하는 것은 부모이고요.

제약이 너무 많은 것도 문제지만, 너무 없는 것도 문제입니다. 그것은 방임입니다. 방임은 학대의 일종입니다. 마땅히 해 주어야 할 것을 하지 않는 것입니다. 방임하는 부모를 좋아하는 아이는 없습니다. 처음에는 자유롭다고 생각할지 모르지만, 나중에는 자신에게 관심이 없다고 생각합니다. 그리고 10대 아이들도 일정 정도의 제한과 규칙이 있을 때 더 편안하게 느낍니다.

예를 들어 아이가 하루 종일 게임을 해도 부모가 터치하지 않는다면 아이들이 좋아할까요? 며칠간은 좋아할 수 있지만, 이상하게도 아이의 마음이 편하지 않습니다. 그런 기간이 길어지면 아이의 마음 건강이 나빠집니다. 게임 때문만이 아닙니다. 부모의 돌봄이 부족한 데서 느껴지는 마음의 결핍 때문입니다. 하지만 부모가 아이와 논의 후 하루에 30분, 또는 1시간으로 게임 시간을 정해 놓는 등 조절해 준다면, 게임 시간이 부족해서 아쉽다고 생각해도 마음 건강, 특히 조절 능력, 부모에 대한 존중감, 사랑받고 있다는 느낌 등등은 더 강해집니다. 적절한 한계를 설정해 두는 것은, 불편함을 주는 것이 아니라 아이의 안전과 건강을 지키고, 조절 능력을 내면화시켜 마음이 건강한 성인으로 자랄 수 있게 해 주는 거죠.

규칙과 제약을 세우고 지키게 하려면 부모에게 권위가 있어야 합니다. 부모가 뭐라고 하든 전혀 듣지 않는 아이라면 제약이 소용없을 것입니다. 부모의 말에 권위가 있으려면 어떻게 해야 할까요? 무

쉽게 대하거나 매를 들어야 권위 있는 부모일까요? 절대 아닙니다. 부모가 부모 스스로에게 권위를 주세요. 어른답게 행동하세요. 아이에게 요구하는 모습대로 부모가 먼저 행동하면 됩니다. 부모가 한 약속을 스스로 지키고, 아이에게 부끄러운 모습은 보이지 않도록 노력하는 것입니다.

간혹 실수하는 것도 안 된다는 의미가 아닙니다. 부모가 험악하게 말하고 물건을 던지면서 아이에게는 화내지 말고 조용히 말하라고 하는 것은 소용이 없다는 말입니다. 아이들은 논리적이어서, 부모가 잘못하는 행동과 언행 불일치를 아주 잘 캐치합니다. 부모가 자신의 문제를 그대로 두고 아이만 지적하면 반항심이 생깁니다. 그러한 부모의 말에 권위가 설까요?

다정한 부모도 마찬가지입니다. 육아서에서 많이 보았을 것입니다. '안 되는 것은 안 된다'고 가르쳐야 합니다. 안 된다고 말한 부분에 대해서는 일관되게 제한을 두세요. "이번만은 그냥 넘어가는데 다음엔 안 돼." 이렇게 한 번 두 번 예외가 늘면 아이는 다음번에도 봐 달라고 합니다. 예외가 많아지면 아이는 오히려 헷갈립니다. 아이가 서너 살이 되었을 때 시작하는 훈육을 떠올리세요. 훈육의 규칙들을 생각하세요. 화내고 혼내는 것이 훈육이 아닙니다. 안 되는 것을 안 된다고 알려주고 지키게 하는 것이 훈육입니다.

함부로 판단하지 말고 자주 비난하지 마세요

10대 아이가 부모한테 화를 내는 모습을 상상해 보세요. 어떤 생각이 드시나요?

"예의 없네. 나쁜 친구를 사귀는 건 아닐까?"

"이상한 동영상을 보고 영향받은 거 아니야?"

"쟤가 아빠를 닮아서 저러나?"

이런 생각들은 모두 '판단'입니다. 넘겨짚는 것입니다. 판단보다 먼저 할 일은 그 상황을 객관적으로 보면서 관찰자가 되는 것입니다. 넘겨짚지 않고 판단하지 않으면 아이가 화가 나서 소리를 지르는 그 상태에 집중할 수 있게 됩니다.

'왜 화가 났지? 무슨 일이 있었나? 무슨 생각을 하는 걸까? 지금 어떤 감정인 걸까?'

판단을 멈추고 불필요한 해석을 줄이면 부정적 감정의 발생을 줄일 수 있습니다. 그 상황을 수용하기가 더 수월해져서 아이를 탓하면서 관계를 망치지 않고 대화할 여지를 만들 수 있게 되죠.

자기와 남, 상황에 대한 판단, 자기 행동과 남의 행동에 대한 비판, 상황에 대한 비관적 시선 등은 분노, 좌절감, 죄책감을 불러일으키고, 관계를 악화시키는 쪽으로 가도록 합니다. 비판과 비난이 섞인 판단을 멈추어 보세요. 있는 그대로 수용해 보세요.

'판단하지 말아야지'라고 결심해도 처음에는 쉽지 않습니다. 무의식적으로 전에 하던 대로 자동적 사고가 일어나기 때문입니다. 이럴 때는 나무늘보처럼 생각을 천천히 느리게 한다고 생각해 보세요. 분주하게 즉각적으로 진행되던 감정의 반응을 주욱 늘려 천천히 바라보면서 아이의 감정에 대해 공감을 만들어가고 생각의 여유를 가져 보는 것입니다. 우리에게 '빨리빨리'는 행동뿐 아니라 생각에도 습관화되어서, 생각도 참 분주하게 돌아갑니다. 다음에 뭘 할지를 결정하려고 분주히 생각해 놓고, 그 계획이나 생각대로 되지 않으면 스트레스를 받지요. 생각을 천천히 늘리면 합리적 사고가 만들어질 공간이 생깁니다. 이는 뇌의 작동원리에 근거한 것입니다. 관찰자 입장에서 현실적인 안을 생각할 여지가 생깁니다. 뭔가 결정적인 순간이 오면 '나무늘보처럼!'을 떠올리세요. 생각을 천천히 하겠다고 마음먹고 그 상황을 살펴보세요.

자녀와의 대화에서도 마찬가지입니다. 비판적으로 판단하지 말고, 관찰자처럼 이야기해 보세요. 아이가 좋아하는 대상, 친구에 대해서 판단하지 마세요. 아이가 친한 친구의 이야기를 했는데, 그 집 부모님은 어떠신지, 그 아이 성적은 어떤지 등등 부모 시각에서의 기준을 두고 친구를 마음대로 평가하는 경우가 있습니다. 그러고는 결정적으로 "걔는 별로인 것 같다" "좋은 친구가 아닌 것 같아" 심지어는 "걔랑 놀지 마"라고 말하기도 하죠. 그러면 아이가 고분고분 부모 말을 듣고 그 친구와 멀어질까요? 아닙니다. 부모와 멀어집니다. 부모와 벽을 쌓고, 앞으로 친구 이야기는 하지 않겠다는 생각이 자리잡죠. 소통을 불통으로 바꾸는 부모의 잘못된 표현의 예입니다.

청소년기 특성에서 중요한 부분이 또래 관계입니다. 아이들에게 친구는 매우 중요해서, 또래 사이에서 중요한 사람이 되고 싶어 하고, 마음을 터놓을 친한 친구를 두는 것을 아주 중요하게 생각합니다. 자신의 세상이 친구관계 속에서 돌아간다는 느낌을 갖게 됩니다. 그래서 따돌림의 문제나 학교폭력 문제가 발생하면 다른 어떤 시기보다 상처가 크고 오래갈 수 있는 것입니다.

그런 아이에게 부모가 아이의 친구를 흉본다면, 아이는 친구를 선택합니다. 부모가 불합리하다고 생각해서입니다. 부모가 바라보는 관점이 맞지 않고, 잘 모른다고 생각하지만, 그걸 설득하기보다 말하지 않기를 선택하는 것입니다.

요즘 청소년기 아이들의 정신 건강이 더 악화되는 이유 중 하나가 부모와의 관계 악화라고 생각합니다. 그리고 친구 관계가 예전과 달라진 점도 있습니다. 학교와 학원에 다니느라 친구와 함께하는 시간이 많이 줄었습니다. 친구와의 관계가 중요한 시기, 사회적 관계를 형성하고 그 속에서 자기를 발견하는 시기에 관계 형성의 기회가 줄면서 아이들은 좌절하게 됩니다. 부모에 대한 불만도 더 쌓이게 됩니다. 아이가 친구와 시간을 보내겠다고 할 때 허락해 줄 수 있는 부모가 되어 주세요. 아이가 친구에 대해 자유롭게 생각을 표현했을 때 받아주는 부모가 되어 주세요.

가끔은 부모가 아이와 친해지겠다고 마음먹고 같이 아이가 좋아하는 연예인이 나오는 프로그램을 봅니다. 그런데 부모가 그 연예인을 가리키면서 "재가 뭐가 좋니?"라고 한다면 어떨까요? 아이가 부모와 대화하고 싶지 않아집니다. "저게 재밌니? 하나도 안 멋있다."

이건 공감 대화가 아닙니다. 그 대상을 판단하려 하지 말고, 그냥 부모가 좋아하는 대상을 말하세요. "난 저 팀에서 쟤가 좋아. 난 저런 스타일이 좋더라." 이런 대화가 아이들에게는 더 가깝게 느껴집니다.

아이와 가까워지고 싶다면, 아이 자신과 아이의 행동, 아이가 좋아하는 대상에 대해 판단 금지, 비난 금지입니다.

아이의 일상에 '편견 없이' 동참하세요

앞에서 주요하게 다룬 대로 하지 말아야 할 것을 하지 않는 부모라면 아이와 더 가까워지는 방법을 하나 제안합니다. 아이가 좋아하는 것, 아이의 일상에 들어가 보는 것입니다. 전제가 있습니다. '편견 없이'입니다. 운동일 수도 있고, 게임일 수도 있고, 노래방이나 놀이공원과 같은 장소일 수도 있고, 음악방송이나 유튜브 시청일 수도 있습니다. 내가 아이의 또래 친구가 되었다고 생각하고, 아이와 친구 같은 눈높이에서 그 시간을 함께해 보세요.

궁금한 건 물어도 보세요. 아이가 그것도 모르냐며 구박하고 놀릴 수 있습니다. 친구처럼 편해서 구박도 하는 것입니다. 모르면 모른다고 알려달라고 하세요. 아이가 설명해 주면서 부모와 더 가까워졌다고 느낄 것입니다. 편견 없이 그것을 대하세요. 새로운 경험을 즐기세요.

아이가 좋아하는 활동에 참여하다 보면, 나중에는 아이가 부모가 좋아하는 활동에도 참여하고 싶어 합니다. 아이도 부모가 자기를 위해 노력하고 있다는 것을 알기 때문에, 자기도 부모를 위해 노력하겠다는 마음을 갖게 되는 것입니다.

강연이나 뮤지컬이나 음악회 같은 문화 활동에 함께해 보세요. 이 과정에서 아이가 별로 좋아하지 않고 불평하더라도 서운해하지 말고, 함께 그 시간을 보내 주어 고맙다는 인사를 건네는 것으로 마무리하세요.

이런 경험들이 쌓이면서, 부모는 아이가 '친구처럼' 느껴질 것입니다. 늘 일방적으로 가르쳐 주고 돌보아야 한다고 생각했던 양육자의 입장이었는데, 아이와 공유하는 것이 많아지면 부모도 아이를 대등한 눈높이에서 보는 훈련이 됩니다. 아이도 물론 부모를 '친구처럼' 더 가깝게 느낄 수 있게 됩니다. 이것이 10대 자녀와 마음의 거리를 줄이고 애착을 쌓아가는 방법이기도 합니다.

자녀가 10대가 되면 그동안 부모와 쌓아 온 '애착', 아이가 가진 고유의 '기질', 부모의 양육방식을 점검하게 할 '자율성'이 민낯처럼 드러난다는 것을 이 책 전체에서 다루었습니다. '양육, 교육, 훈육'이라는 부모의 역할을 잘 수행하기 위해서라도 아이와의 거리를 좁히려 애써야 합니다. 특히 '양육'을 위해 어릴 때보다 더 많은 시간과 노력을 들여야 합니다.

가끔은 일상에서 마음을 읽어주는 시간도 가지길 권합니다.

"우리 가족이 함께한 일 중에 가장 기억에 남는 일 있어? 아니면 속상했던 일 있어?"

"엄마가 했던 말 중에 상처됐던 말 있어? 이건 진짜 싫었다! 이런 거 있으면 말해줘."

이런 질문들로 대화의 물꼬를 트고, 아이의 마음속에 남았을지 모를 상처를 들여다볼 기회를 마련해 보세요. 아이의 애착과 기질, 자율성의 정도를 객관적으로 관찰하는 시간이 될 수 있습니다. 부모의 부족했던 양육, 교육, 훈육 방식을 인정하기가 어려울 수 있습니다. 하지만 아이가 어렵게 꺼낸 속마음에 부정적으로 반응하지 말고, 수용해 주세요. 가볍게 받아주고 넘기려 노력하세요. 사과가 필요하면 진심으로 사과해 주세요. 그러면 아이도 자기 내면의 상처를 좀 더 가볍게 넘기는 힘을 얻습니다.

10대는 아주 멋진 시기입니다. 10대의 뇌는 지각변동을 거치며 엄청난 잠재력을 가집니다. 이전에는 시도하지 않았던 것에 도전하기도 하고, '아니야!'라고 따지고 드는 낯설고 이상한 모습을 보이기도 합니다. 그래서 10대의 자녀를 보면, 아이가 처음 걸음마를 하던 때가 떠오릅니다. 엄청나게 빠른 속도로 자라면서 이것저것에 호기심을 갖고 뭐든 '내가! 내가!' 하겠다던 그때의 아이가 딱 지금의 모습 같습니다. 실제로 10대의 뇌는 그때만큼 열심히 발달하는 중입니다. 멋진 어른이 되기 위해 무럭무럭 성장하고 있습니다. 열심히 걸음마를 응원하던 그때의 마음으로 한걸음 뒤에서 믿고 지켜봐 주세요.

그러다 혹여 아이의 마음이, 아이의 뇌가 상처받은 것은 아닐까 싶은 순간이 올 수 있습니다. 상처는 치료받으면 됩니다. 아이의 마음이 아플 때 감싸주는 것을 주저하지 말아 주세요. 걸음마 하던 아이가 풀썩 넘어져 울먹이며 엄마를 쳐다볼 때, 포근하게 안아주며 토닥이던 그때의 그 마음으로 훌쩍 큰 내 아이의 마음을 꼭 안아주는 부모가 되어 주세요.

10대
놀라운 뇌
불안한 뇌
아픈 뇌

1판 1쇄 2021년 4월 10일 발행
1판 13쇄 2024년 12월 20일 발행

지은이 · 김붕년
펴낸이 · 김정주
펴낸곳 · ㈜대성 Korea.com
본부장 · 김은경
기획편집 · 이향숙, 김현경
디자인 · 문 용
영업마케팅 · 조남웅
경영지원 · 공유정, 임유진

등록 · 제300-2003-82호
주소 · 서울시 용산구 후암로 57길 57 (동자동) ㈜대성
대표전화 · (02) 6959-3140 | 팩스 · (02) 6959-3144
홈페이지 · www.daesungbook.com | 전자우편 · daesungbooks@korea.com

ISBN 979-11-90488-19-8 (03590)
이 책의 가격은 뒤표지에 있습니다.

Korea.com은 ㈜대성에서 펴내는 종합출판브랜드입니다.
잘못 만들어진 책은 구입하신 곳에서 바꾸어 드립니다.